高等职业教育机械类专业系列教材

数控机床装调维修技术综合实训

主　编　邵泽强
副主编　沈　洁　凌红英
参　编　周江涛　沈丁琦　王　琪
主　审　朱仁盛

机械工业出版社

本书是根据教育部新一轮职业教育教学改革成果——最新研发的数控机床装调与维护专业人才培养方案中“数控机床装调维修技术综合实训课程标准”，并参照国家职业标准及职业技能鉴定规范编写的。

本书主要内容包括数控机床的认识及系统操作、数控机床的电气控制、数控装置及其接口、数控机床电气装调与故障诊断、数控机床机械装调与精度检测以及数控机床装调维修技术综合训练。通过学习与训练，使读者了解数控机床常用元器件的原理与主要功能，掌握数控机床控制系统硬件结构知识，能分析数控机床电气原理图，能识读数控机床布线图，能对数控机床的机械部件及电气部件进行简单拆卸与再装配，能调整数控机床相关参数，能分析数控机床常见故障原因，能排除数控机床常见机械与电气故障。

本书采用最新国家标准，突出实践性、实用性和先进性，可作为高等职业院校数控技术专业、数控机床装调与维护专业的教材，也可以作为相关行业岗位培训教材及相关技术人员的参考用书。

图书在版编目（CIP）数据

数控机床装调维修技术综合实训/邵泽强主编. —北京：机械工业出版社，2016.9（2026.1重印）

高等职业教育机械类专业系列教材

ISBN 978-7-111-54978-9

Ⅰ.①数… Ⅱ.①邵… Ⅲ.①数控机床-安装-高等职业教育-教材②数控机床-调试方法-高等职业教育-教材③数控机床-维修-高等职业教育-教材 Ⅳ.①TG659

中国版本图书馆CIP数据核字（2016）第235895号

机械工业出版社（北京市百万庄大街22号 邮政编码100037）
策划编辑：汪光灿 责任编辑：汪光灿 韩 静 安桂芳
责任校对：杜雨霏 封面设计：张 静
责任印制：单爱军
北京盛通数码印刷有限公司印刷
2026年1月第1版·第9次印刷
184mm×260mm·13.5印张·326千字
标准书号：ISBN 978-7-111-54978-9
定价：39.80元

电话服务 网络服务
客服电话：010-88361066 机 工 官 网：www.cmpbook.com
010-88379833 机 工 官 博：weibo.com/cmp1952
010-68326294 金 书 网：www.golden-book.com
封底无防伪标均为盗版 机工教育服务网：www.cmpedu.com

前言

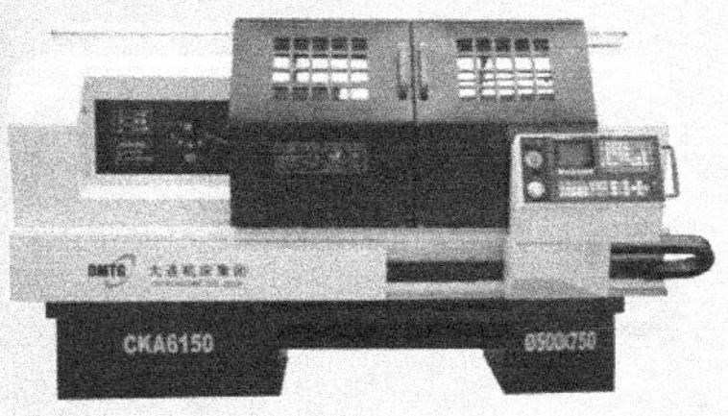

在教育部推行的新一轮职业教育教学改革进程中，来自高等职业院校教学工作一线的骨干教师和学科带头人，通过社会调研，对数控机床维护人才需求进行研究分析，确定了数控机床装调与维护专业人才培养方向，并制定了核心课程标准。本书是根据教育部新一轮职业教育教学改革成果——最新研发的数控机床装调与维护专业人才培养方案中“数控机床装调维修技术综合实训课程标准”，并参照国家职业标准及职业技能鉴定规范编写的。本书立足于高等职业教育数控机床维护人才的技能培养，充分考虑职业教育学生的特点，遵循内容实用、通俗易懂、注重技能培养的原则，精选教材内容。

本书由无锡机电高等职业技术学校邵泽强任主编，沈洁、凌红英任副主编。全书分六个项目：项目一由邵泽强编写，项目二由凌红英编写，项目三由沈洁编写，项目四由沈丁琦编写，项目五由王琪编写，项目六由周江涛编写。本书由朱仁盛审稿，他对书稿提出了许多宝贵的修改意见和建议，在此表示衷心的感谢！

由于编者水平有限，书中错漏之处在所难免，敬请广大读者批评指正。

编　者

目录

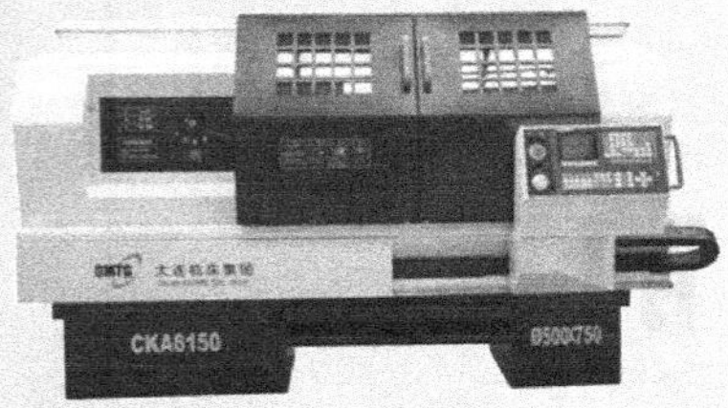

项目一

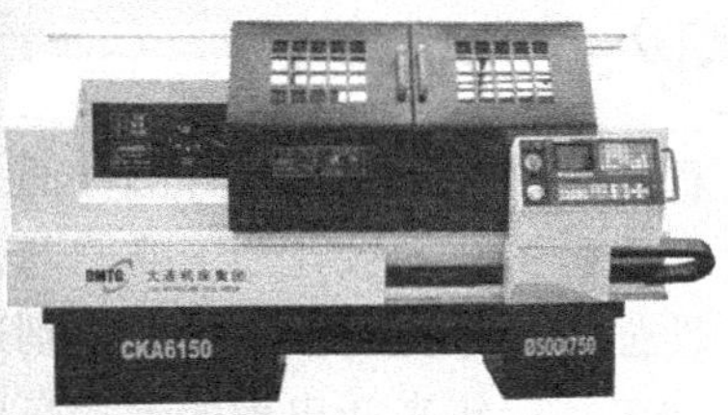

数控机床的认识及系统操作

项目描述

本项目分两个任务，即数控机床的认识和数控机床的系统操作。通过对这两个任务的学习，让学生对常见数控机床，如数控车床、数控铣床、数控加工中心等有所认识，熟悉数控系统的简单操作，为后面的学习打下坚实的基础。

项目重点

1. 认识数控车床。
2. 认识数控铣床。
3. 认识数控加工中心。
4. 数控系统界面操作。

任务一　数控机床的认识

任务内容

在机械制造过程中会用到许多机床，不同的加工要求会选用不同的机床来加工零件。例如，数控车床广泛应用于轴类零件的加工，数控铣床广泛应用于平面轮廓及立体轮廓的加工等。本任务主要学习常用数控机床的功能、结构和特点。

任务目标

1. 了解数控车床、铣床、加工中心的功能及特点。
2. 了解数控车床、铣床、加工中心的机械布局。
3. 了解数控车床、铣床、加工中心数控系统的功能。

知识链接

一、数控车床

1. 数控车床的功能与结构特点

数控车床作为当今使用最广泛的数控机床之一，主要用于加工轴类与盘类零件。它通过程序控制自动完成内外圆柱面、圆锥面、圆弧面、螺纹等特征的切削加工，并能进行切槽、钻孔、扩孔和铰孔等工作。与普通车床相比，数控车床的加工精度高，精度稳定性好，适合性强，操作劳动强度低，特别适合于复杂形状的零件或对精度要求较高的中、小批量零件的加工。近年来新出现的数控车削中心有主、副轴，可以完成工件左、右端面的加工。若与自动送料器配套可以进行棒料自动切削与自动加工。

数控车床品种繁多，规格不一。按数控系统功能分，有全功能和经济型数控车床两种；按主轴轴线处于水平位置或垂直位置分，有卧式与立式数控车床。一般数控车床为两坐标控制，分别是 X 轴和 Z 轴。

2. 数控车床的机械布局

机械布局对数控机床是十分重要的，直接影响机床的结构和使用性能。数控车床的床身结构和导轨有多种形式，主要有平床身数控车床和斜床身数控车床。

（1）平床身数控车床　平床身数控车床的床身加工工艺好，其刀架水平放置，有利于提高刀架的运动精度，但这种结构的床身下部空间小，排屑困难。床身导轨常采用宽支承导轨。主轴做旋转运动，是数控车床的主运动，需要进行速度控制与反馈，一般采用变频电动机与伺服电动机控制；进给轴进行插补运动，需要有较好的定位精度，一般采用步进电动机与伺服电动机驱动；刀架采用自动换刀，需要有一定的定位精度与自动换刀功能；还需要包含润滑、冷却、排屑等辅助功能。平床身数控车床如图 1-1 所示。

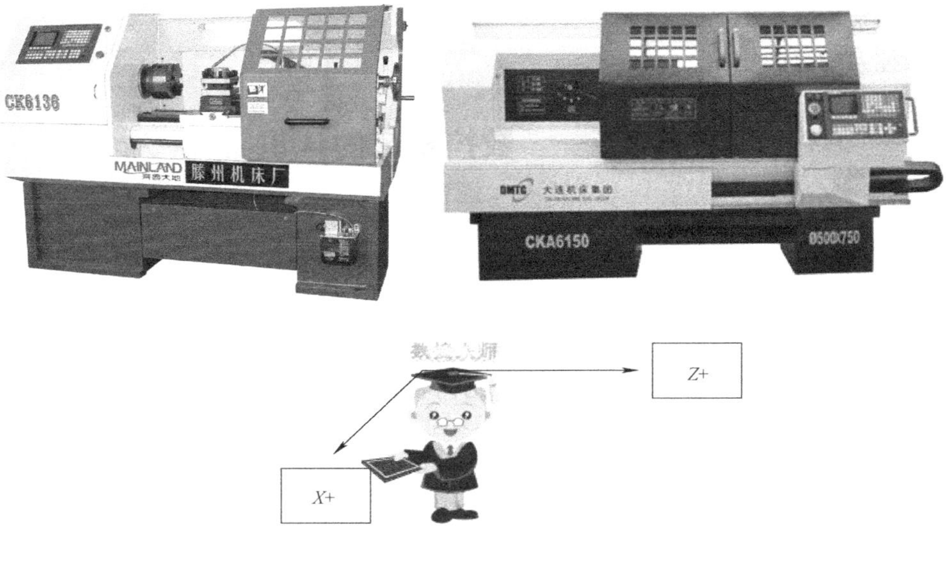

图 1-1　平床身数控车床

（2）斜床身数控车床　斜床身数控车床外形美观，占地面积小，利于排屑和切削液的排出，便于操作者操作与观察，易于安装上下料机械手，实现全面自动化。它还有个特点是可以采用封闭截面整体结构，以提高床身的刚度。斜床身数控车床的主运动也是主轴的旋转运动，大部分的卡盘采用液压控制，其他要求与平床身数控车床相同。斜床身数控车床如图 1-2 所示。

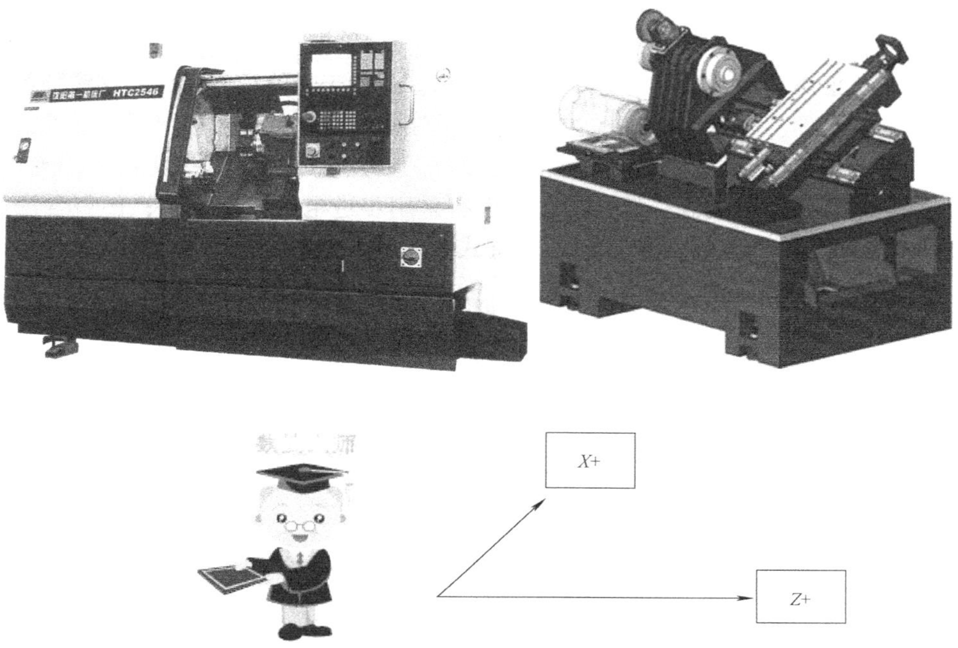

斜床身数控车床的 X 轴与平床身数控车床的 X 轴运动方向一般相反

图 1-2　斜床身数控车床

3. 数控车床的数控系统功能

(1) 控制（坐标）轴运动功能　数控车床一般设有两个坐标轴（X、Z 轴），其数控系统具备控制两轴运动的功能。

(2) 刀具位置补偿　数控车床的位置补偿功能，可以完成刀具磨损和刀尖圆弧半径补偿以及安装刀具时产生的误差的补偿。

(3) 车削固定循环功能　数控车床具有各种不同形式切削固定循环功能，如内外圆柱面固定循环、内外圆锥面固定循环、端面固定循环等。利用这些固定循环指令可以简化编程，提高加工效率。

(4) 准备功能　准备功能也称为 G 功能，用来指定数控车床的动作方式。G 代码指令由 G 代码和它后面的两位数字组成。

(5) 辅助功能　辅助功能也称为 M 功能，用来指定数控车床的辅助动作及状态。M 代码指令由 M 代码和它后面的两位数字组成。

(6) 主轴功能　数控车床主轴功能主要表示主轴转速或线速度。主轴功能由字母 S 及其后面的数字表示。

(7) 进给功能　数控车床的进给功能主要是指加工过程各轴进给速度的功能，进给速度功能指令由 F 代码及其后面的数字组成。

(8) 刀具功能　刀具功能又称 T 功能。根据加工需要，在某些程序段根据指令进行选刀和换刀。刀具功能指令用字母 T 及其后面的四位数表示。

二、数控铣床

1. 数控铣床的功能与结构特点

数控铣床是采用铣削方式加工工件的数控机床。其加工功能很强大，能够铣削各种平面轮廓和立体轮廓零件，如凸轮、模具、叶片、螺旋桨等。配上相应的刀具后，数控铣床还可用来对零件进行钻、扩、铰、镗孔加工及攻螺纹等。数控铣床的主轴一般采用变频控制与伺服控制；进给轴采用伺服控制，低端的铣床也有采用步进电动机驱动的；还包含润滑、冷却、排屑等辅助功能。数控铣床按主轴布局方式大致可以分为立式铣床与卧式铣床。

2. 数控铣床的机械布局

（1）立式数控铣床　立式数控铣床的主轴轴线垂直于水平面，是数控铣床中最常见的一种布局形式，应用范围也最广泛。立式数控铣床如图 1-3 所示。

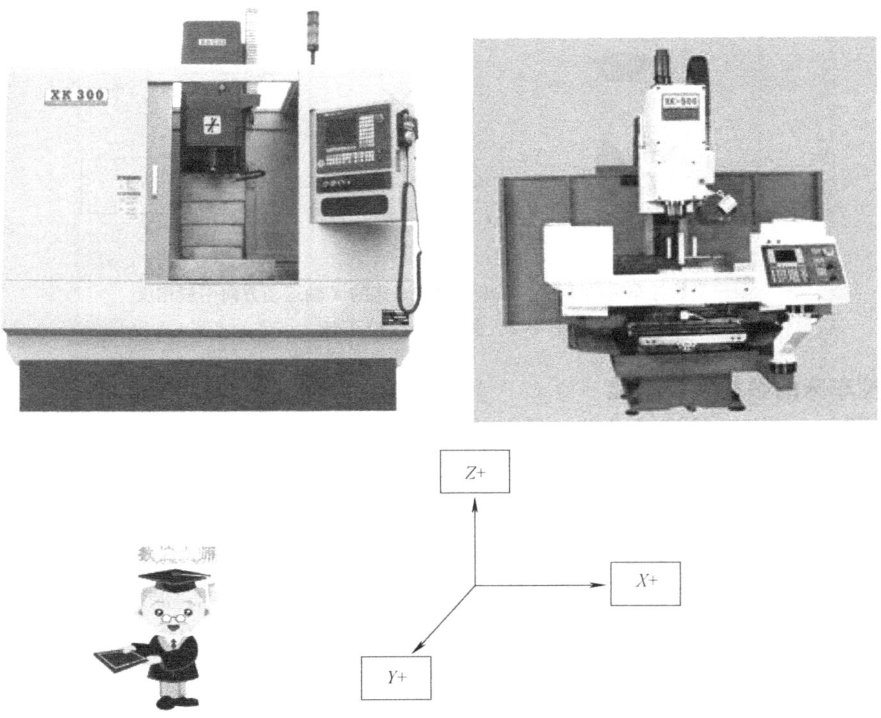

立式数控铣床 Z 轴向下为 Z 轴负方向，操作时注意进给速度

图 1-3　立式数控铣床

（2）卧式数控铣床　卧式数控铣床的主轴轴线平行于水平面，主要用于加工零件侧面的轮廓。卧式数控铣床如图 1-4 所示。

3. 数控铣床的数控系统功能

（1）控制轴运动功能　数控系统能独立控制 X、Y、Z 三轴，自动加工过程可以同时控制三个轴。

（2）刀具自动补偿功能　数控铣床的刀具补偿包括刀具半径自动补偿和刀具长度自动补偿两种。

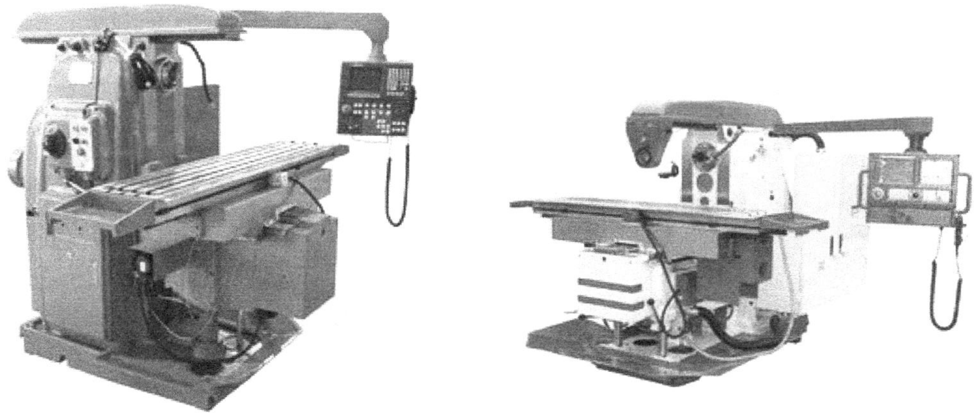

图 1-4 卧式数控铣床

（3）固定循环功能 数控铣床数控系统的固定循环功能主要指孔加工的固定循环功能，包括深孔钻削循环、攻螺纹循环、定点钻孔循环等。这些加工的共同特点是加工过程要反复多次完成几个基本动作，按一般方式编程需要较长的程序，而利用数控系统的固定循环功能，大大简化了程序。

（4）镜像功能 镜像功能也称轴对称加工功能。当工件具有相对于某一轴对称的形状时，就可以利用此功能和调用子程序的方法，只对工件的一部分进行编程而加工出工件的整体。

（5）准备功能 准备功能也称为 G 功能，用来指定数控铣床的动作方式。G 代码指令由 G 代码和它后面的两位数字组成。

（6）辅助功能 辅助功能也称为 M 功能，用来指定数控铣床的辅助动作及状态。M 代码指令由 M 代码和它后面的两位数字组成。

（7）主轴功能 数控铣床主轴功能主要表示主轴转速。主轴功能由字母 S 及其后面的数字表示。

（8）进给功能 数控铣床的进给功能主要是指定加工过程各轴进给速度的功能，进给速度功能指令由 F 代码及其后面的数字组成。

三、数控加工中心

1. 数控加工中心的功能与结构特点

加工中心是在数控铣床的基础上发展起来的机床设备，早期的加工中心就是指配有自动换刀装置和刀库并能在加工过程中实现自动换刀的数控镗铣床，所以它和数控铣床有很多相似之处，不过它的结构和控制系统功能比数控铣床复杂得多。通过在刀库上安装不同用途的刀具，加工中心可在一次装夹中实现零件的铣、钻、镗、铰、攻螺纹等多种加工过程。

2. 数控加工中心的机械布局

（1）立式加工中心 立式加工中心的主轴垂直设置，一般具有三个坐标轴，可以实现三轴联动，如图 1-5 所示。

（2）卧式加工中心 卧式加工中心的主轴水平设置，便于加工零件侧面，如图 1-6 所示。

图 1-5　立式加工中心

图 1-6　卧式加工中心

（3）复合加工中心　复合加工中心指立、卧两用加工中心，即兼有立式加工中心和卧式加工中心的功能。复合加工中心如图 1-7 所示。

图 1-7　复合加工中心

任务二　数控机床的系统操作

任务内容

本任务以发那科数控系统为例，主要介绍发那科系统面板的各键功能；机床操作面板各键的功能；掌握数控系统编辑方式等画面操作；掌握系统参数、PMC（过程监控）、伺服设定等画面的操作。通过学习能操作数控机床的主轴、进给轴、换刀及辅助机构等，为后面的数控机床故障诊断与排除做好准备。

任务目标

1. 熟悉发那科系统面板上各键含义。
2. 熟悉机床操作面板的含义。
3. 掌握数控系统编辑方式等画面操作。
4. 掌握系统参数、PMC、伺服设定等画面的操作。
5. 会简单操作数控机床。

知识链接

一、发那科系统面板的组成

发那科系统的操作面板可分为 LCD（液晶显示器）显示区、MDI（人工数据输入）键盘区（包括字符键和功能键等）、软键开关区和存储卡接口。显示屏为 8.4in（1in = 25.4mm，后同）LCD/MDI（彩色）、10.4inLCD（彩色）。8.4inLCD/MDI（彩色）系统的外形有竖形和横形两种，10.4inLCD（彩色）的 MDI 面板是单独的。8.4inLCD 如图 1-8 所示，10.4inLCD 如图 1-9 所示。

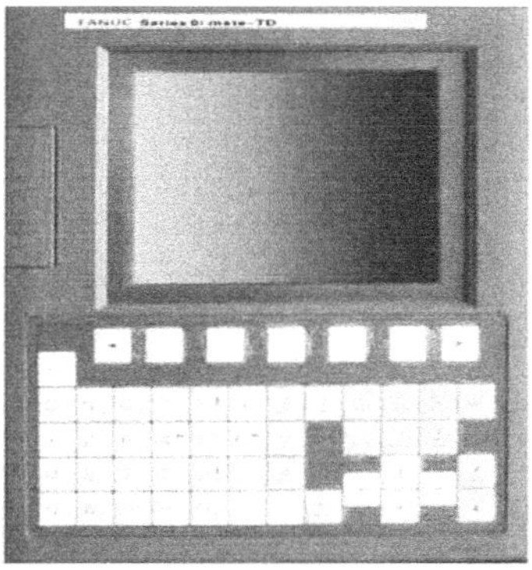

图 1-8　8.4inLCD

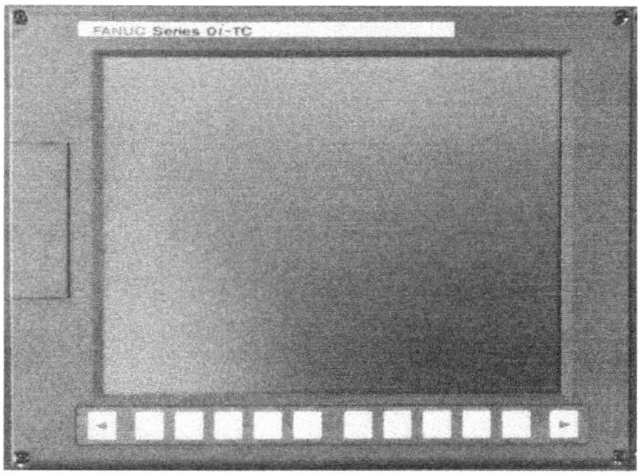

图 1-9　10.4inLCD

1. MDI 面板上各功能键的含义（图 1-10 和图 1-11）

1）MDI 键盘区上面四行为字母、数字和字符部分，用于字符的输入，其中“EOB”为分号（;）输入键，其他为功能或编辑键。

2）SHIFT 键：上档键，按一下此键，再按字符键，将输入对应右下角的字符。

3）CAN 键：退格/取消键，可删除已输入到缓冲器的最后一个字符。

4）INPUT 键：输入键，当按下地址键或数字键后，数据被输入到缓冲器，并在屏幕上显示出来。

5）ALTER 键：替换键。

6）INSERT 键：插入键。

7）DELETE 键：删除键。

8）PAGE 键：翻页键，包括上、下两个键，分别表示屏幕上页键和屏幕下页键。

9）HELP 键：帮助键，按此键用来显示如何操作机床。

10）RESET 键：复位键，按此键可以使 CNC 复位，用来消除报警。

11）方向键：分别代表光标的上、下、左、右移动。

12）软键区：这些键对应各种操作功能，根据操作界面相应变化。

13）下页键（NEXT）：此键用以扩展软键菜单，按下此键菜单改变，再按下此键菜单恢复。

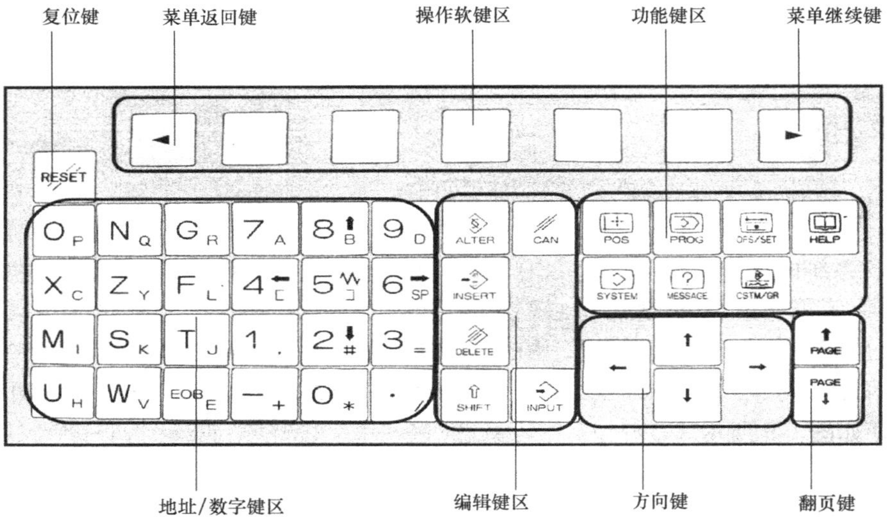

图 1-10　MDI 键的分布

图 1-11　MDI 各键的含义

2. 机床操作面板上各功能键的含义

机床操作面板由于生产厂家的不同而有所不同，主要表现在按钮或旋钮的设置有所不同。可以通过系统 PMC 对面板各功能键的功能进行设计。下面介绍的是常见数控车床、数控铣床与加工中心的操作面板，如图 1-12 和图 1-13 所示。

图 1-12　数控车床的操作面板

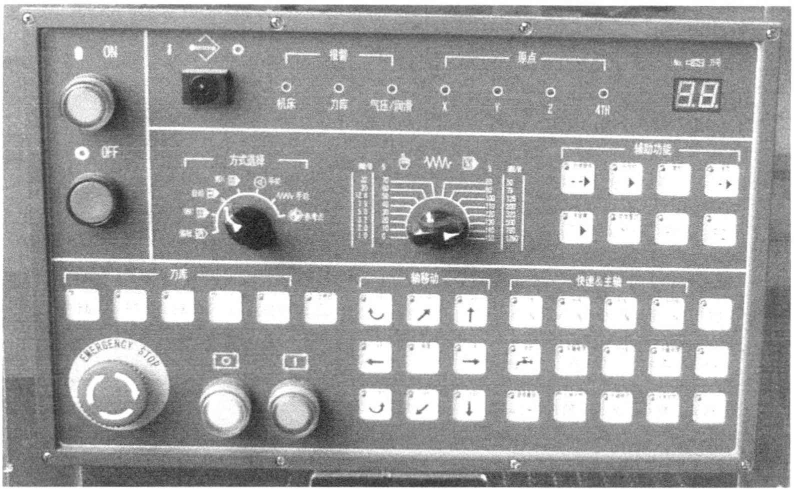

图 1-13　数控铣床与加工中心的操作面板

数控机床操作面板大致可以分为：①方式选择，如手动、自动、MDI 等；②程序控制，如循环启动、停止、程序锁等；③轴控制，如进给轴选择、进给方向、主轴正转、主轴反转等；④倍率控制，如主轴倍率、进给倍率等；⑤系统电源启动、系统电源停止等几部分。

二、数控系统各画面的操作

1. 与机床加工操作有关的画面操作

（1）回零方式　回零方式主要是进行机床机械坐标系的设定。选择回零方式，打开机床操作面板上各轴返回参考点开关，使刀具沿参数（1006#5）指定的方向移动。首先刀具以快速移动速度移动到减速点上，然后按 FL 速度移动到参考点。快速移动速度和 FL 速度由参数（1420、1421、1425）设定。回零画面如图 1-14 所示。

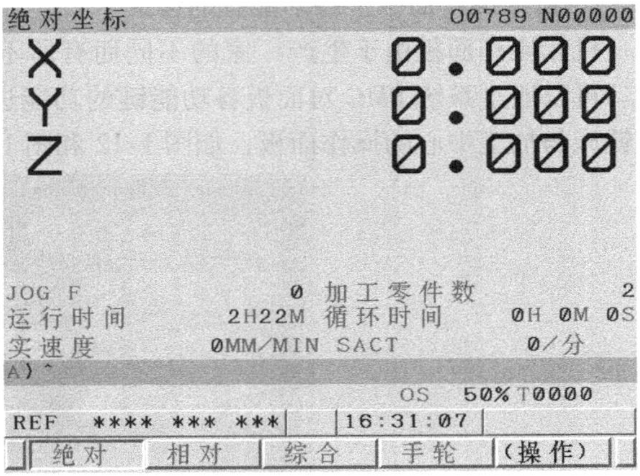

图 1-14　回零画面

（2）手动（JOG）方式　选择 JOG 方式，打开机床操作面板上的进给轴和方向选择开关（一般为同一个键），相对应的轴沿选定方向移动。手动连续进给速度由参数（1423）设定。打开快速移动开关，以参数（1424）设定的速度移动机床。手动操作通常一次移动一个轴，但也可以用参数（1002#0）同时选择两轴运动。JOG 方式画面如图 1-15 所示。

（3）增量进给（INC）方式　选择增量进给方式，打开机床操作面板上的进给轴和方向选择开关，在选定轴方向上移动一步。坐标轴移动的最小距离是最小增量单位。每一步可以是最小输入增量单位的 1 倍、10 倍、100 倍或 1000 倍。当没有手摇时，此方式有效。增量方式画面如图 1-16 所示。

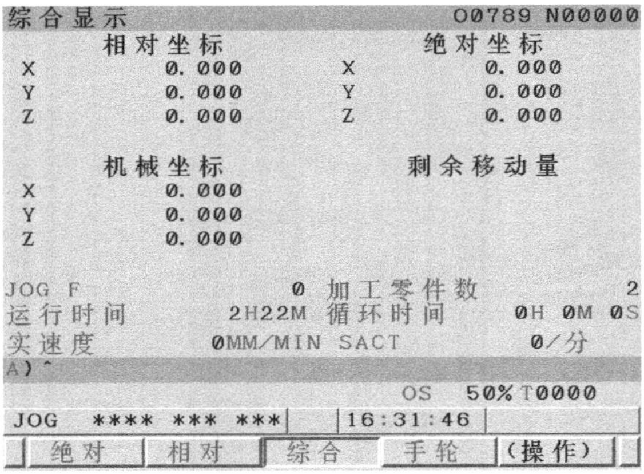

图 1-15　JOG 方式画面

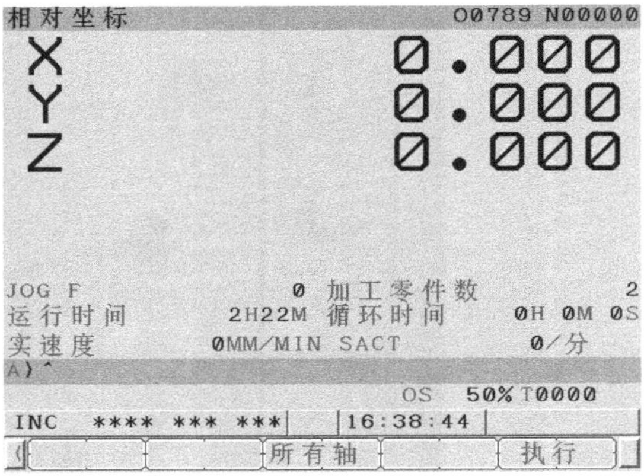

图 1-16　增量方式画面

（4）手轮进给方式　选择手轮进给方式，用开关选择移动轴和倍率。手轮方式画面如图 1-17 所示。旋转手轮，相应坐标轴连续不断地移动。

（5）存储器运行方式　在自动运行期间，程序预先存在存储器中，当选定一个程序并按下机床操作面板上的循环启动按钮时，程序开始自动运行。存储器方式画面如图 1-18 所示。

（6）MDI 运行方式　选择 MDI 运行方式，在 MDI 面板上输入程序段可以自动执行。MDI 运行方式一般用于简单的测试操作。MDI 方式画面如图 1-19 所示。

（7）程序编辑（EDIT）方式　在程序编辑方式下，可以进行程序的编辑、修改、查找等操作。程序编辑方式画面如图 1-20 所示。

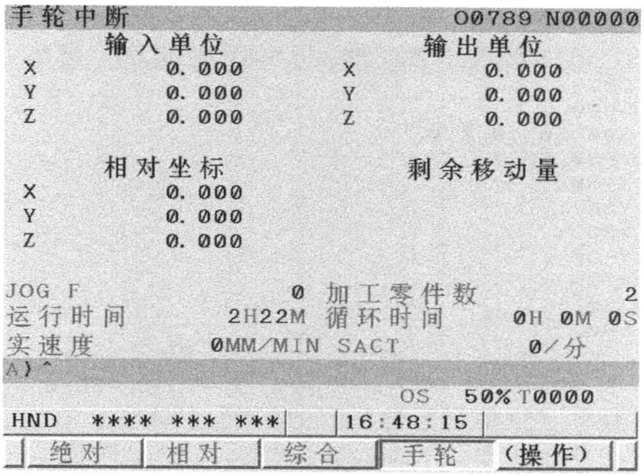

图 1-17　手轮方式画面

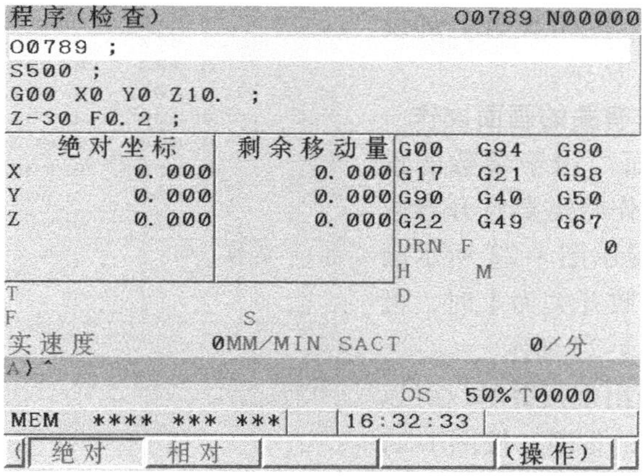

图 1-18　存储器方式画面

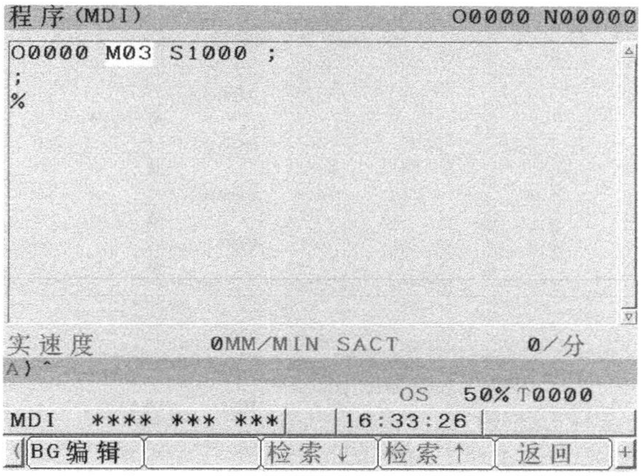

图 1-19　MDI 方式画面

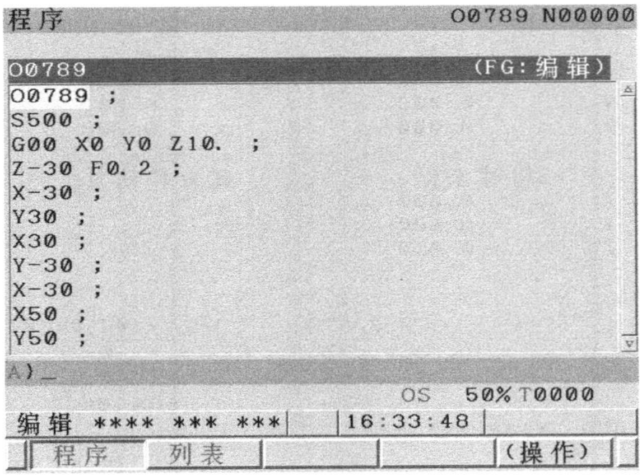

图 1-20　程序编辑方式画面

(8) 刀具偏置画面　该画面用于显示和设定刀具偏置量，按下 OFS/SET 键设定刀具偏置，如图 1-21 所示。

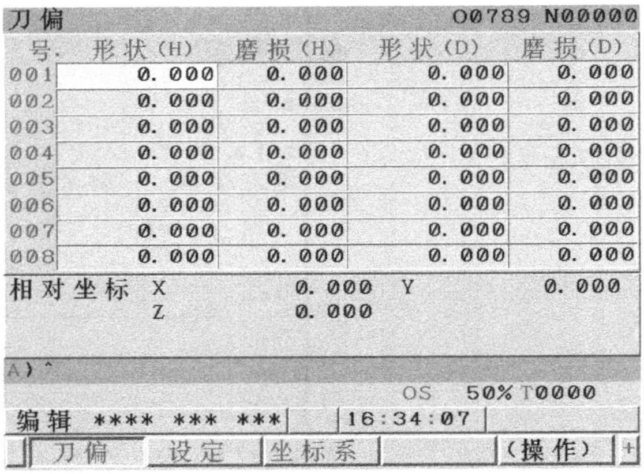

图 1-21　刀具偏置画面

2. 与机床维护操作有关的画面操作

(1) 参数设定画面　用于参数的设置、修改等操作，在操作时需要打开参数开关。按 OFS/SET 键显示图 1-22 所示画面，打开参数开关。参数开关为 1 时，可以进行参数修改，如图 1-23 所示。

(2) 诊断画面　当出现报警时，可以通过诊断画面进行故障的诊断。按图 1-24 中的诊断键，即可得图 1-24 所示的诊断画面。

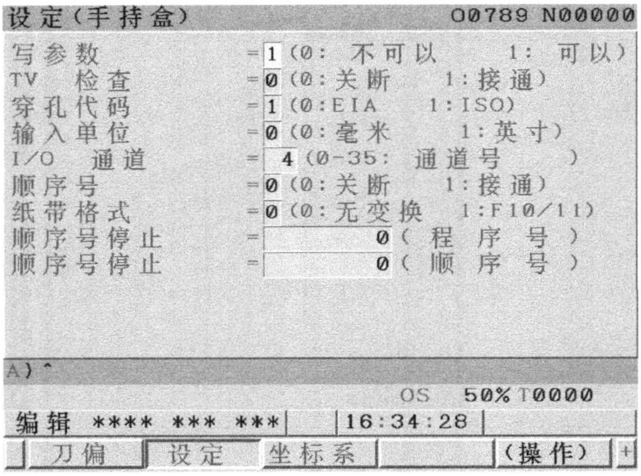

图 1-22　参数开关画面

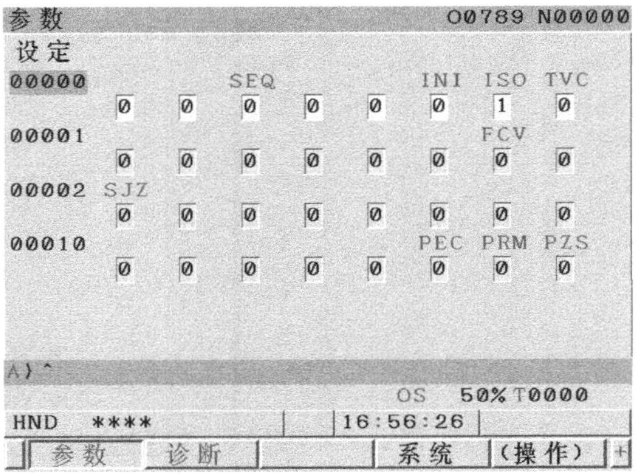

图 1-23　参数画面

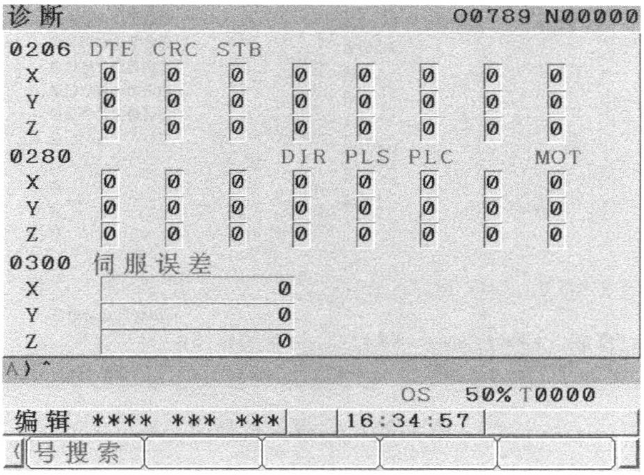

图 1-24　诊断画面

（3）PMC 画面　PMC 是利用内置在 CNC 的 PC 执行机床的顺序控制的可编程机床控制器，PMC 画面是比较常用的一个画面，它可以进行状态查询、PMC 在线编辑、通信等功能。按 SYSTEM 键后按右扩展键出现 PMC 画面，如图 1-25 所示。

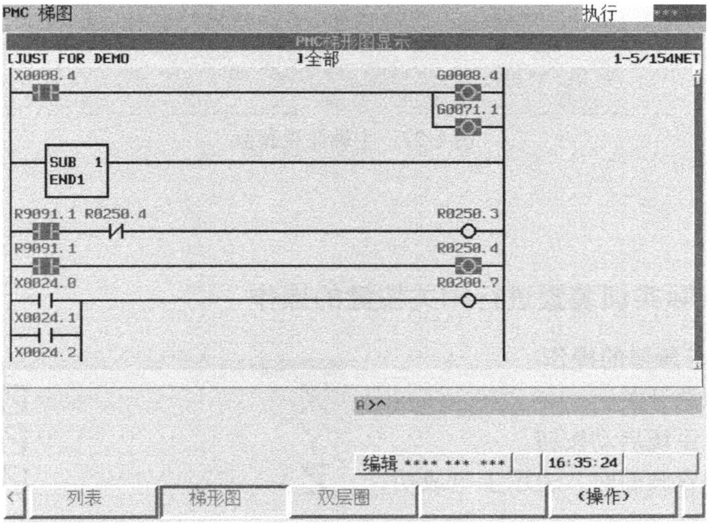

图 1-25　PMC 画面

（4）伺服监视画面　其主要是进行伺服的监视，如位置环增益、位置误差、电流、速度等，按 SYSTEM 键后按右扩展键出现伺服监视画面，如图 1-26 所示。

（5）主轴监视画面　其主要是进行主轴状态的监视，如主轴报警、运行方式、速度、负载表等。按 SYSTEM 键后按右扩展键出现主轴监视画面，如图 1-27 所示。

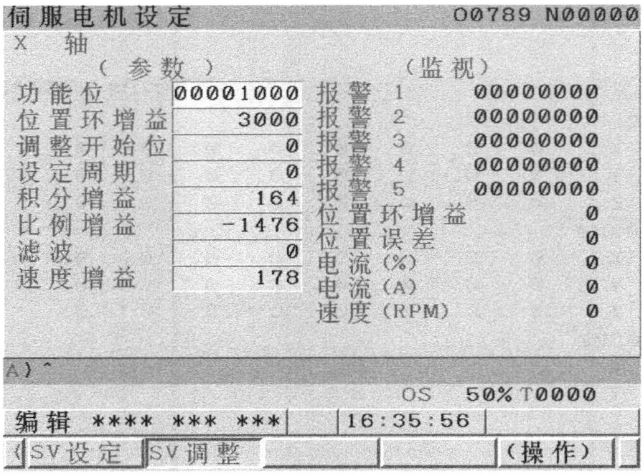

图 1-26　伺服监视画面

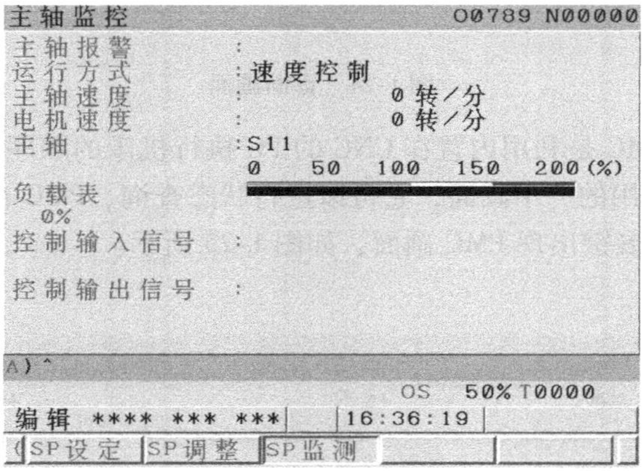

图 1-27　主轴监视画面

任务实施

一、对照实际实训装置进行相关按键的操作

1. 机床开机与急停的操作

1）合上电源总开关。

2）按下绿色系统启动按钮。

3）当出现位置画面时，表示上电成功，进入可操作状态。

4）打开急停按钮，屏幕中的“ESP”消失，表示机床进入工作状态。急停画面如图 1-28 所示。

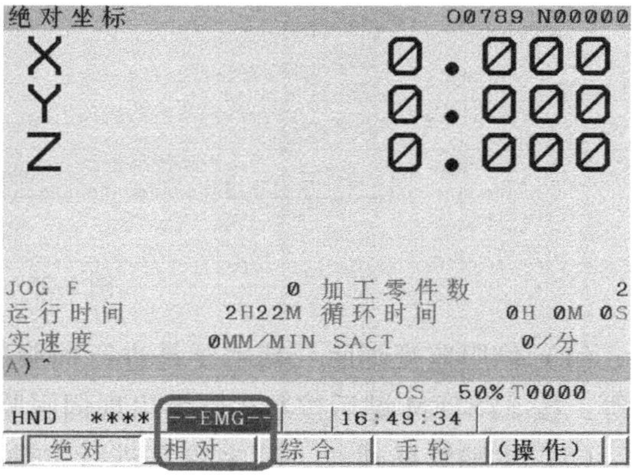

图 1-28　急停画面

2. 方式的选择

1）通过方式选择可以实现手动、自动、编辑、MDI、手摇等方式的切换。

2）在各方式下进行操作。

3. 手轮的使用

在手摇方式下，将旋钮开关拨到 X 方向，调节快速进给倍率摇动手轮，X 进给轴工作。将旋钮开关拨到 Z 方向，摇动手轮 Z 进给轴工作。

4. 倍率开关的使用

在手动方式下调节倍率开关，能改变进给轴的进给速度。

5. 急停的使用

1）当发生危险情况时，立即按下急停按钮。

2）这时机床的动作全部停止，该按钮同时会自锁。

3）当故障排除后，将该按钮按箭头方向旋转一个角度，即可复位。

任务实施评价表

产品类型	所操作设备规格
系统型号	
机床型号	
任务评价结果	
机床的开/关	
方式的选择	
手轮的使用	
倍率开关的使用	
急停的使用	

二、在 YL-558 型数控实验台（图 1-29）上进行相关画面的操作

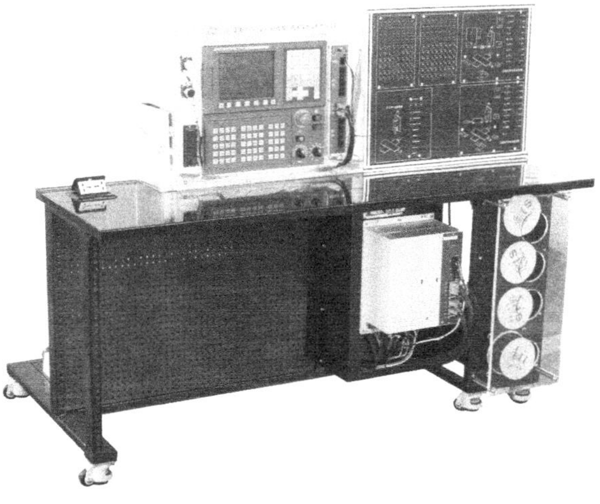

图 1-29　YL-558 型数控实验台

1）进行方式选择操作。

2）在实验台上进行刀具偏置画面的操作。

3）进行参数画面、诊断画面、PMC 画面、伺服监视画面、主轴监视画面的操作。

任务实施评价表

产品类型	所操作设备规格
系统型号	
设备型号	
任务评价结果	
方式选择	
刀具偏置画面操作	
参数画面操作	
诊断画面操作	
PMC 画面操作	
伺服监视画面操作	
主轴监视画面操作	

思考题

1）机床如何实现在自动方式下加工工件？

2）在程序编辑（EDIT）方式下，完成一个程序的编辑，并在自动方式下运行。

项目二

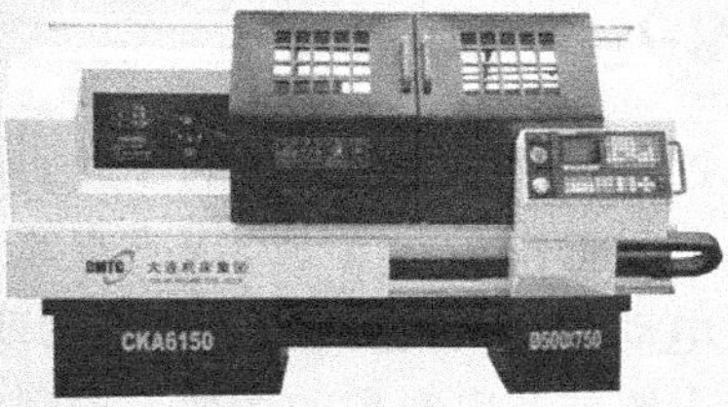

数控机床的电气控制

项目描述

1. 介绍数控机床主电路常用电器元件，包括低压断路器、开关、熔断器、接触器、热继电器以及变压器的结构、原理、功能、技术参数、选型和应用。
2. 介绍数控机床控制电路常用电器元件，包括继电器、按钮、开关、信号灯和直流稳压电源的结构、原理、功能、技术参数、选型和应用。
3. 介绍数控机床的基本电气线路。
4. 介绍数控机床电气原理图的识读方法和分析步骤。

项目重点

1. 了解数控机床常用电器元件的原理与主要功能。
2. 掌握数控机床常用电器的基本应用。
3. 掌握组成机床电气线路的基本规律。
4. 能分析数控机床电气原理图，能识读数控机床布线图。

任务一　数控机床主电路常用电器的认识

任务内容

根据实验室现有数控机床，写出数控机床主电路中所有电器元件的名称、型号及主要功能。

任务目标

1. 了解数控机床主电路常用电器的结构和功能。
2. 会根据实际需要选择合适的电器元件。

知识链接

一、电器的作用与分类

根据外界特定的信号和要求自动或手动接通或断开电路，断续或连续改变电路参数，实现对电路或非电对象的接通、切换、保护、检测、控制、调节作用的装置称为电器。

工作在交流 1200V、直流 1500V 额定电压以下的电路中，能根据外界信号（机械力、电动力和其他物理量），自动或手动接通和断开电路的电器称为低压电器。其作用是实现对电路或非电对象的切换、控制、保护、检测和调节。

数控机床电气控制系统中采用了低压电器作为基本组成元件，而且控制系统的优劣与所用的低压电器直接相关，因此掌握低压电器的基本知识和常用低压电器的结构及工作原理，并能准确选用、检测和调整常用低压电器元件，才能够分析数控机床电气控制系统的工作原理，处理其一般故障。

低压电器种类繁多、功能各样、构造各异，工作原理各不相同，常用低压电器的分类方法有以下几种：

1. 按操作方式分类

（1）自动电器　依靠自身参数的变化或外来信号的作用，自动完成接通或分断等动作，如接触器、继电器等。

（2）手动电器　用手动操作来进行切换的电器，如组合开关、转换开关、按钮等。

2. 按用途分类

（1）配电电器　它主要用于低压配电系统中，要求系统发生故障时准确动作、可靠工作，在规定条件下具有相应的动稳定性与热稳定性，使电器不会被损坏。常用的配电电器有断路器、转换开关、熔断器等。

（2）控制电器　它主要用于电气传动系统中，要求寿命长、体积小、重量轻且动作迅速、准确、可靠。常用的控制电器有接触器、继电器、电磁铁等。

3. 按工作原理分类

（1）电磁式电器　根据电磁感应原理动作的电器，如接触器、继电器、电磁铁等。

（2）电子式电器　利用电子元件的开关效应，即导通和截止来实现电路的通、断控制，如接近开关、霍尔开关、电子式时间继电器、固态继电器等。

（3）非电量控制电器　依靠外力或非电量信号（如速度、压力、温度等）的变化而动作的电器，如转换开关、行程开关、速度继电器、压力继电器、温度继电器等。

以上这些电器很多在机床电路中得到广泛应用，因此有时也称之为机床电器，或者说机床电器类属于低压电器。

二、低压断路器

低压断路器通常称为自动开关或空气开关，具有控制电器和保护电器的复合功能，可用于数控机床主电路及分支电路的通断控制。当电路发生短路、过载或欠电压等故障时能自动分断。在正常情况下也可用作不频繁地直接接通和断开电动机控制电路。图 2-1 是常见低压断路器。

低压断路器的种类繁多，按其用途和结构特点分为 DW 型框架式（或称万能式）断路器、DZ 型塑料外壳式（或称装置式）断路器、DS 型直流快速断路器和 DWX 型/DWZ 型限流式断路器等。

框架式断路器的规格、体积都比较大些，主要用作配电线路的保护开关，而塑料外壳式断路器相对要小，除用作配电线路的保护开关外，还可用作电动机、照明电路及电热电路的

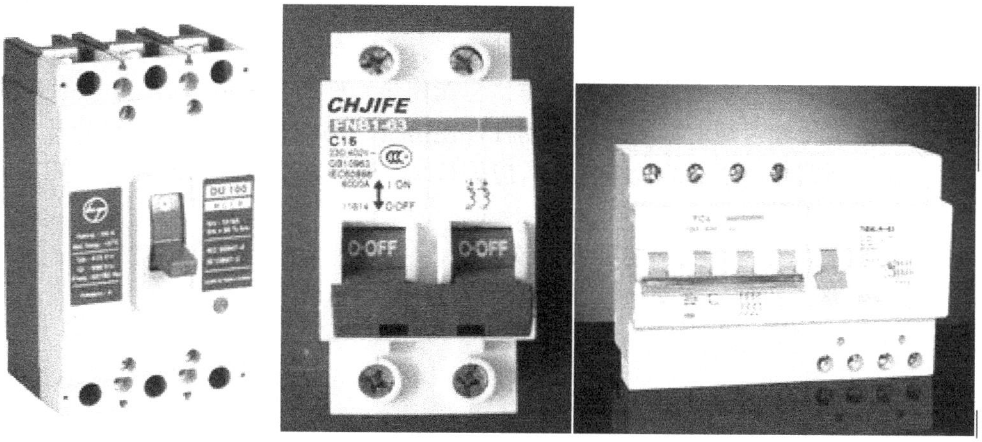

图 2-1　常见低压断路器

控制，因此数控机床主要使用塑料外壳式断路器。

下面以塑料外壳式断路器为例，简要介绍其结构、工作原理、使用与选用方法。

1. 断路器的结构与工作原理

断路器主要由 3 个基本部分组成，即触点、灭弧系统和各种脱扣器，脱扣器又包括过电流脱扣器、欠电压脱扣器、热脱扣器、分励脱扣器和自由脱扣器。图 2-2 是断路器工作原理示意图及图形符号。

断路器合闸或分断操作是靠操作机构手动或电动进行的，合闸后自由脱扣机构将触点锁在合闸位置上，使触点闭合。当电路发生故障时，通过各自的脱扣器使自由脱扣机构动作，以实现起保护作用的自动分断。

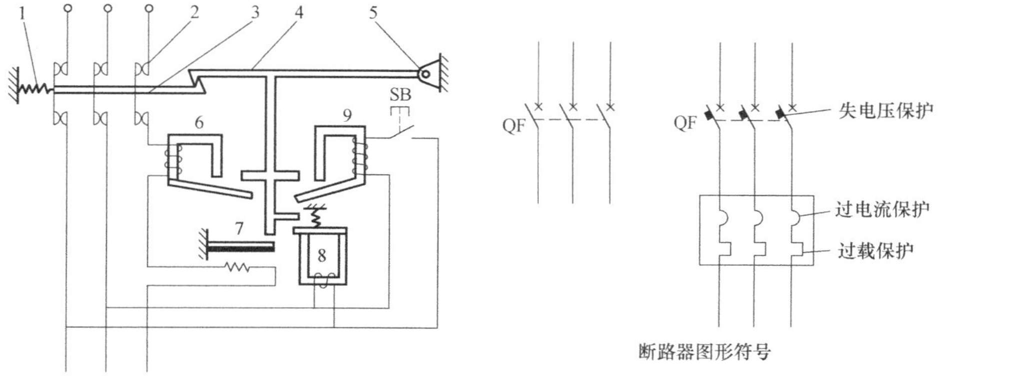

图 2-2　断路器的工作原理示意图及图形符号

1—分闸弹簧　2—主触点　3—传动杆　4—锁扣　5—轴　6—过电流脱扣器

7—热脱扣器　8—欠电压、失电压脱扣器　9—分励脱扣器

过电流脱扣器、欠电压脱扣器和热脱扣器实质都是电磁铁。在正常情况下，过电流脱扣器的衔铁是释放着的，电路一旦发生严重过载或短路故障时，与主电路相串联的线圈将产生较强的电磁吸力吸引衔铁，从而推动杠杆顶开锁钩，使主触点断开。失电压脱扣器的工作情

况恰恰相反，在电压正常时，吸住衔铁才不影响主触点的闭合，一旦电压严重下降或断电时，电磁吸力不足或消失，衔铁被释放而推动杠杆，使主触点断开。热脱扣器是在电路发生轻微过载时，过载电流不立即使脱扣器动作，但能使热元件产生一定的热量，促使双金属片受热向上弯曲，当持续过载时双金属片推动杠杆使搭钩与锁钩脱开，将主触点分开。

注意，低压断路器由于过载而分断后，应等待 2～3min，待热脱扣器复位才能重新操作接通。

2. 低压断路器的型号含义和主要技术参数

（1）低压断路器的型号含义

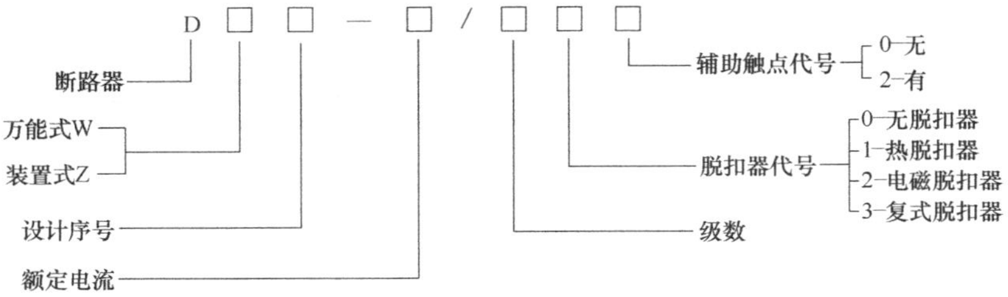

（2）主要技术参数

1）额定电压。

① 额定工作电压。断路器的额定工作电压是指与分断能力及使用类别相关的电压值。对多相电路是指相间的电压值。

② 额定绝缘电压。断路器的额定绝缘电压是指设计断路器的电压值，电器间隙和爬电距离应参照这些值而定。除非某型号产品的技术文件另有规定，否则其额定绝缘电压就是断路器的最大额定工作电压。在任何情况下，最大额定工作电压不超过额定绝缘电压。

2）额定电流。

① 断路器壳架等级额定电流：用尺寸和结构相同的框架或塑料外壳中能装入的最大脱扣器额定电流表示。

② 断路器额定电流。断路器额定电流就是额定持续电流，是脱扣器能长期通过的电流。对带可调式脱扣器的断路器指可长期通过的最大电流。

3. 低压断路器典型产品

（1）塑料外壳式断路器　塑料外壳式断路器的外壳是绝缘的，内装触点系统、灭弧室及脱扣器等，可手动或电动（对大容量断路器而言）操作，有较高的分断能力和稳定性，有较完善的选择性保护功能，用途广泛。

（2）漏电保护型低压断路器　漏电保护型低压断路器又称为漏电保护自动开关。常用它作为低压交流电路中配电、电动机过载、短路、漏电保护使用。

4. 低压断路器的选用

1）根据线路对保护的要求确定断路器的类型和保护形式。

2）断路器的额定电压 U_N 应等于或大于被保护线路的额定电压。

3）断路器欠电压脱扣器的额定电压应等于被保护线路的额定电压。

4）断路器的额定电流及过电流脱扣器的额定电流应大于或等于被保护线路的计算电流。

5）断路器的极限分断能力应大于线路的最大短路电流的有效值。

6）线路中的上、下级断路器的保护特性应协调配合，下级的保护特性应位于上级保护特性的下方且不相交。

7）断路器的长延时脱扣电流应小于导线允许的持续电流。

三、组合开关

组合开关又称转换开关，控制容量比较小，结构紧凑，常用于交流 380V 以下、直流 220V 以下的电气线路中，手动不频繁地接通或分断电路，也可控制小容量交、直流电动机的正反转、星-三角起动和变速换向等。常用的产品有 HZ5、HZ10 和 HZ15 系列。HZ5 系列是类似万能转换开关的产品，其结构与一般转换开关有所不同；组合开关种类很多，有单极、双极和多极之分。

常用的是三极组合开关，其外形、符号如图 2-3 所示。

a)

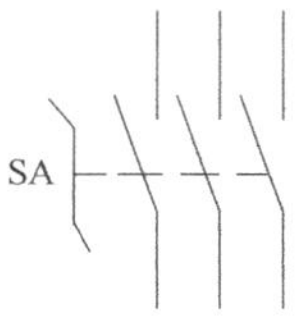

b)

图 2-3　三极组合开关的外形和符号

a）外形　b）符号

组合开关的选用原则如下：

1）用于机床电路时，组合开关的额定电流应等于或大于被控制电路中各负载电流的总和。

2）用于电动机控制时，组合开关的额定电流一般取电动机额定电流的 1.5 ~2.5 倍。

3）组合开关的通断能力较低，当用于控制电动机做可逆运转时，必须在电动机完全停止转动后，才能反向接通。

4）当操作频率过高或负载的功率因数较低时，转换开关要降低容量使用，否则会影响开关寿命。

四、熔断器

熔断器是一种结构简单、使用方便、应用广泛、价格低廉的保护电器，主要用作电路或用电设备的短路保护，有时对严重过载也可起到保护作用。它串联在电路中，当通过的电流大于规定值时，使熔体熔化而自动分断电路。

1. 熔断器的结构及保护特性

熔断器由熔体和安装熔体的熔管两部分组成。熔断器的熔体串联在被保护电路中，当电路正常工作时，熔体中通过的电流不会使其熔断；当电路发生短路或严重过载时，熔体中通过的电流很大，使其发热，当温度达到熔点时熔体瞬间熔断，即切断电路，起到保护作用。熔断器的外形、图形及文字符号如图 2-4 所示。

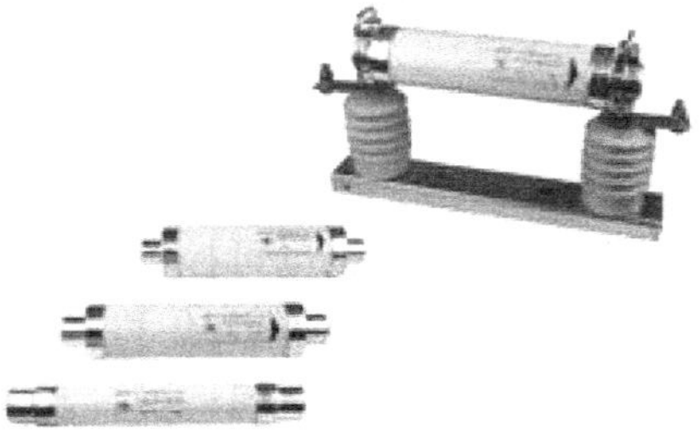

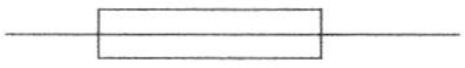

图 2-4　熔断器的外形、图形及文字符号

2. 熔断器的主要技术参数

（1）额定电压　额定电压是指熔断器长期工作和断开后能够承受的电压，其值应大于或等于电气设备的额定电压。

（2）额定电流　额定电流是指熔断器长期工作时，被保护设备温升不超过规定值时所能承受的电流。

（3）极限分断能力　极限分断能力是指熔断器在规定的额定电压和功率因数（或时间常数）条件下能断开的最大电流，在电路中出现的最大电流一般是指短路电流。所以，极限分断能力反映了熔断器分断短路电流的能力。

3. 常用熔断器

熔断器的种类很多，按用途分为一般工业用熔断器、半导体器件保护用快速熔断器和特殊熔断器，如具有两段保护特性的快慢动作熔断器、自复式熔断器。按结构可分为瓷插式熔断器、螺旋式熔断器、无填料密封管式熔断器和有填料密封管式熔断器等，数控机床常用的有螺旋式熔断器和有填料密封管式熔断器等。

4. 熔断器的选用

通常主要依据负载的保护特性和短路电流的大小选择熔断器的类型。对于容量小的电动机和照明支线，常采用熔断器作为过载及短路保护，因而希望熔体的熔化因数适当小些。通常选用铅锡合金熔体的 RQA 系列熔断器。对于较大容量的电动机和照明干线，则应着重考虑短路保护和分断能力。通常选用具有较高分断能力的 RM10 和 RL1 系列的熔断器；当短路电流很大时，宜采用具有限流作用的 RT0 和 RT12 系列的熔断器。

五、接触器

接触器是数控机床电气控制中重要的电器，它是利用电磁吸力和弹簧反力的配合作用，实现触点闭合与断开，是一种电磁式的自动切换电器。

接触器可以频繁地接通或分断交直流电路，并可实现远距离控制。其主要控制对象是电动机，也可用于其他负载。接触器不仅能实现远距离自动操作及欠电压和失电压保护功能，而且具有控制容量大、过载能力强、工作可靠、操作频率高、使用寿命长、设备简单经济等特点，所以它是机床电气控制线路中使用最广泛的电器元件。

接触器按其分断电流的种类可分为直流接触器和交流接触器；按其主触点的极数可分单极、双极、三极、四极、五极几种，单极、双极多为直流接触器。数控机床主要使用交流接触器。

1. 交流接触器的结构及工作原理

交流接触器主要由电磁机构、触点系统、灭弧装置和其他辅助部件四大部分组成。交流接触器的结构示意图如图 2-5 所示，外形如图 2-6 所示，接触器的图形、文字符号如图 2-7 所示。

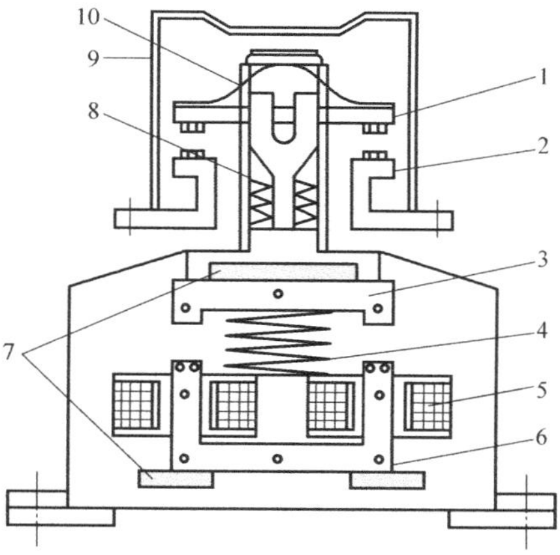

图 2-5　CJ20 系列交流接触器的结构示意图
1—动触点　2—静触点　3—衔铁　4—弹簧
5—线圈　6—铁心　7—垫毡　8—触点弹簧
9—灭弧罩　10—触点压力弹簧

接触器的工作原理是：当接触器线圈通电后，线圈电流会产生磁场，产生的磁场使静铁心产生电磁吸力吸引动铁心，并带动交流接触器触点动作，常闭触点断开，常开触点闭合，两者是联动的。当线圈断电时，电磁吸力消失，衔铁在释放弹簧的作用下释放，使触点复原，常开触点断开，常闭触点闭合。

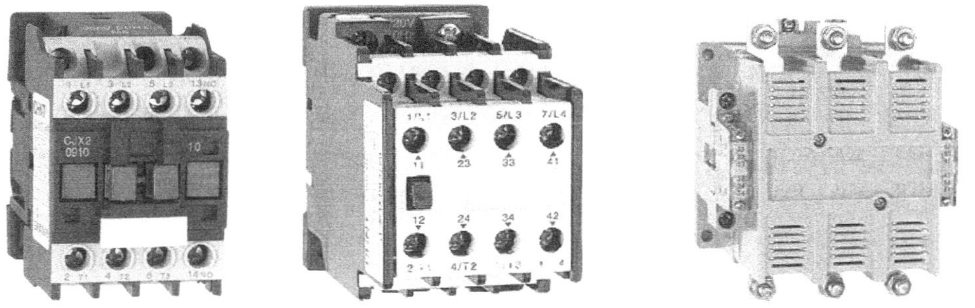

图 2-6　交流接触器的外形

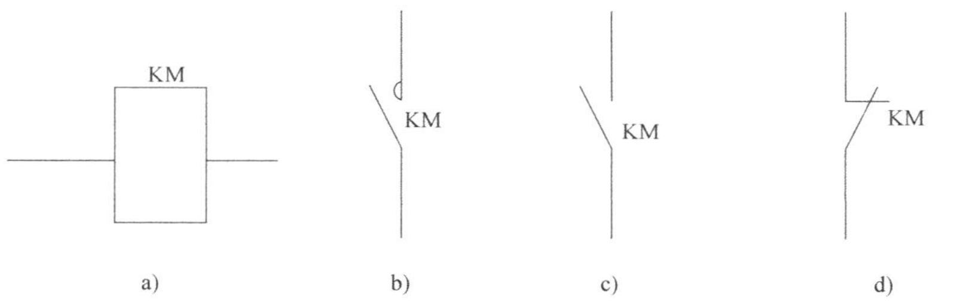

图 2-7　接触器的图形、文字符号
a）线圈　b）主触点　c）常开辅助触点　d）常闭辅助触点

2. 接触器的主要技术参数

(1) 额定电压　额定电压指主触点额定工作电压，应等于负载的额定电压。

(2) 额定电流　额定电流指接触器触点在额定工作条件下的电流值。

(3) 通断能力　可分为最大接通电流和最大分断电流。最大接通电流是指触点闭合时不会造成触点熔焊的最大电流值；最大分断电流是指触点断开时能可靠灭弧的最大电流值。一般通断能力是额定电流的 5～10 倍。

(4) 动作值　可分为吸合电压和释放电压。吸合电压是指接触器吸合前，缓慢增加吸合线圈两端的电压，接触器可以吸合时的最小电压；释放电压是指接触器吸合后，缓慢降低吸合线圈的电压，接触器释放时的最大电压。

(5) 吸引线圈额定电压　它指接触器正常工作时，吸引线圈上所加的电压值。

(6) 操作频率　目前接触器的机械寿命已达一千万次以上，电气寿命约是机械寿命的 5%～20%。

六、热继电器

数控机床的电动机在实际运行中常会遇到过载情况，但只要过载不严重、时间短，绕组不超过允许的温升，这种过载就是允许的。但如果过载情况严重、时间长，则会加速电动机绝缘的老化，缩短电动机的使用年限，甚至烧毁电动机，因此必须对电动机进行过载保护。因此，在电动机回路中需要设置电动机过载保护装置，热继电器就是用于电动机的长期过载保护的。

热继电器是电流通过发热元件产生热量来使检测元件受热弯曲，推动执行机构动作的一种保护电器。它主要用作电动机的过载保护、断相保护、电流不平衡运行及其他电气设备发热状态的控制。由于热惯性，热继电器不会瞬间动作，因此它不能用作短路保护。

1. 热继电器的结构及工作原理

图 2-8 所示为双金属片式热继电器的结构原理图及符号。

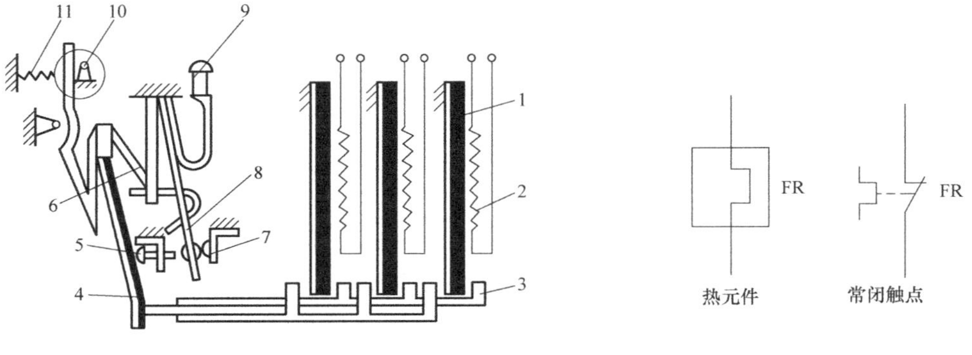

图 2-8　双金属片式热继电器的结构原理图及符号

1—主双金属片　2—电阻丝　3—导板　4—补偿双金属片　5—螺钉　6—推杆
7—静触点　8—动触点　9—复位按钮　10—调节凸轮　11—弹簧

热继电器的工作原理：热继电器是利用电流的热效应原理来切断电路以保护电器的设备。发热元件接入电动机主电路，若长时间过载，双金属片被烤热，因双金属片的下层膨胀系数大，使其向上弯曲，推杆被弹簧拉回，常闭触点断开。

2. 常用热继电器

目前国内生产的热继电器主要有 JR0、JR1、JR2、JR9、R10、JR15、JR16 系列。JR0 、JR1、JR2 和 JR15 系列的热继电器均为两相结构，是双热元件的热继电器，可以用作三相异步电动机的均衡过载保护和定子绕组为Y联结的三相异步电动机的断相保护，但不能用作定子绕组为△联结的三相异步电动机的断相保护。

JR16 和 JR20 系列热继电器均为带断相保护的热继电器，具有差动式断相保护机构。选择时主要根据电动机定子绕组的联结方式来确定热继电器的型号，在三相异步电动机电路中，对Y联结的电动机，可选用两相或三相结构的热继电器，一般采用两相结构，即在两相主电路中串接热元件。但对于定子绕组为△联结的电动机，必须采用带断相保护的热继电器。

七、变压器

变压器是一种将某一数值的交流电压变换成频率相同但数值不同的交流电压的静止电器，数控机床电气控制中必须使用变压器。图 2-9 为变压器的外形，图 2-10 为变压器的图形和文字符号。

图 2-9　变压器的外形

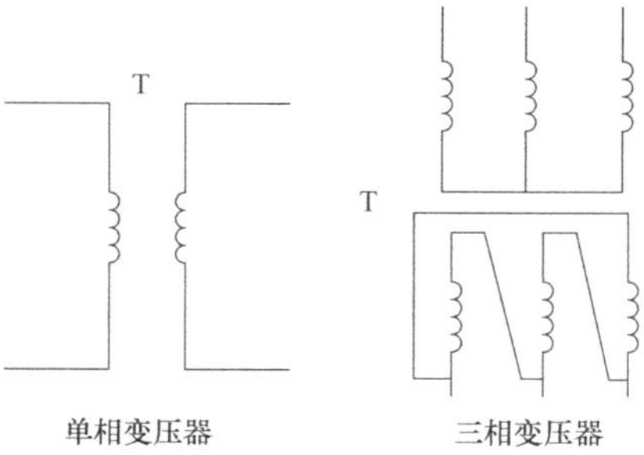

图 2-10　变压器的图形和文字符号

1. 机床控制变压器

机床控制变压器适用于频率为 50 ~ 60Hz，输入电压不超过交流 660V 的电路。常作为各类机床、机械设备中一般电器的控制电源和步进电动机驱动器、局部照明及指示灯的电源。

2. 三相变压器

在三相交流系统中，三相电压的变换可用三台单相变压器，也可用一台三相变压器来实现。从经济性和缩小安装体积等方面考虑，可优先选择三相变压器。数控机床中的三相变压器主要是给伺服驱动系统供电。

3. 变压器的选择

变压器的选择主要是依据变压器的额定值。根据设备的需要，变压器有标准和非标准两类。以下是这两类变压器的选择方法。

1）根据实际情况选择一次额定电压 U_1（380V，220V），再选择二次额定电压 U_2，U_s，……（二次额定电压值是指一级侧加额定电压时，二次侧的空载输出，二次侧带有额定负载时输出电压下降5%，因此选择输出额定电压时应略高于负载额定电压）。

2）根据实际负载情况，确定各二次绕组的额定电流，一般绕组的额定输出电流应大于或等于额定负载电流。

3）二次额定容量由总容量确定，总容量算法如下

$$P_2 = U_2 I_2 + U_3 I_3 + U_4 I_4 + \cdots$$

根据二次电压、电流（或总容量）来选择变压器，三相变压器也是按以上方法进行选择的。

任务实施

一、查看实训设备的配置，填写表2-1

表2-1　实训设备的配置

电器元件名称	型号	功能
低压断路器		
组合开关		
熔断器		
接触器		
热继电器		
变压器		

二、完成下列填空

1. JR系列热继电器，它的发热元件应串接在电动机中，其常闭触点应串接在______________中。

2. 对连续运转的电动机应采用________________作为过载保护，而对断续运行的电动机应采用______________作为过载保护。

3. 在电动机控制电路中，一般均是既有熔断器又有热继电器，熔断器主要起__________保护作用，热继电器则主要起______________保护作用。

4. 断路器可以在______________情况下不频繁地接通和切断电路，当电路发生____________、____________及__________时，能__________切断电路。

5. 常用的断路器主要有____________断路器、________断路器、________断路器等。

6. 正确选择熔断器的原则是：熔断器的额定电压必须____________线路的工作电压，熔体的额定电流必须__________熔断器的额定电流。

7. 断路器集____________功能和__________功能于一身，除能对电器进行闭合和断开外，尚能对电路实现__________、____________和____________保护。

8. 熔断器主要由____________和____________两大部分组成。

9. 熔断器按结构可分为____________、________________、____________和________

四大类。

10. CJ10 及 CJ20 交流接触器主要由__________、__________及__________组成。

任务拓展

1. 分励脱扣器和欠电压脱扣器有什么区别？
2. 线圈电压为 220V 的交流接触器，误接入 380V 交流电源上会产生什么问题？为什么？

任务二　数控机床控制电路常用电器的认识

任务内容

根据实验室现有数控机床，写出数控机床控制电路中所有电器元件的名称、型号及功能。

任务目标

1. 了解数控机床控制电路常用电器的结构和功能。
2. 学会根据实际需要选择合适的电器元件。

知识链接

一、电磁式继电器

继电器是一种控制器件，通常应用于自动控制电路中，它实际上是用较小的电信号去控制较大电压（电流）的一种“自动开关”，故在电路中起着自动调节、信号放大、安全保护、转换电路等作用。继电器的种类较多，如电磁式继电器、舌簧式继电器、启动继电器、限时继电器、直流继电器、交流继电器等。但应用于数控机床电路的主要是电磁式继电器。

1. 电磁式继电器的结构

电磁式继电器一般由铁心、线圈、衔铁、触点簧片等组成，如图 2-11 所示。只要在线圈两端加上一定的电压，线圈中就会流过一定的电流，从而产生电磁效应，衔铁就会在电磁力吸引的作用下克服返回弹簧的拉力吸向铁心，从而带动衔铁的动触点与静触点（常开触点）吸合。当线圈断电后，电磁力也随之消失，衔铁就会在弹簧的反作用力下返回原来的位置，使动触点与原来的静触点（常闭触点）吸合。这样吸合、释放动作，从而达到了在电路中导通、切断的目的。

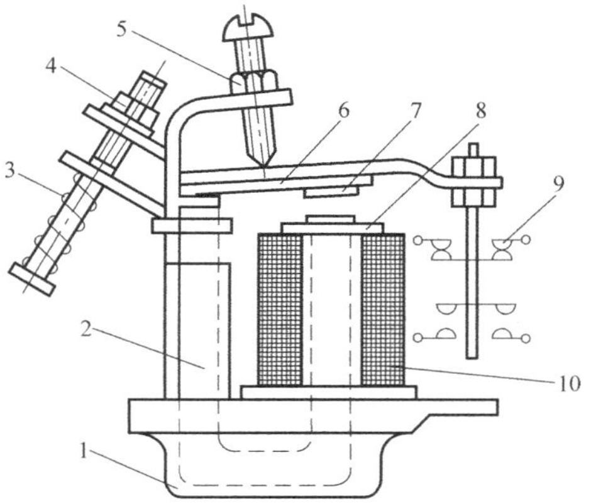

图 2-11　电磁式继电器的典型结构
1—底座　2—铁心　3—释放弹簧　4、5—调节螺母　6—衔铁　7—非磁性垫片　8—极靴　9—触点系统　10—线圈

继电器常开触点、常闭触点的区分方式为：继电器线圈未通电时处于断开状态的静触点，称为常开触点；处于接通状态的静触点称为常闭触点。

电磁式继电器有直流和交流之分，其结构和工作原理与接触器基本相同，但触点的通断电流值比接触器小，没有灭弧装置。

2. 电磁式继电器的工作原理

（1）中间继电器　中间继电器是最常用的继电器之一，中间继电器实质上是一种电压继电器，它的结构和接触器基本相同。中间继电器的特点是触点数量较多，在电路中起增加触点数量和中间放大作用。中间继电器体积小，动作灵敏度高，一般不用于直接控制电路的负荷。另外，它在控制电路中还可以起到调节各继电器、开关之间的动作时间，防止电路误动作的作用。中间继电器的外形和图形符号如图 2-12 所示。

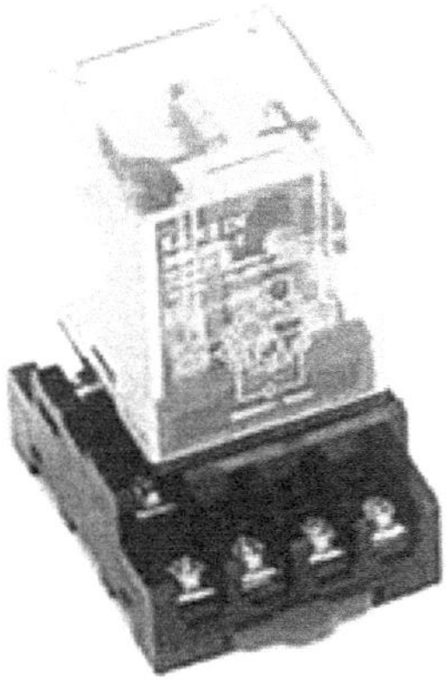

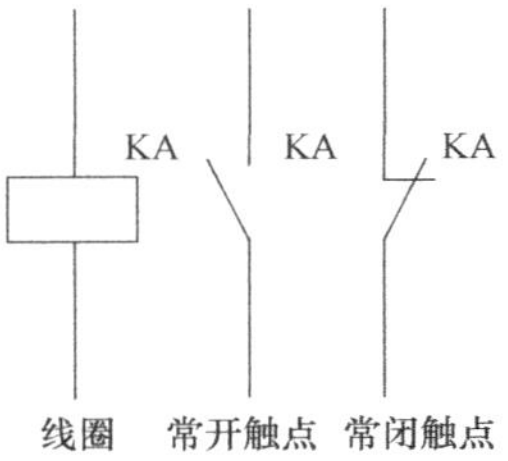

图 2-12　中间继电器的外形和图形符号

（2）常用电磁式继电器

1）直流电磁式通用继电器：常用的有 JT3、JT9、JT10、JT18 等系列。

2）电磁式中间继电器：常用的有 JZ7、JZ11 、JZ14 、JZ15、JDZ2 等系列。

3）电磁式交、直电流继电器：常用的有 JL3、JL14、JL15 等系列。

3. 电磁式继电器的主要参数

（1）额定参数　额定参数是指继电器的线圈和触点在正常工作时允许的电压或电流值。

（2）动作参数　即继电器的吸合值和释放值。对电压继电器为吸和电压 U_0 和释放电压 U_r；对电流继电器为吸合电流和释放电流。

（3）整定值　它是根据要求，对继电器的动作参数进行人工调整的值。

（4）返回参数：它是指继电器的释放值与吸合值的比值，用 K 表示。不同的应用场合要求继电器的返回参数不同。

（5）动作时间　动作时间有吸合时间和释放时间两种。吸合时间是指从线圈接收电信号起，到衔铁完全吸合所需的时间；释放时间是指从线圈断电到衔铁完全释放所需的时间。

二、时间继电器

在数控机床电气控制中，有时需要按一定的时间间隔来进行某种控制。例如，某润滑泵需要定时起动、定时运行，以控制润滑油量，这类自动控制称为时间控制。简单的方法就是可以利用时间继电器来实现这种控制。

时间继电器种类很多，常用的有电磁式、空气阻尼式、电子式和晶体管式时间继电器等。它按工作方式分为通电延时时间继电器和断电延时时间继电器，一般具有瞬时触点和延时触点这两种触点。时间继电器的符号如图 2-13 所示。

1. 空气阻尼式时间继电器

空气阻尼式时间继电器是利用空气阻尼原理获得延时的。它由电磁机构、延时机构、触点系统三部分组成，延时机构采用气囊式阻尼器，电磁机构可以是直流的，也可以是交流的。延时方式有通电延时和断电延时两种。

2. 电子式时间继电器

电子式时间继电器在时间继电器中已成为主流产品，电子式时间继电器采用晶体管或集成电路和电子元器件等构成。目前已有采用单片机控制的时间继电器。

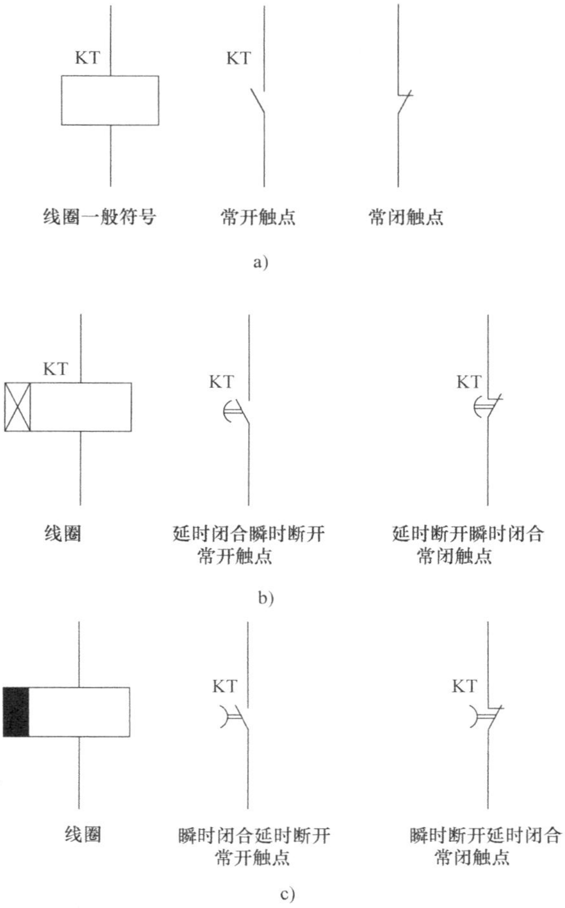

图 2-13　时间继电器的符号

a）瞬时动作　b）通电延时　c）断电延时

三、控制按钮

控制按钮是一种简单的手动开关，通常用于发出操作信号，接通或断开电流较小的控制电路，以控制电流较大的电动机或其他电气设备的运行。

1. 工作原理

控制按钮的外形和结构如图 2-14 所示，图 2-15 是控制按钮的结构示意图和图形符号，它由按钮帽、动触点、静触点和复位弹簧等构成。按钮中的触点可根据实际需要配成一常开一常闭至六常开六常闭等不同的形式。将按钮帽按下时，下面一对原来断开的静触点被桥式

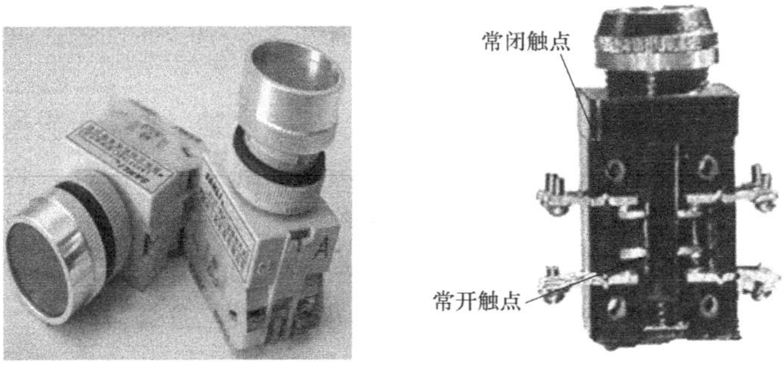

图 2-14　控制按钮的外形和结构

动触点接通，以接通某一控制电路；而上面一对原来接通的静触点则被断开，以断开另一控制电路。按钮帽释放后，在复位弹簧的作用下，按钮触点自动复位的先后顺序相反。通常，在无特殊说明的情况下，有触点电器的触点动作顺序均为“先断后合”。

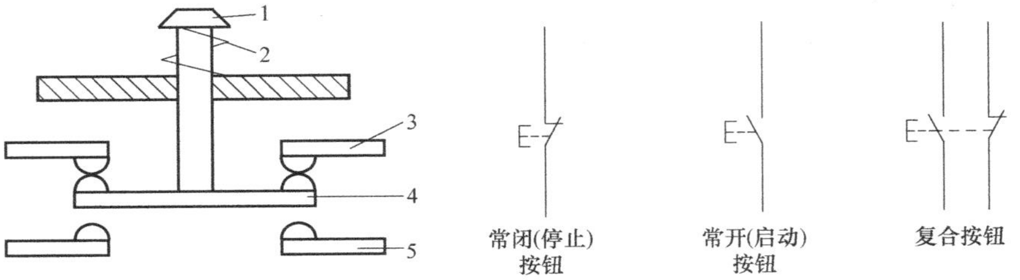

图 2-15　控制按钮的结构示意图及符号

1—按钮帽　2—复位弹簧　3—常闭静触点　4—动触点　5—常开静触点

在电气控制线路中，常开按钮用来起动电动机，也称起动按钮，常闭按钮用于控制电动机停止，也称停车按钮，复合按钮用于联锁控制电路中。

2. 种类形式

控制按钮的种类很多，在结构上有嵌压式、紧急式、钥匙式、旋钮式、带灯式控制按钮等。为了标明各个按钮的作用，避免误操作，通常将按钮帽做成不同的颜色，以示区别。按钮帽的颜色有红、绿、黑、黄、蓝等，一般用红色表示停止按钮，绿色表示起动按钮。

3. 选择原则

1）根据使用场合，选择控制按钮的种类，如开启式、防水式、防腐式等。

2）根据用途，选用合适的形式，如钥匙式、紧急式、带灯式等。

3）按控制电路的需要，确定不同的按钮数，如单钮、双钮、三钮、多钮等。

4）按工作状态指示和工作情况的要求，选择按钮及指示灯的颜色。

四、行程开关

在实际生产中，有时需要控制生产机械的运动方向、行程或位置保护等。在这种情况下可以用一种利用生产机械某些运动部件的碰撞来发出控制指令的自动电器，即行程开关。

行程开关又称限位开关或位置开关，它可以完成行程控制或限位保护。它的作用原理与按钮类似，区别在于它不是靠手的按压，而是利用机械运动的部件碰压而使触点动作来发出控制指令的电器。

在机床控制系统中，将行程开关安装在预先安排的位置，当装于机械运动部件上的行程挡块撞击行程开关时，行程开关的触点动作，实现电路的切换。因此，行程开关是一种根据运动部件的行程位置而切换电路的电器，被用来控制机械运动的位置或行程，使运动机械按一定的位置或行程实现自动停止、方向变化、变速运动或自动往返运动等。在数控机床控制系统中，行程开关常用于检测工作台、机械手运动的极限位置等。

行程开关按其结构可分为直动式、滚轮式、微动式和组合式行程开关，如图 2-16 所示。

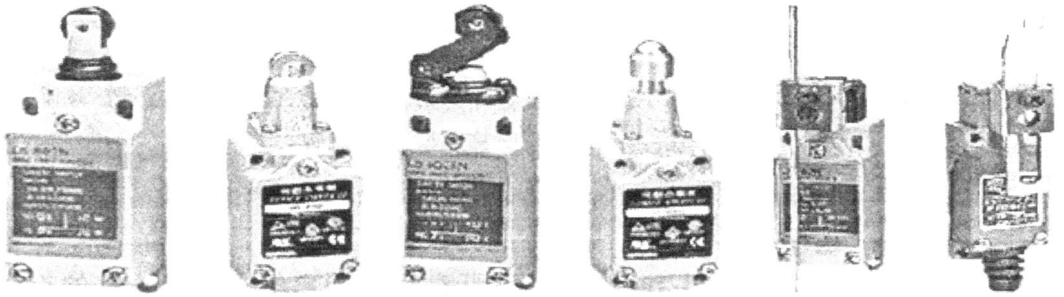

图 2-16　行程开关的分类

行程开关的结构分为 3 个部分：操作机构、触点系统和外壳，行程开关的结构及符号如图 2-17 所示。

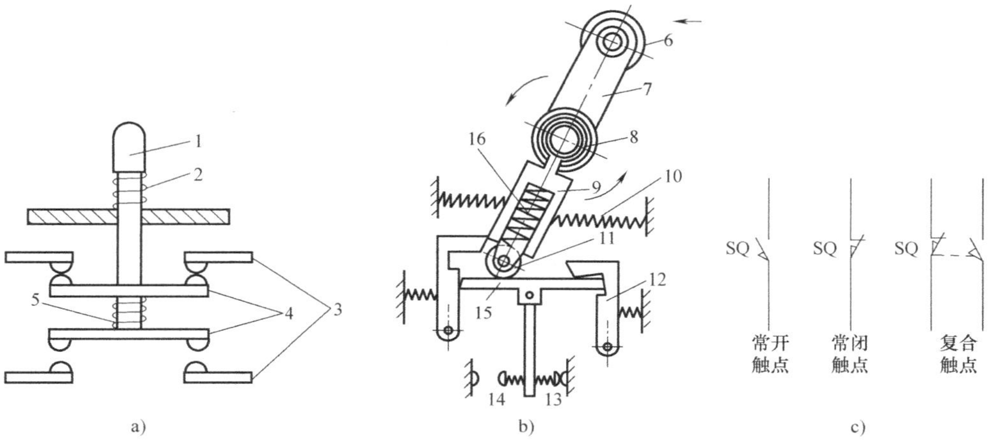

图 2-17　行程开关的结构及符号

a) 直动式行程开关　b) 滚轮式行程开关　c) 符号

1—顶杆　2—复位弹簧　3—静触点　4—动触点　5—触点弹簧　6—滚轮　7—上转臂　8—盘形弹簧　9—推杆　10、16—弹簧　11—滑轮　12—压板　13、14—静触点　15—横板

(1) 直动式行程开关　其结构原理如图 2-17a 所示，其动作原理与控制按钮相同，但其触点的动作是依靠生产机械上的撞块压下的。生产机械的运行速度不宜低于 0.4m/min，否则触点分断过慢易被电弧烧坏。此时可以采用滚轮式行程开关。

(2) 滚轮式行程开关　其结构原理如图 2-17b 所示，当被控机械上的撞块撞击滚轮 6 时，上转臂 7 转向右边，带动凸轮转动，顶下推杆 9 向右转动，并压缩弹簧 10，滑轮 11 也沿着横板 15 向右滚动，同时滑轮也压缩弹簧 16，当滑轮移动到横板中间时，盘形弹簧 8 和弹簧 16 一起使横板 15 迅速移动，从而使微动开关中的动触点迅速与右边静触点分开，与左边的静触点闭合。当运动机械返回时，在复位弹簧的作用下，各部分动作部件复位。

(3) 微动开关和脚踏开关　微动开关是具有瞬时动作和微小行程，可直接由一定的力经过一定的行程使触点速动，从而实现电路转换的灵敏开关。

五、接近开关

在数控机床上，有时需要无接触的行程控制和限位保护，上述有触点的行程开关可能无法实现。由于半导体元件的出现，产生了一种非接触式的行程开关，这就是接近开关，当生产机械接近它到一定的距离范围之内时，它就能发出信号，以控制生产机械的位置或进行计数。它可以代替有触点行程开关来完成行程控制和限位保护，还可用于高频计数、测速、位置控制、零件尺寸检测、机械手动作的自动衔接等非接触式检测。接近开关的原理框图如图 2-18 所示。

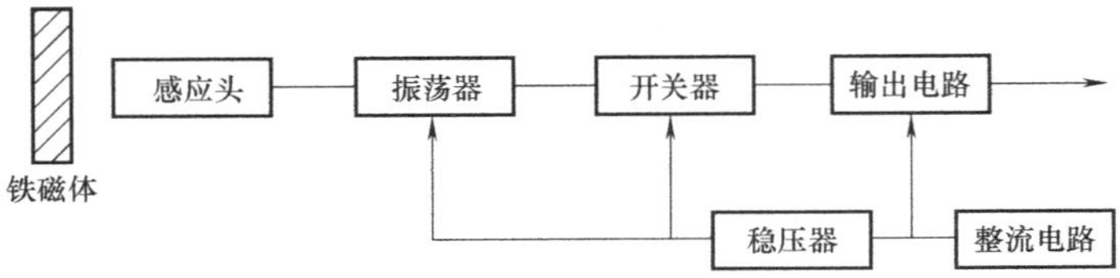

图 2-18　接近开关的原理框图

接近开关按检测元件的工作原理可分为高频振荡型、超声波型、电容型、感应电桥型、电磁感应型、永磁型、霍尔元件型与磁敏元件型接近开关等。不同形式的接近开关所检测的被检测体不同。其中以高频振荡型接近开关最常用，用于检测各种金属，占全部接近开关产量的 80% 以上。它包括感应头、振荡器、开关器、输出器和稳压器等几部分。当运动部件与接近开关的感应头接近时，就使其输出一个电信号。

其基本工作原理是振荡器在感应头表面产生一个交变磁场，当有金属物体接近振荡器的线圈时，该金属物体内部产生的涡流将吸取振荡器的能量，使振荡器的振荡减弱以至停振。振荡器产生振荡和停振这两个信号，经整形放大器转换成二进制的开关信号，从而起到“开”和“关”的控制作用。

由于它具有非接触式触发、动作速度快、可在不同的检测距离内动作、发出的信号稳定无脉动、工作稳定可靠、寿命长、重复定位精度高以及能适应恶劣的工作环境等特点，所以很适合在数控机床电气系统中应用。

六、直流稳压电源

直流稳压电源的功能是将非稳定交流电源变成稳定直流电源，包括降压、整流、滤波、稳压环节。

在数控机床电气控制系统中，需要稳压电源给驱动器、控制单元、直流继电器、信号指示灯等提供直流电源。现在常用的主要是开关电源和一体化电源。

1. 开关电源

开关电源被称作高效节能电源，因为其内部电路工作在高频开关状态，所以自身消耗的能量很低，电源效率可达 80% 左右，比普通线性稳压电源提高近一倍。目前生产的无工频变压器的中、小功率开关电源，仍普遍采用脉冲宽度调制器（简称脉宽调制器，PWM）或脉冲频率调制器（简称脉频调制器，PFM）专用集成电路。它们是利用体积很小的高频变压器来实现电压变化及电网的隔离，因此能省掉体积笨重且损耗较大的工频变压器。开关电源有两种：一种是直流开关电源，另一种是交流开关电源。开关电源的外观如图 2-19 所示，图 2-20 为直流稳压电源的图形及文字符号。

2. 一体化电源

一体化电源是采用外壳传导冷却方式的 AC/DC 开关电源，它作为直流供电电源，常应

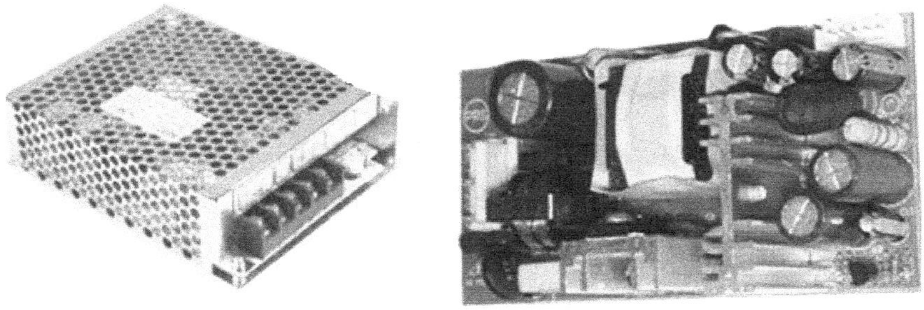

图 2-19　开关电源的外观

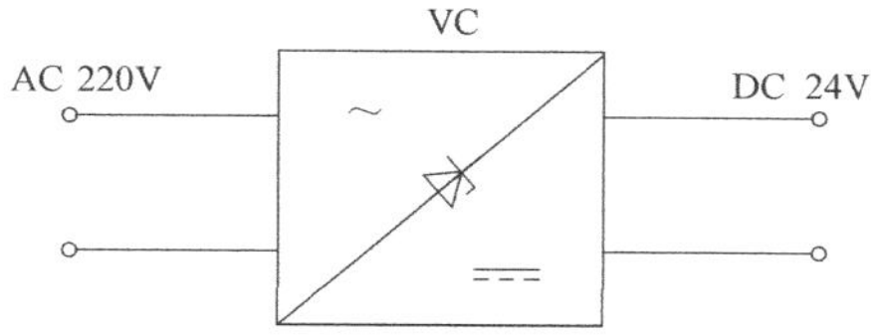

图 2-20　直流稳压电源的图形及文字符号

用于数字电路、工业仪表、交通运输、通信设备、工控机等大型设备及科研与实验设备中。

任务实施

一、查看实训设备的配置，填写表 2-2

表 2-2　实训设备的配置

电器元件名称	型号	功能
电磁式继电器		
时间继电器		
控制按钮		
行程开关		
接近开关		
直流稳压电源		

二、完成下列填空

1. 通电延时的时间继电器线圈通电时，其常开延时触点__________，常闭延时触点__________；线圈断电时，其常开触点__________，常闭触点__________。

2. 控制电路中的起动按钮采用__________按钮，停止按钮采用__________按钮，如要使电动机连续运转必须采取__________，也就是在起动按钮两端__________接触器的常开辅助触点。

3. 行程开关是利用生产机械运动部件上挡块的__________而使其__________动作的一种控制电器，它可对生产机械实现__________控制和__________保护。

任务拓展

1. 中间继电器和接触器有何异同？在什么条件下可以用中间继电器来代替接触器起动电动机？

2. 某机床的电动机，额定功率为5.5kW，电压为380V，电流为12.5A，起动电流为额定电流的7倍，现用按钮进行起停控制，要求有短路保护和过载保护，应选用哪种型号的接触器、按钮、熔断器、热继电器和组合开关？

任务三　数控机床基本电路分析

任务内容

学习数控机床电气控制的基本环节，根据要求，设计数控机床电气控制原理图。

任务目标

1. 了解数控机床电气控制的基本环节。
2. 掌握电路各环节的工作过程。

知识链接

一、电气控制的基本环节

任何简单或复杂的电气控制电路均由一系列基本环节所组成，包括点动控制、连续控制、自锁控制、互锁控制、多地点控制、顺序控制和自动循环控制环节等诸多环节，下面就上述环节的结构及规律做详细介绍。

1. 点动控制环节

所谓点动，即手动按下按钮时，电动机运转工作；手动松开按钮时，电动机停止工作。某些生产过程中，如张紧器、电动葫芦等机械电动机常要求此类实时控制，它能实现电动机短时转动，整个运行过程完全由操作人员控制，如图2-21所示。

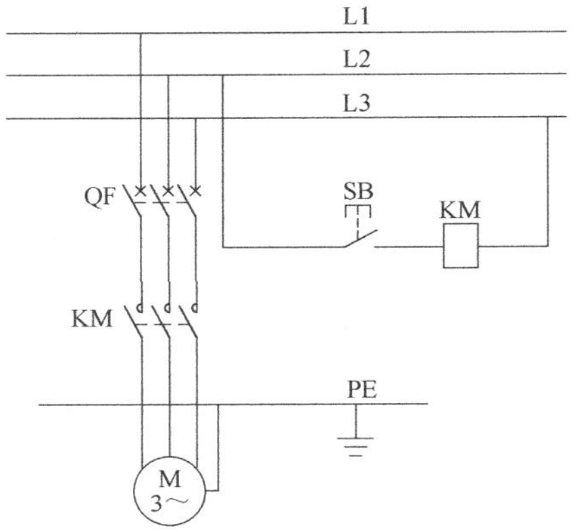

图2-21　电动机点动控制环节线路图

主电路由断路器QF、交流接触器KM的主触点和笼型电动机M组成；控制电路由起动按钮SB和交流接触器线圈KM组成。

线路的起动过程：先合上断路器QF→按下起动按钮SB→接触器KM线圈通电→接触器KM主触点闭合→电动机M通电直接起动。

线路的停机过程：松开起动按钮SB→接触器KM线圈断电→接触器KM主触点断开→电动机M断电停转。

2. 连续运转控制环节

连续运转即要求电动机长时间连续运行，从电动机控制角度来说即为连续控制。如图 2-22 所示，主电路由断路器 QF、接触器 KM 的主触点、热继电器 FR 的发热元件和电动机 M 组成；控制电路由停止按钮 SB1、起动按钮 SB2、接触器 KM 的常开辅助触点和线圈、热继电器 FR 的常闭触点组成。

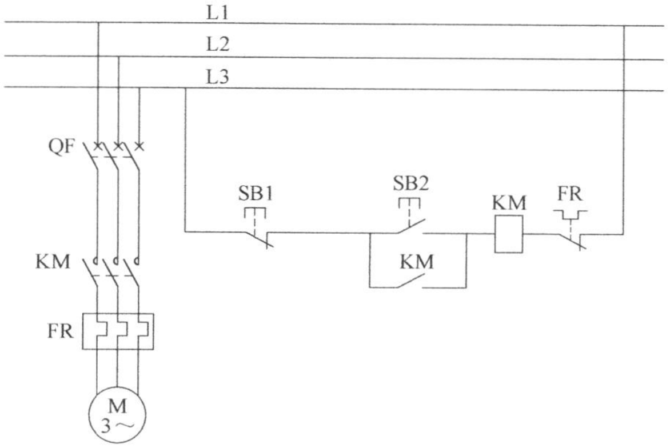

图 2-22　电动机连续运转控制环节线路图

工作过程如下：

起动过程：合上断路器 QF→按下起动按钮 SB2→接触器 KM 线圈通电→接触器 KM 主触点闭合（KM 常开辅助触点闭合）→电动机 M 接通电源运转（松开 SB2）。

停机过程：按下停止按钮 SB1→接触器 KM 线圈断电→接触器 KM 主触点和辅助常开触点断开→电动机 M 断电停转。

3. 起动、保护和停止控制环节

起动环节主要完成电动机由静止状态到转动状态的控制，在点动控制中，例如图 2-21 中，按钮 SB 就是起动环节。在连续运转控制中，例如图 2-22 中，按钮 SB2 和接触器 KM 为起动环节。

保护环节分为两个方面：一是控制电路的保护，即每个运转状态的控制电路中的熔断器 FU；二是主电路的保护，包括断路器、热继电器等对电路的限流保护。

停止环节是完成电动机由运转到停止的转换，主要由停止按钮来实现。在点动控制电路中，起动按钮也同时起停止作用。当保护环节起保护作用时，它也可认为是一个停止环节，只不过是非正常停止环节。

4. 自锁控制与互锁控制环节

自锁控制即要求电动机控制电路起动按钮按下并松开后，电动机仍能保持运转工作状态，与点动控制相对应，下面以几幅图来对比说明，如图 2-23a、b、c 所示。

互锁控制即在实际控制过程中，常常有这样的要求，两台电动机不准同时接通，如图 2-24 所示。当按下按钮 SB1，接触器 KM1 得电工作时，即使误按下按钮 SB2，也不准接触器 KM2 得电，否则会使两个接触器的主触点同时吸合，引起主控电路短路，发生危险。

图 2-23a 为典型具有自锁功能的控制线路，当按下按钮 SB1 后，接触器 KM 线圈得电，同时其常开辅助触点吸合，当按钮被松开后仍能保持接触器 KM 线圈得电，自锁功能得以实现。

图 2-23b 为两路自锁电路，按钮 SB2 起停止作用，按下按钮 SB1，接触器 KM1 线圈自

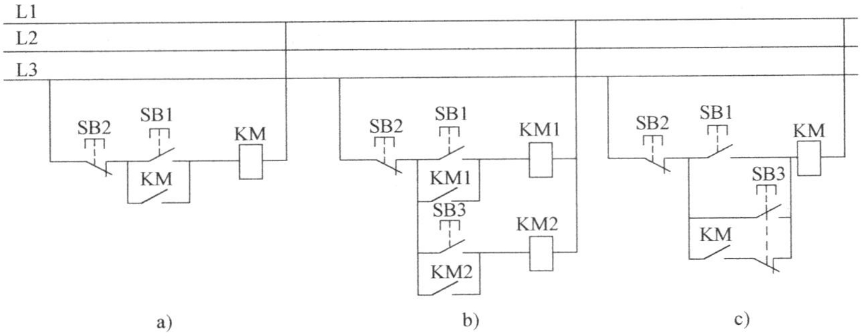

图 2-23　自锁控制环节线路图

锁运行，按下按钮 SB3，接触器 KM2 自锁运行。

图 2-23c 为点动与自锁同时实现的控制电路，图中用复合按钮实现点动控制，当按下按钮 SB3 时，实现电动机点动运行，松开按钮 SB3 后，电动机停转；按钮 SB1 实现自锁连续运行。

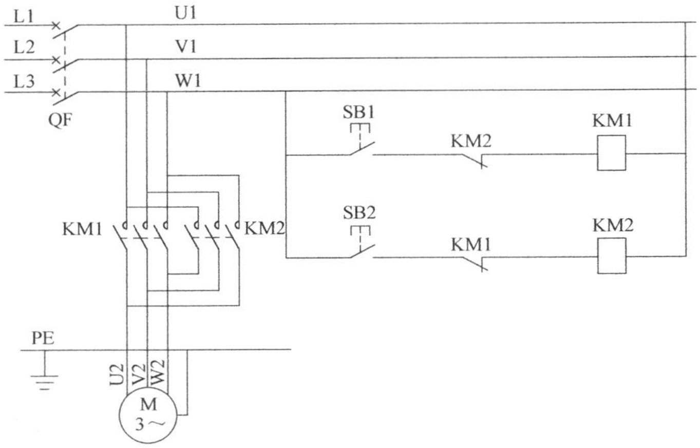

图 2-24　互锁控制环节线路图

二、三相异步电动机的起动控制

三相异步电动机一般有直接起动或减压起动两种方法。

1. 三相笼型电动机直接起动控制

在供电变压器容量足够大时，小容量笼型电动机可直接起动。直接起动的优点是电气设备少，线路简单。实际的直接起动电路一般采用断路器直接起动控制，如图 2-25 所示。

对于容量大的电动机来说，由于起动电流大，会引起较大的电网压降，所以必须采用减压起动的方法，以限制起动电流。

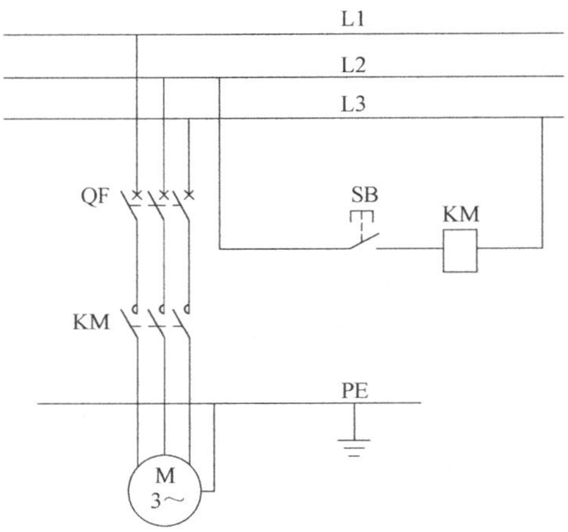

图 2-25　采用断路器的直接起动控制线路

减压起动虽然可以减小起动电流，但也会降低转矩，因此仅适用于空载或轻载起动。三相笼型电动机的减压起动方法有定子绕组串电阻（或电抗器）起动、自耦变压器减压起动、星-三角减压起动、延边三角起动等。

2. 星-三角减压起动控制

控制线路按时间原则实现控制。起动时将电动机定子绕组联结成星形，加在电动机每相绕组上的电压为额定电压的 $1/\sqrt{3}$，从而减小了起动电流。待起动后按预先制定的时间把电动机换成三角形联结，使电动机在额定电压下运行。星-三角形减压起动控制线路如图 2-26 所示。

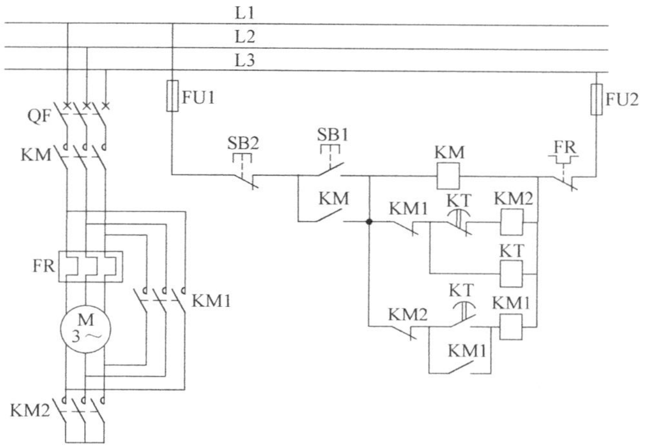

图 2-26 星-三角减压起动控制线路图

起动过程如下：合上断路器 QF，按下起动按钮 SB1，有 3 个线圈同时工作：接触器 KM 通电，KM 主触点闭合，电动机 M 接通电源；同时接触器 KM2 得电，KM2 主触点闭合，定子绕组被联结成星形，实现电动机的减压起动；在前两个接触器工作的同时，时间继电器开始计时，计时时间的长短根据现场负载大小及电动机功率等实际情况确定。当时间继电器计时时间到时，触点动作，常开触点吸合，常闭触点断开，则 KM2 线圈断电（即断开星形联结），KM1 线圈得电，主触点闭合，定子绕组被连接成三角形，实现电动机的全压运行，转入电动机正常运行工作状态，起动过程结束。

该线路结构简单，缺点是起动转矩也相应下降为三角形联结的 $1/\sqrt{3}$，转矩特性差。因而本线路适用于电网电压 380V、额定电压 660V/380V、星-三角联结的电动机轻载起动的场合。

三、数控机床急停控制

机床在操作过程中发生误操作或加工过程中出现异常时，按下急停开关，机床的任何动作立即停止，避免造成意外人身伤害或设备的损坏。因此急停按钮在数控机床上起着非常重要的作用。

图 2-27 是急停继电器 KA2 的相关电路，按下急停按钮，急停继电器 KA2 线圈失电，常开触点 KA2-1 断开，由于分线板所连接的 I/O 接口内部采用的是漏型输入的信号连接方式，

急停输入信号 X8.4 处于低电平，直接引起外部急停。

急停继电器 KA2 的另一个常开触点 KA2-2 断开，CX4 接口的 2、3 引脚断开，使得内部 MCC 无法吸合，从而引起伺服急停，切断外围动力电源。

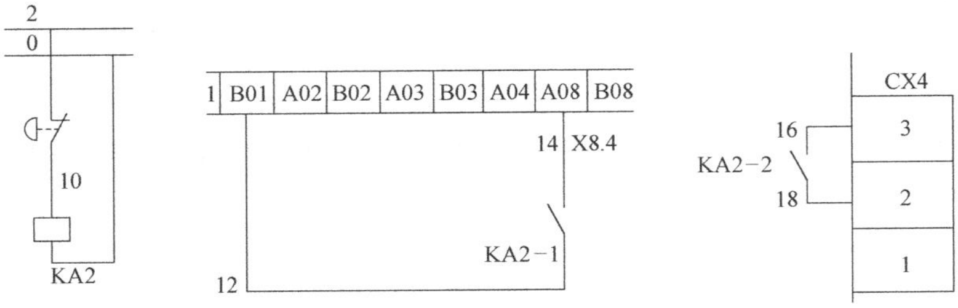

图 2-27　急停继电器 KA2 相关电路

任务实施

一、根据前面讲过的内容，完成下列题目

1）点动与自锁在电路结构上有何区别？它们各适用于什么场合？

2）自锁与互锁有什么区别？分别画出具有自锁功能的控制电路和具有互锁功能的控制电路。

3）电动机的起动电流很大，当电动机起动时，热继电器会不会动作？为什么？

4）既然在电动机的主电路中装有熔断器，为什么还要装热继电器？装有热继电器是否就可以不装熔断器？是否可用过电流继电器来作为电动机的过载保护？为什么？

二、电路设计

1）画出具有点动和连续运转功能的混合控制电路。该电路适用于什么场合？

2）画出具有双重联锁的异步电动机正、反转控制电路。

3）试用一只接触器设计一台电动机的正、反转控制电路。用操作开关选择电动机旋转方向（应有短路保护和过载保护）。

任务拓展

画出异步电动机用自耦变压器起动的控制电路。

任务四　数控机床电气控制原理图的识读与解析

任务描述

根据实验室设备配备的电气线路图识图。

任务目标

1. 会读数控机床电气图册。
2. 掌握电气控制原理图的识读方法。

知识链接

一、电气原理图

由按钮、开关、接触器、继电器等有触点的低压控制电器所组成的控制线路称为电气控制线路。电气控制系统图：指根据国家电气制图标准，用规定的电气符号、图线来表示系统中各电气设备、装置、元器件连接关系的电气工程图。电气控制系统图包括：电气原理图、电器元件布置图、电气安装接线图。

电气原理图：表示电流从电源到负载的传送情况和各电气元件的动作原理及相互关系，而不考虑各电器元件实际安装的位置和实际连线情况。

1. 文字符号和图形符号

（1）文字符号　用来表示电气设备、装置、元器件的名称、功能、状态和特征的字符代码。例如，FR 表示热继电器。

（2）图形符号　用来表示一台设备或概念的图形、标记或字符。例如，“～”表示交流，“-▭-”表示电阻等。

2. 符号位置的索引

元件的相关触点位置的索引用图号、页次和区号组合表示，如图 2-28 所示。

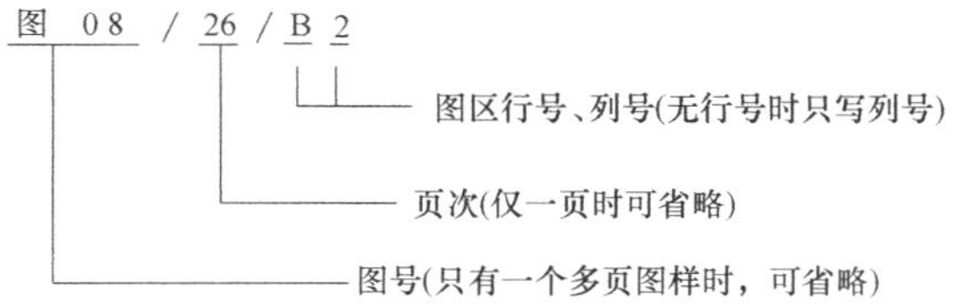

图 2-28　符号位置的索引图

接触器和继电器的触点位置采用附图的方式表示，如图 2-29 所示。

接触器各栏的含义

左栏	中栏	右栏
主触点的图区号	辅助动合触点的图区号	辅助动断触点的图区号

继电器各栏的含义

左栏	右栏
动合触点的图区号	动断触点的图区号

图 2-29　接触器和继电器的触点位置附图

3. 主电路各接点标记

三相交流电源引入线采用 L1、L2、L3 标记。电源开关之后的分别按 U、V、W 顺序标记。分级三相交流电源主电路可采用 1U、1V、1W 及 2U、2V、2W 等。各电动机分支电路各接点可采用三相文字代号后面加数字来表示，例如，U11、U21 等，数字中的十位数字表示电动机代号，个位数字表示该支路的接点代号。

控制电路采用阿拉伯数字编号，一般由三位或三位以下的数字组成。

二、电气识图方法与步骤

1. 识图方法

（1）结合电工基础知识识图　在掌握电工基础知识的基础上，准确、迅速地识别电气图。如改变电动机电源相序，即可改变其旋转方向的控制。

（2）结合典型电路识图　典型电路就是常见的基本电路，如电动机的起动、制动、顺序控制等。不管多复杂的电路，几乎都是由若干基本电路组成的。因此，熟悉各种典型电路，是看懂较复杂电气图的基础。

（3）结合制图要求识图　在绘制电气图时，为了加强图样的规范性、通用性和示意性，必须遵循一些规则和要求，利用这些制图的知识能够准确地识图。

2. 识图步骤

1）准备：了解生产过程和工艺对电路提出的要求；了解各种用电设备和控制电器的位置及用途；了解图中的图形符号及文字符号的意义。

2）主电路：首先要仔细看一遍电气图，弄清电路的性质，是交流电路还是直流电路；然后从主电路入手，根据各元器件的组合判断电动机的工作状况，如电动机的起停、正反转等。

3）控制电路：分析完主电路后，再分析控制电路，要按动作顺序对每条小回路逐一分析研究，然后再全面分析各条回路间的联系和制约关系，要特别注意与机械、液压部件的动作关系。

4）最后阅读保护、照明、信号指示、检测等部分。

三、典型数控机床电气控制线路分析

下面以 FANUC 0i MATE TC 车床为例，分析数控机床电气控制线路。

1. 机床主电路分析

FANUC 0i MATE TC 车床主电路图如图 2-30 所示。

1）低压断路器 QF1 用来接通电源并对整个动力线路进行过载及短路保护。

2）接触器主触点 KM1 用来控制伺服驱动器电源的通断。

3）接触器主触点 KM2 和 KM3 用来控制刀架电动机 M 的正反转。

4）低压断路器 QF5 作为刀架电动机的过载及短路保护。

5）变压器 TC1 一次侧接三相电源 AC380V，二次侧提供三相电源 AC220V 电压。AC220V 给伺服驱动器电源和主轴电动机风扇供电。

6）低压断路器 QF2～QF4 用来对线路进行过载及短路保护。

7）变压器 TC2 一次侧接三相电源 AC380V，二次侧两组绕组分别提供 AC220V、AC110V 电压。AC110V 电压给交流接触器线圈供电，AC220V 给开关电源供电，开关电源用来提供控制电路 24V 直流电。

2. 机床控制电路分析

FANUC 0i MATE TC 车床控制电路图如图 2-31 所示。

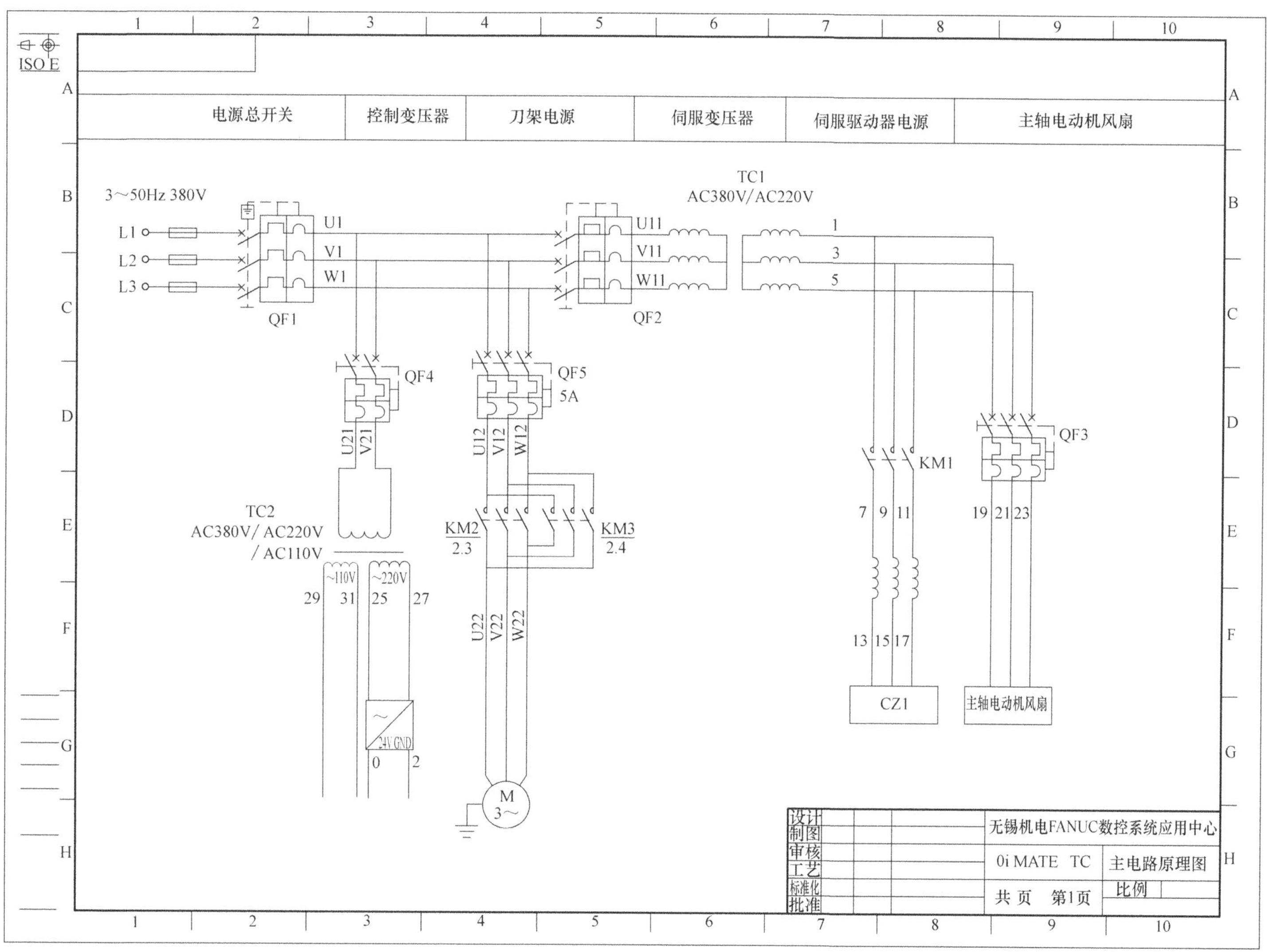

图 2-30　FANUC 0i MATE TC 车床主电路图

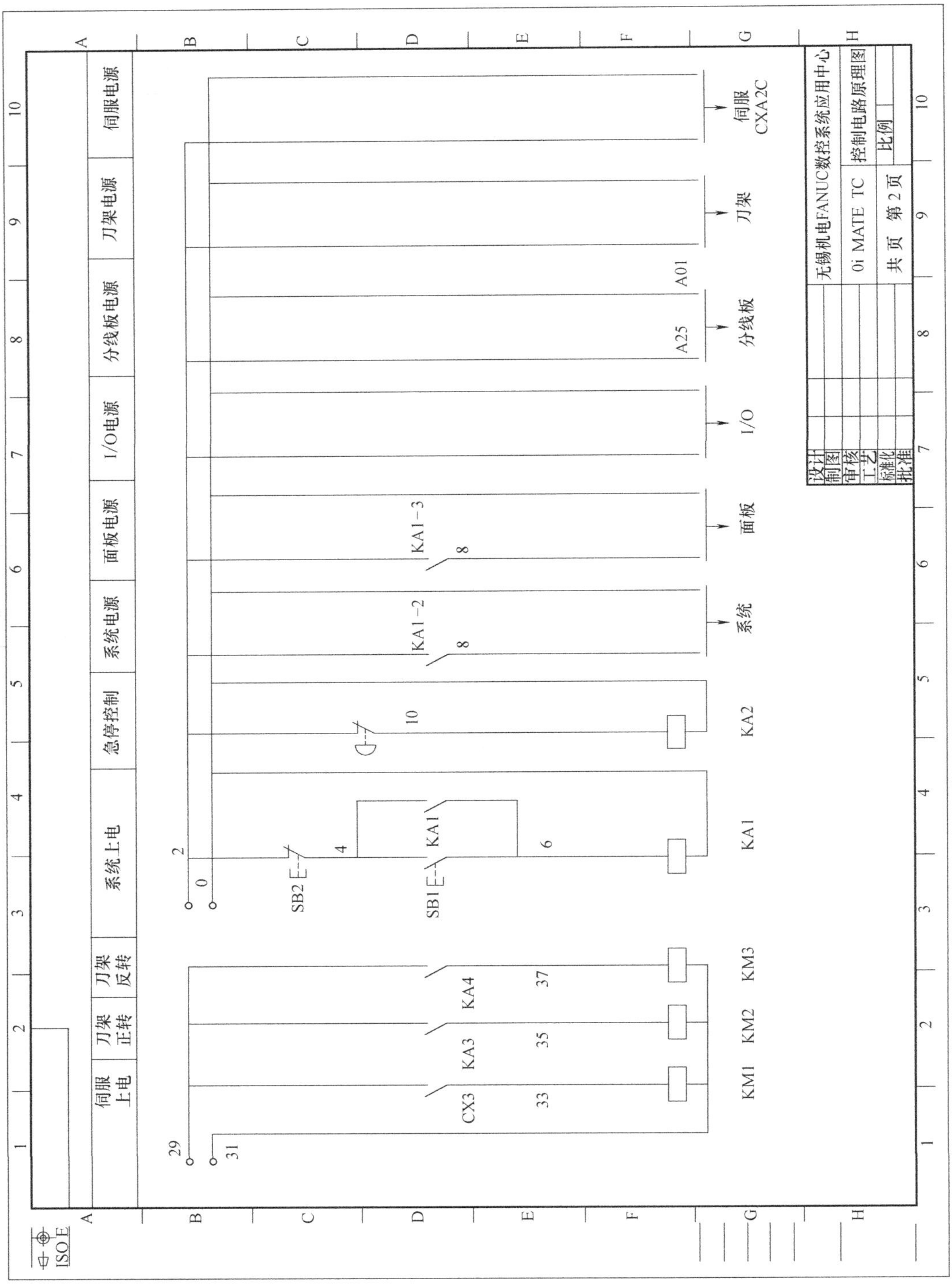

图 2-31　FANUC 0i MATE TC 车床控制电路图

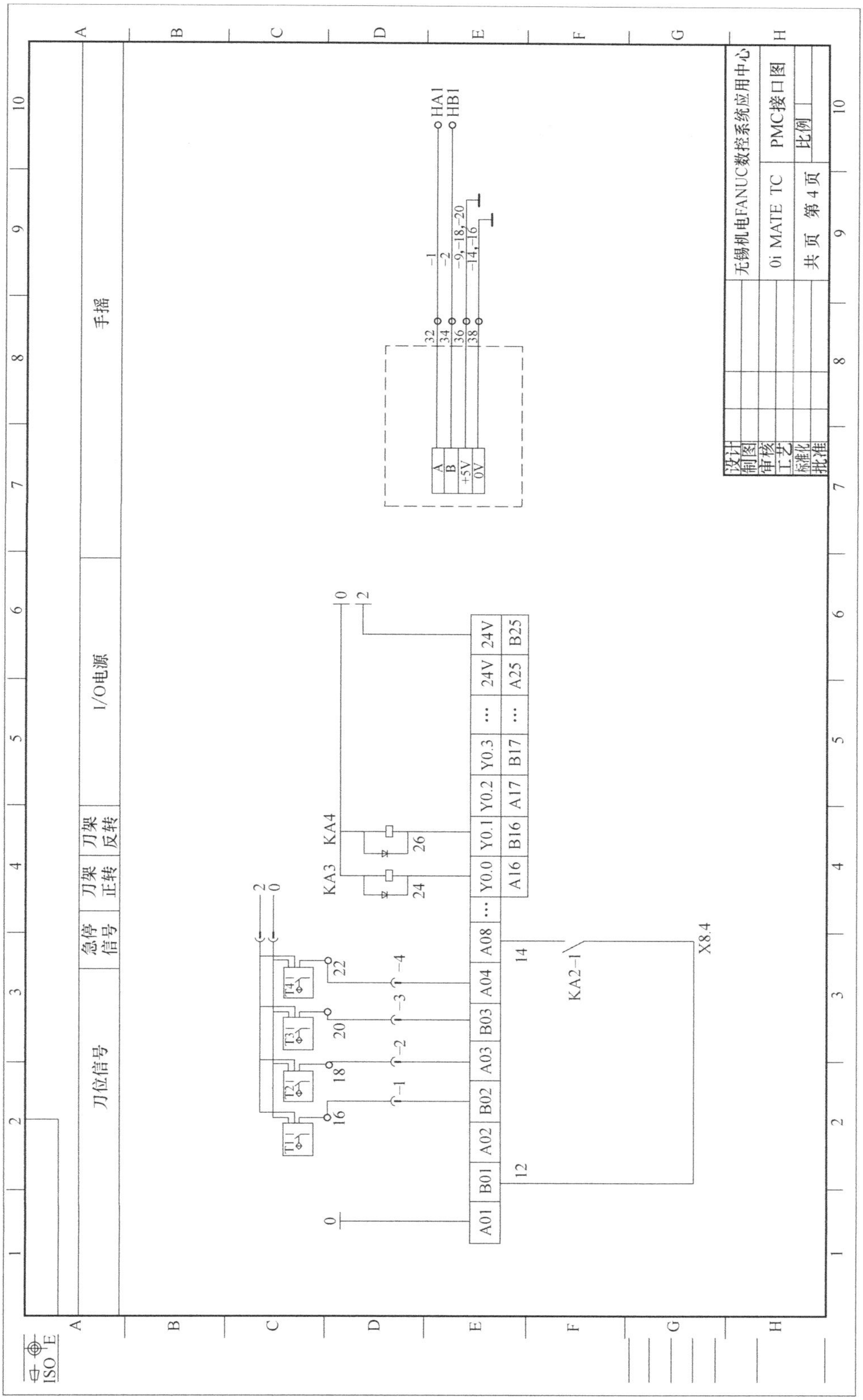

图 2-32　FANUC 0i MATE TC 车床 PMC 接口图

1）接触器 KM1 线圈用来控制伺服上电。

2）接触器 KM2 线圈和 KM3 线圈用来实现刀架电动机正反转。

3）继电器 KA1 线圈用来控制系统上电、触点 KA1 用来实现系统上电回路的自锁，触点 KA1-2、KA1-3 用来控制系统电源和面板电源。

4）继电器 KA2 线圈用来控制急停功能。

5）CX3 是伺服驱动器在系统上电过程中自检正常后自动闭合的内部触点。

6）继电器 KA3、KA4 是当 PMC 发出刀架正反转信号而分别得电的中间继电器 KA3、KA4 所对应的常开触点。

3. PMC 接口图

FANUC 0i MATE TC 车床 PMC 接口图如图 2-32 所示。

1）T1 ~ T4 是数控车床刀架的 4 个刀位输入信号，是由 4 个霍尔传感器进行检测的。

2）继电器线圈 KA3、KA4 由 PMC 控制得电。

3）继电器触点 KA2-1 的通断用来控制急停输入信号 X8.4 的状态，当 KA2-1 断开时，X8.4 为低电平，会导致系统急停报警。

任务实施

1. 阅读分析电气控制原理图的基本方法是什么？
2. 根据实验室设备配备的电气线路图识图。

任务拓展

根据电气线路图，完成数控机床电气线路的安装。

项目三

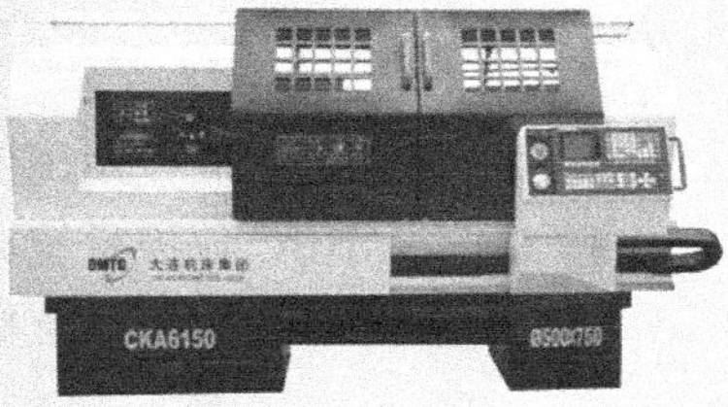

数控装置及其接口

项目描述

机床控制电路在设计时应考虑机床所采用的功能部件，结合数控系统、伺服系统、I/O单元模块连接的要求和特点。机床各功能部件的工作原理各有不同，但FANUC公司的主要产品的控制原理和连接方式是相同的。

机床出厂时，数控系统内的参数、程序、变量和数据都已经进行过调试，并能保证机床的正常运行。但是机床在使用过程中，有可能出现数据丢失、参数紊乱等情况，这就需要对系统数据进行备份，方便进行数据的恢复。系统数据的备份和还原操作对初学者尤为重要，在对系统的参数、设置程序等进行编辑操作前，务必进行数据的备份。

数控机床的参数是数控系统软件应用的外部条件，它可以完成数控系统与机床结构及机床各种功能的匹配。通过数控机床的参数可以知道机床的一些特定数据，识别机床上的不同部件，并能判断如何执行用户编写的指令。参数包括轴的数量、进给率、转速、螺距误差补偿、加速度、反馈、跟随误差、比例增益、自动换刀功能等。有些数控机床的参数需要调试后才能确定，如螺距误差补偿参数的确定。有些数控机床的工作状态也可以通过参数的修改来调整，如机床的位置精度调整、主轴的最高转速等。

项目重点

1. 掌握FANUC数控系统各功能模块的组成、接口和连接。
2. 掌握FANUC数控系统数据的整体和单独备份/还原方法。
3. 掌握FANUC数控系统的基本参数设置。

任务一　数控系统的硬件接口介绍

任务内容

现场认识并掌握FANUC 0i D系统NC控制单元、αi系列伺服放大器、βi一体型伺服放大器、βi单轴独立型伺服放大器、0i用I/O单元、FANUC标准操作面板等模块的硬件接口定义及功能。

任务目标

1. 掌握FANUC数控系统控制单元的接口及功能。

2. 掌握 FANUC 数控系统伺服放大器的接口及功能。
3. 掌握 FANUC 数控系统典型 I/O 模块的接口及功能。
4. 掌握 FANUC 数控系统标准操作面板的接口及功能。

知识链接

一、FANUC 0i D 控制单元接口及功能

1. FANUC 0i D 控制单元接口

FANUC 0i MODEL D 控制单元在硬件上做了很多增加，如标配以太网口（mate 的不含）、系统状态显示数码管等。图 3-1 为 FANUC 0i D 控制单元接口图。

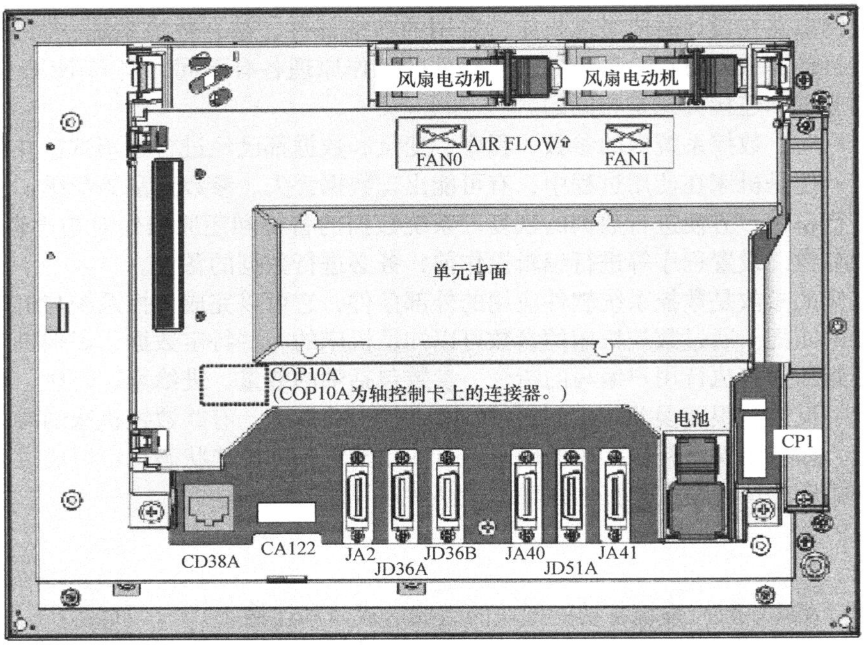

图 3-1　FANUC 0i D 控制单元接口图

2. FANUC 0i D 系统控制单元功能

FANUC 0i D 系统控制单元接口功能见表 3-1。

表 3-1　FANUC 0i D 系统控制单元接口功能

端口号	功　能
COP10A	伺服 FSSB 总线接口，此口为光缆口
CD38A	以太网接口
CA122	系统软键信号接口
JA2	系统 MDI 键盘接口
JD36A/JD36B	RS-232-C 串行接口 1/2
JA40	模拟主轴信号接口/高速跳转信号接口
JD51A	I/O LINK 总线接口
JA41	串行主轴接口/主轴独立编码器接口
CP1	系统电源输入（DC24V）

二、FANUC 伺服控制单元及 FSSB 总线

1. FANUC 伺服系统的构成

如果把 CNC 控制系统比作数控机床的大脑和中枢，那么伺服控制和主轴驱动就是数控机床的四肢，它们是大脑的执行机构。FANUC 驱动部分从硬件结构上分，主要由四个部分组成。

（1）轴卡　轴卡就是前面在介绍系统接口时，接光缆的那块 PCB（印制电路板），在现今的全数字伺服控制中，都已经将伺服控制的调节方式、数学模型甚至脉宽调制以软件的形式融入系统软件中，而硬件支撑采用专用的 CPU 或 DSP 等，这些部件最终集成在轴控制卡（简称轴卡）。轴卡的主要作用是速度控制与位置控制，如图 3-2 所示。

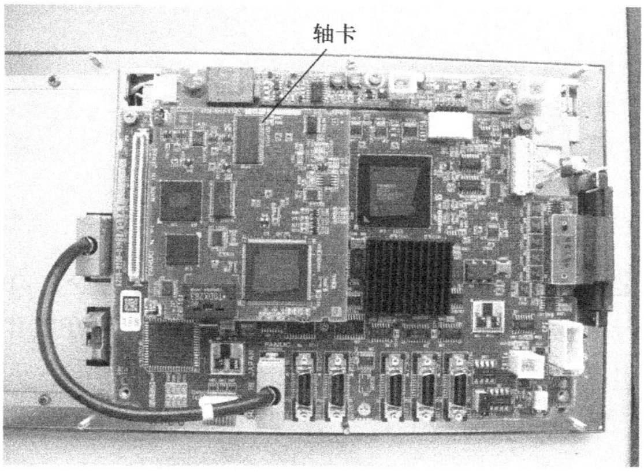

图 3-2　轴卡

（2）伺服放大器　伺服放大器接收轴卡（通过光缆）输入的光信号转换为脉宽调制信号，经过前级放大驱动 IGBT 模块输出电动机电流，如图 3-3 所示。

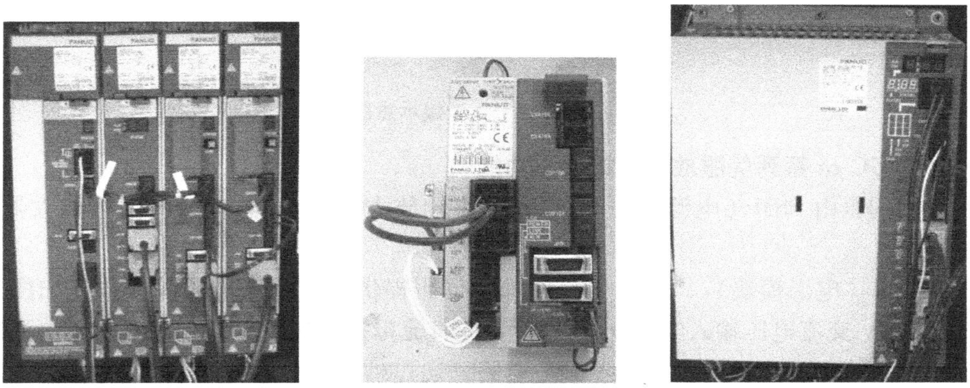

a)　　b)　　c)

图 3-3　伺服放大器

a）αi 系列伺服放大器　b）βi 单轴独立型伺服放大器

c）βi 一体型伺服放大器

(3) 伺服电动机　伺服电动机由放大器输出的驱动电流产生旋转磁场，驱动其转子旋转，如图 3-4 所示。

(4) 反馈装置　通常由电动机轴直连的脉冲编码器用作半闭环反馈装置，如图 3-5 所示。FANUC 早期的产品使用旋转变压器作为半闭环位置反馈，测速发电机作为速度反馈，但今天这种结构已经被淘汰。

图 3-4　伺服电动机

图 3-5　伺服电动机编码器

这四者的相互关系是：轴卡接口 COP10A 输出脉宽调制指令，并通过 FSSB（Fanuc Serial Servo Bus，发那科串行伺服总线）光缆与伺服放大器接口 COP10B 相连，伺服放大器整形放大后，通过动力线输出驱动电流到伺服电动机，电动机转动后，同轴的编码器将速度和位置反馈到 FSSB 总线上，最终回到轴卡上进行处理，如图 3-6 所示。

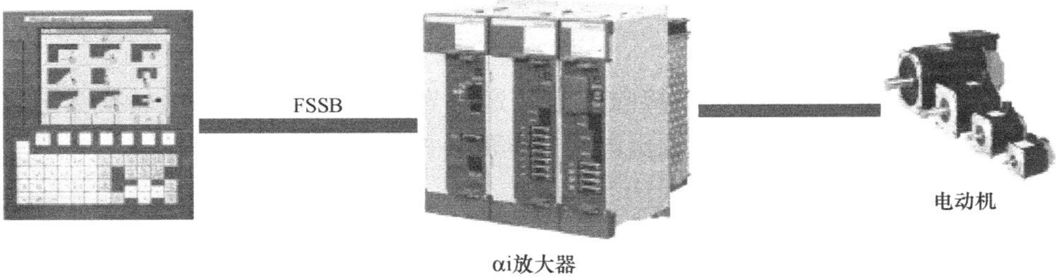

图 3-6　FSSB 连接示意图

2. FANUC αi 系列伺服放大器接口及功能

αi 系列伺服由 PSM（电源模块）、SPM（主轴放大器模块）、SVM（伺服放大器模块）三部分组成。

(1) PSM（电源模块）　PSM 是为主轴和伺服提供逆变直流电源的模块，如图 3-7 所示。三相 220V 交流电压输入经 PSM 处理后，向直流母排输送 DC300V 电压供主轴和伺服放大器使用。另外，PSM 模块还有输入保护电路，通过外部急停信号或内部继电器控制 MCC 主接触器，起到保护作用。

(2) SPM（主轴放大器模块）　SPM 接收 CNC 数控系统发出的串行主轴指令，该指令格式是 FANUC 公司主轴产品通信协议，所以又被称为 FANUC 数字主轴，与其他公司产品没有兼容性。该主轴放大器经过变频调速控制向 FANUC 主轴电动机输出动力电源。该放大器的 JYA2 和 JYA3/JYA4 接口分别接收主轴速度反馈和主轴位置编码器信号，如图 3-8 所示。

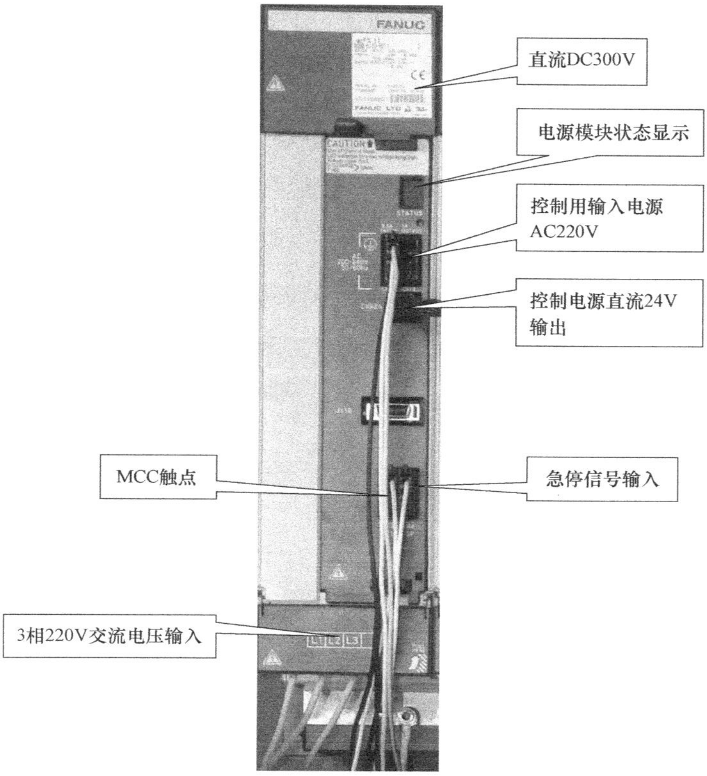

图 3-7　PSM 电源模块

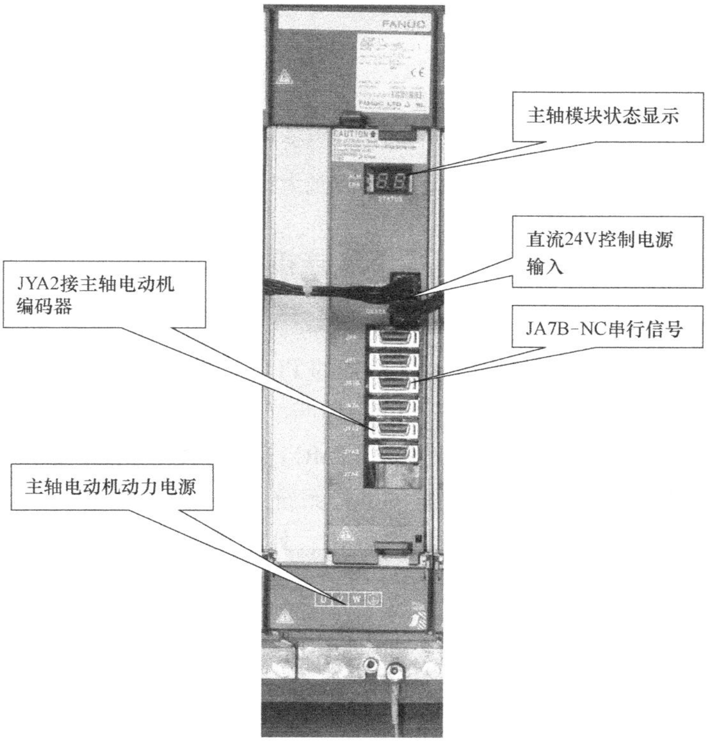

图 3-8　主轴放大器

（3）SVM（伺服放大器模块） SVM 接收通过 FSSB 输入 CNC 主轴的控制指令，驱动伺服电动机按照指令运转，同时，JF1、JF2 伺服电动机编码器反馈信号接口将位置信息通过 FSSB 光缆再传输到 CNC 中，如图 3-9 所示。

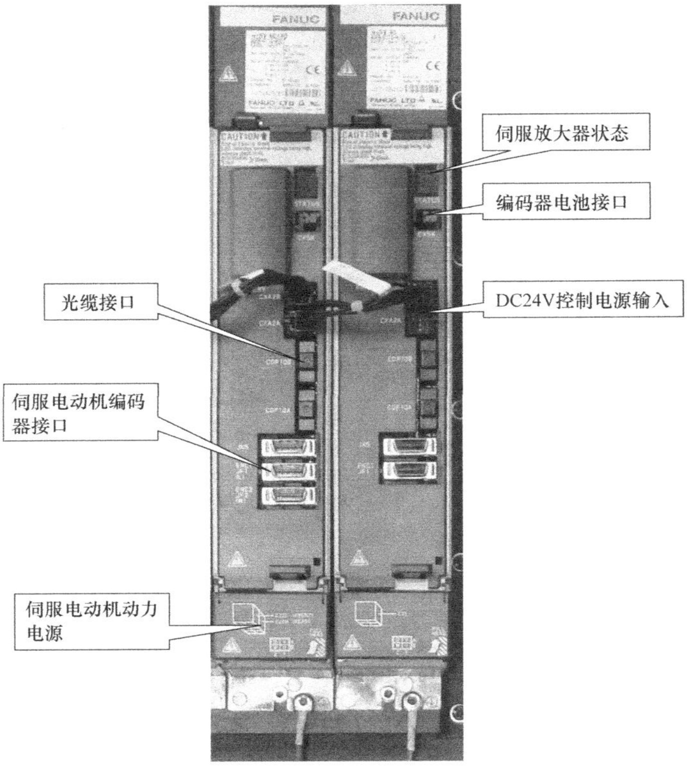

图 3-9 伺服放大器

三、FANUC 的 I/O 单元与 I/OLINK 连接

1. FANUC PMC 的构成

FANUC PMC 的工作原理与其他自动化设备的 PLC 工作原理相同，只是 FANUC 公司根据数控机床的特点开发了专用的功能指令以及相匹配的硬件结构。目前发那科数控产品将 PMC 内置，也就是说不需要独立的 PLC 设备，PMC 已成为数控系统的重要组成部分，CNC、伺服与主轴驱动、PMC 三大部分构成完整的数控系统。

FANUC PMC 是由内置 PMC 软件、接口电路、外围设备（接近开关、电磁阀、压力开关等）构成的。连接主控系统与从属 I/O 接口设备的电缆作为高速串行电缆，被称为 I/O LINK，它是 FANUC 专用 I/O 总线，如图 3-10 所示。另外，通过 I/O LINK 可以连接 FANUC βi 系列伺服驱动模块，作为 I/OLINK 轴使用。

2. 常用的 I/O 模块

在 FANUC 系统中 I/O 单元的种类很多，下面对常用的模块进行介绍，见表 3-2。

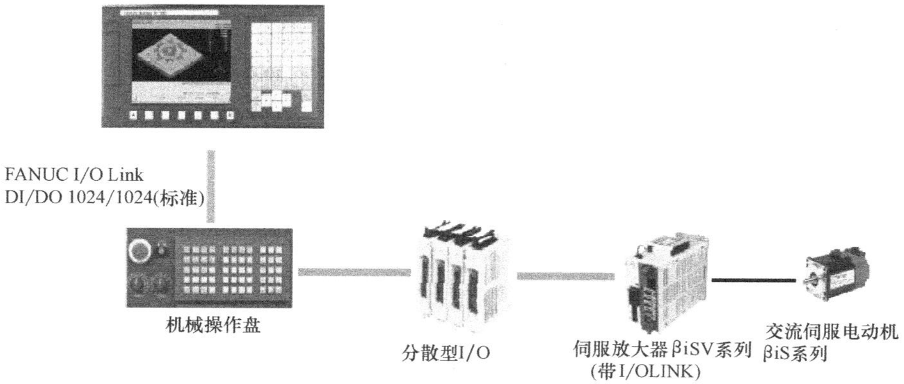

图 3-10 典型 I/O LINK 连接图

表 3-2 FANUC 系统的常用 I/O 模块

装置名	外形及说明	手轮连接	输入/输出信号点数
0i 用 I/O 单元模块	最常用的 I/O 模块 	有	96/64
机床操作面板模块	装在机床操作面板上,带有矩阵开关和 LED 	有	96/64
操作盘 I/O 模块	带有机床操作盘接口的装置,0i 系统上常见 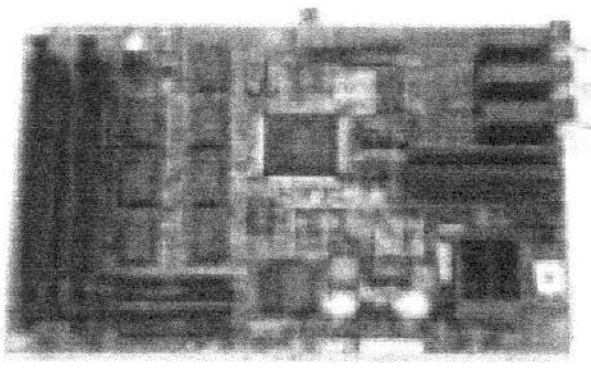	有	48/32
分线盘 I/O 模块	一种分散型的 I/O 模块,能适应机床强电电路输入、输出信号的任意组合的要求,由基本单元和最大三块扩展单元组成 	有（注）	96/64

（续）

装置名	外开及说明	手轮连接	输入/输出信号点数
FANUC I/O UNIT A/B	一种模块结构的 I/O 装置，能适应机床强电输入、输出任意组合的要求 	无	最大 256/256
I/O LINK 轴	使用 β 系列 SVU（带 I/O LINK）可以通过 PMC 外部信号来控制伺服电动机进行定位 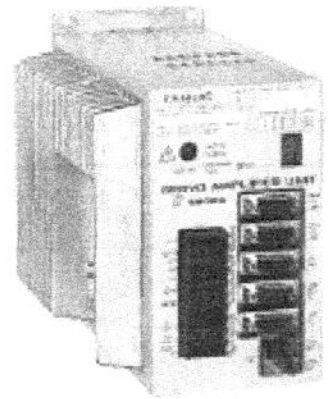	无	128/128

3. 0i 用 I/O 模块连接

0i 用 I/O 模块是配置 FANUC 系统的数控机床使用最为广泛的 I/O 模块，如图 3-11 所示，采用 4 个 50 芯插座连接的方式，分别是 CB104、CB105、CB106、CB107。输入点有 96 位，每个 50 芯插座中包含 24 位的输入点，这些输入点被分为 3 个字节；输出点有 64 位，每个 50 芯插座中包含 16 位的输出点，这些输出点被分为 2 个字节。

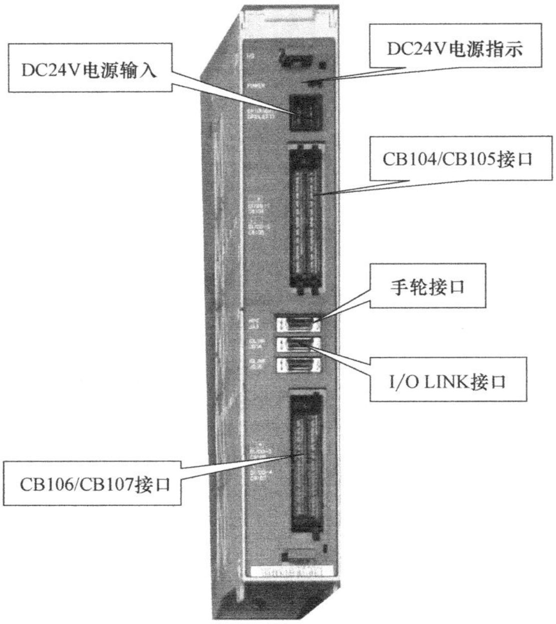

图 3-11　0i 用 I/O 模块

CB 104
HIROSE 50PIN

	A	B
01	0V	+24V
02	Xm+0.0	Xm+0.1
03	Xm+0.2	Xm+0.3
04	Xm+0.4	Xm+0.5
05	Xm+0.6	Xm+0.7
06	Xm+1.0	Xm+1.1
07	Xm+1.2	Xm+1.3
08	Xm+1.4	Xm+1.5
09	Xm+1.6	Xm+1.7
10	Xm+2.0	Xm+2.1
11	Xm+2.2	Xm+2.3
12	Xm+2.4	Xm+2.5
13	Xm+2.6	Xm+2.7
14		
15		
16	Yn+0.0	Yn+0.1
17	Yn+0.2	Yn+0.3
18	Yn+0.4	Yn+0.5
19	Yn+0.6	Yn+0.7
20	Yn+1.0	Yn+1.1
21	Yn+1.2	Yn+1.3
22	Yn+1.4	Yn+1.5
23	Yn+1.6	Yn+1.7
24	DOCOM	DOCOM
25	DOCOM	DOCOM

CB 105
HIROSE 50PIN

	A	B
01	0V	+24V
02	Xm+3.0	Xm+3.1
03	Xm+3.2	Xm+3.3
04	Xm+3.4	Xm+3.5
05	Xm+3.6	Xm+3.7
06	Xm+8.0	Xm+8.1
07	Xm+8.2	Xm+8.3
08	Xm+8.4	Xm+8.5
09	Xm+8.6	Xm+8.7
10	Xm+9.0	Xm+9.1
11	Xm+9.2	Xm+9.3
12	Xm+9.4	Xm+9.5
13	Xm+9.6	Xm+9.7
14		
15		
16	Yn+2.0	Yn+2.1
17	Yn+2.2	Yn+2.3
18	Yn+2.4	Yn+2.5
19	Yn+2.6	Yn+2.7
20	Yn+3.0	Yn+3.1
21	Yn+3.2	Yn+3.3
22	Yn+3.4	Yn+3.5
23	Yn+3.6	Yn+3.7
24	DOCOM	DOCOM
25	DOCOM	DOCOM

CB 106
HIROSE 50PIN

	A	B
01	0V	+24V
02	Xm+4.0	Xm+4.1
03	Xm+4.2	Xm+4.3
04	Xm+4.4	Xm+4.5
05	Xm+4.6	Xm+4.7
06	Xm+5.0	Xm+5.1
07	Xm+5.2	Xm+5.3
08	Xm+5.4	Xm+5.5
09	Xm+5.6	Xm+5.7
10	Xm+6.0	Xm+6.1
11	Xm+6.2	Xm+6.3
12	Xm+6.4	Xm+6.5
13	Xm+6.6	Xm+6.7
14	COM4	
15		
16	Yn+4.0	Yn+4.1
17	Yn+4.2	Yn+4.3
18	Yn+4.4	Yn+4.5
19	Yn+4.6	Yn+4.7
20	Yn+5.0	Yn+5.1
21	Yn+5.2	Yn+5.3
22	Yn+5.4	Yn+5.5
23	Yn+5.6	Yn+5.7
24	DOCOM	DOCOM
25	DOCOM	DOCOM

CB 107
HIROSE 50PIN

	A	B
01	0V	+24V
02	Xm+7.0	Xm+7.1
03	Xm+7.2	Xm+7.3
04	Xm+7.4	Xm+7.5
05	Xm+7.6	Xm+7.7
06	Xm+10.0	Xm+10.1
07	Xm+10.2	Xm+10.3
08	Xm+10.4	Xm+10.5
09	Xm+10.6	Xm+10.7
10	Xm+11.0	Xm+11.1
11	Xm+11.2	Xm+11.3
12	Xm+11.4	Xm+11.5
13	Xm+11.6	Xm+11.7
14		
15		
16	Yn+6.0	Yn+6.1
17	Yn+6.2	Yn+6.3
18	Yn+6.4	Yn+6.5
19	Yn+6.6	Yn+6.7
20	Yn+7.0	Yn+7.1
21	Yn+7.2	Yn+7.3
22	Yn+7.4	Yn+7.5
23	Yn+7.6	Yn+7.7
24	DOCOM	DOCOM
25	DOCOM	DOCOM

图 3-11　0i 用 I/O 模块（续）

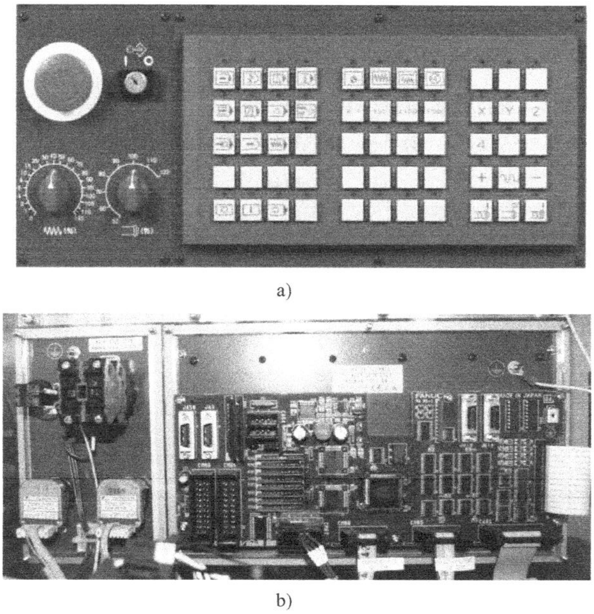

a)

b)

图 3-12　FANUC 标准操作面板

a）正面　b）反面

需要特别说明的是：

1）插接器（CB104、CB105、CB106、CB107）的引脚 B01（+24V）用于 DI 输入信号，它输出 DC24V，不要将外部 24V 电源连接到这些引脚。

2）每一个 DOCOM 都连在印制电路板上，如果使用插接器的 DO 信号（Y），请确定输入 DC24V 连到每个插接器的 DOCOM。

4. FANUC 标准操作面板

FANUC 标准操作面板与第三方的操作面板最大的不同在于它是一个独立的 I/O 模块，具有 96 位输入点和 64 位输出点，通过 I/OLINK 总线与 CNC 及其他 I/O 模块相连。图 3-12 为 FANUC 标准操作面板的正、反面。

FANUC 标准操作面板各接口的功能见表 3-3。

表 3-3　FANUC 标准操作面板接口功能

端口号	功　　能
JA58	悬挂式手摇接口
JA3	手摇接口
CA64	DC24V 电源接口
JD1A	I/OLINK 总线输出接口
JD1B	I/OLINK 总线输入接口
CM68/CM69	操作面板通用 I/O 点输入信号接口
CM67	程序保护开关、急停开关输入接口
CM66	主轴倍率波段开关输入信号接口
CM65	进给轴倍率波段开关输入信号接口

任务实施

1. 根据书中所讲知识，通过查看实训设备的配置，填写表 3-4。

表 3-4　实训设备的配置

模块名称	规格	功能
CNC 控制单元		
伺服放大器		
伺服电动机		
主轴电动机		
操作面板		
I/O 模块		
手摇脉冲发生器		

2. 根据书中所讲的知识，画出车床实验台中 FSSB 总线与 I/O LINK 的连接图，并说明各端口的作用，实验台如图 3-13 所示。

3. 根据书中所讲的知识，画出铣床实验台中 FSSB 总线与 I/O LINK 的连接图，并说明各端口的作用，实验台如图 3-14 所示。

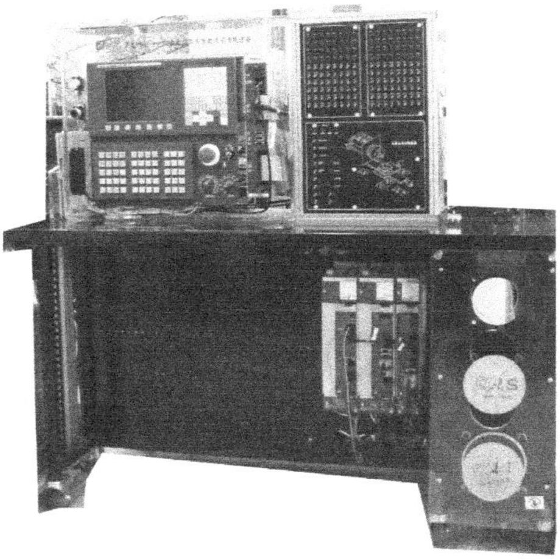

图 3-13　车床实验台

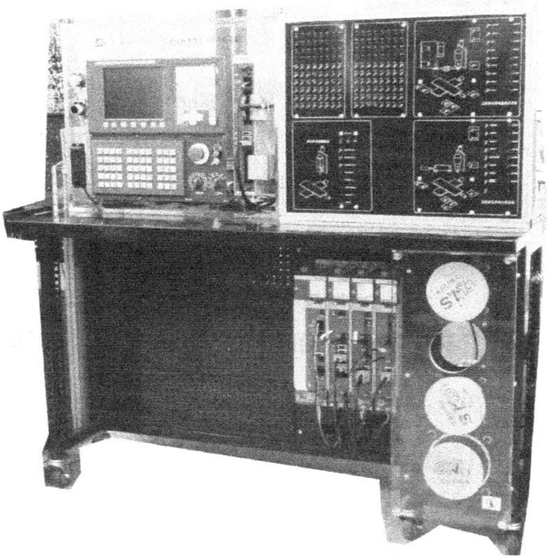

图 3-14　铣床实验台

任务拓展

FANUC 主轴控制采用两种类型，分别是模拟主轴与串行主轴。模拟主轴的控制对象是变频器，它接收系统 JA40 接口输出的 0 ~ ±10V 模拟电压，从而控制主轴电动机的转速，如图 3-15 所示。此时的主轴电动机是三相交流电动机，而非 FANUC 串行主轴电动机。同时，JA41 成为主轴编码器的信号反馈接口。

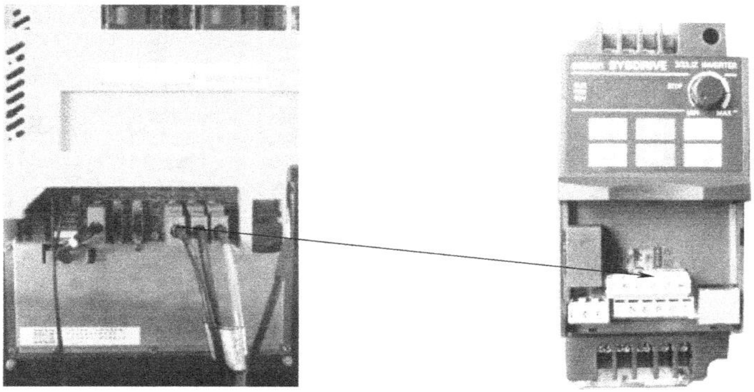

图 3-15　模拟主轴接口连接

任务二　数控系统的连接

任务内容

观察现有实训设备，学习 FANUCNC 数控装置、伺服驱动系统、主轴驱动系统、I/O 单元、手摇脉冲发生器等模块的接口功能及连接，从而完成系统综合硬件连接。

任务目标

1. 掌握 FANUC 伺服控制系统的硬件连接。
2. 掌握 FANUC 数控系统的 I/O LINK 的硬件连接。
3. 掌握 FANUC 数控系统的综合硬件连接。

知识链接

一、FANUC 伺服控制系统的连接

对于 FANUC 伺服控制系统的连接，无论是 αi 还是 βi 的伺服，在外围连接电路上都有很多类似的地方，大致分为光缆连接、控制电源连接、主电源连接、急停信号连接、MCC 连接、主轴指令连接（指串行主轴，模拟主轴接在变频器中）、伺服电动机主电源连接、伺服电动机编码器连接。下面以 αi 系列伺服驱动器为例来说明。

（1）光缆连接（FSSB 总线） FSSB 总线采用光缆通信，在硬件连接方面遵循从 A 到 B 的规律，即 COP10A 为总线输出，COP10B 为总线输入，需要注意的是光缆在任何情况下都不能硬折，以免损坏，如图 3-16 所示。

图 3-16 FSSB 连接图

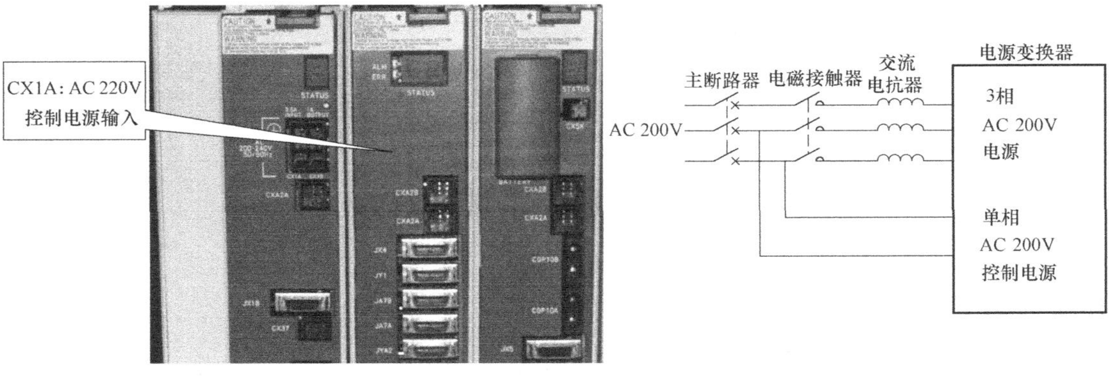

图 3-17 控制电源连接图

（2）控制电源连接　控制电源采用 AC220V 电源，主要用于伺服控制电路的电源供电。在上电顺序中，推荐优先先上伺服控制电，再系统上电，如图 3-17 所示。

（3）主电源连接　主电源主要用于伺服电动机和主轴电动机动力电源的变换。图 3-18 所示为 αi 系列伺服驱动器动力电源接口，图 3-17 所示为主电源电气进线图。

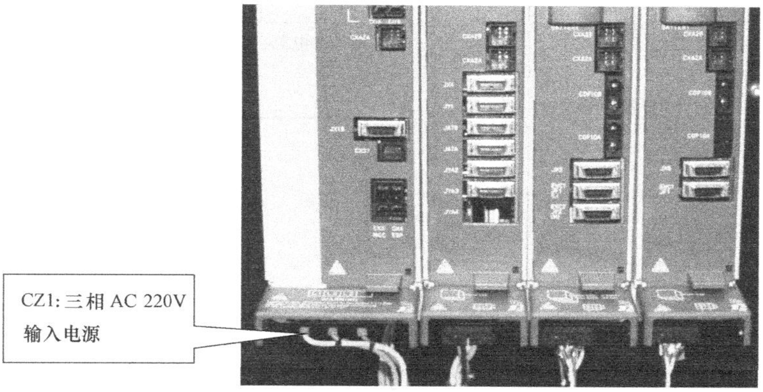

图 3-18　主电源连接

（4）急停与 MCC 连接　该部分主要用于对伺服主电源的控制与伺服放大器的保护，如发生报警、急停等情况下能够切断伺服放大器主电源。图 3-19 所示分别是 MCC 和急停相对应的接口 CX3、CX4。

（5）主轴指令信号连接　发那科的主轴控制采用两种类型，分别是模拟主轴与串行主轴。模拟主轴的控制对象是系统 JA40 口输出 0 ~ ±10V 的电压给变频器，从而控制主轴电动机的转速；另一种是采用串行总线，同样遵循从 A 到 B 的规律，即从系统的 JA41 口（0iC 系统为 JA7A 口）至伺服放大器的 JA7B 口，如图 3-20 所示。

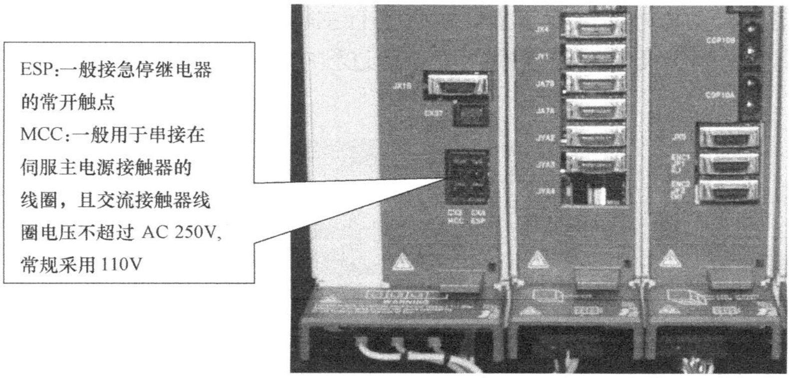

图 3-19　急停与 MCC 连接图

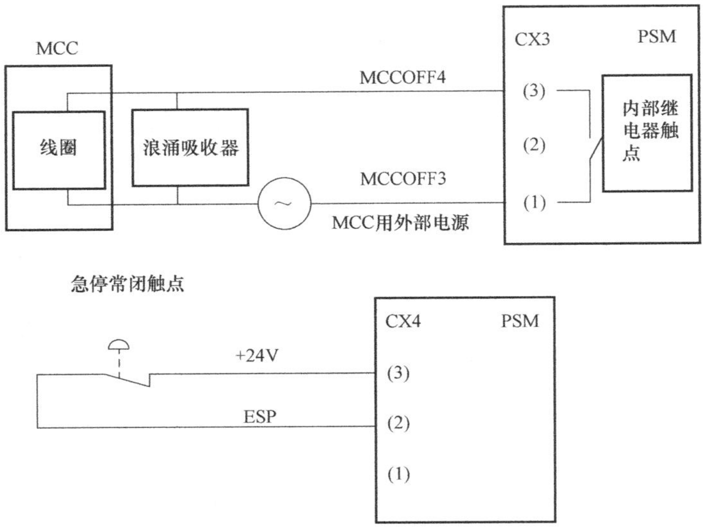

图 3-19　急停与 MCC 连接图（续）

图 3-20　串行主轴指令线的连接

（6）伺服电动机动力电源连接　主要包含串行主轴电动机与伺服进给电动机的动力电源连接，两者都是采用接插件方式连接，在连接过程中，一定要注意相序的正确，如图 3-21 所示。

图 3-21　伺服电动机动力电源的连接

（7）伺服电动机反馈的连接　主要包含串行主轴电动机与伺服进给电动机的反馈连接，一般的串行主轴电动机内置编码器的反馈接放大器的 JYA2 口，伺服进给电动机的反馈接口接 JF1 等接口，如图 3-22 所示。

图 3-22　伺服电动机反馈的连接

（8）串行主轴电动机的接线与伺服进给电动机的连接注意事项　串行主轴电动机接线盒内不仅含有动力电源端子、编码器接口，还有伺服主轴电动机风扇接口，如图 3-23、图 3-24 所示。

图 3-23　串行主轴电动机接线盒

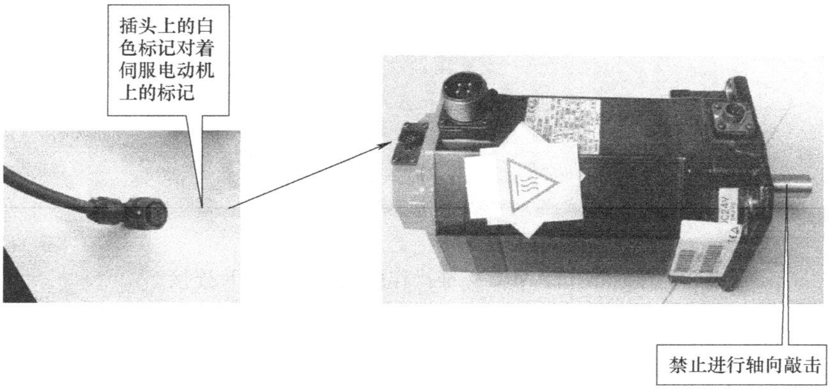

图 3-24　伺服电动机连接注意事项

二、FANUC 数控系统的 I/OLINK 连接

FANUC 数控系统的 PMC 是通过专用的 I/OLINK 与系统进行通信的，PMC 在进行 I/O 信号控制的同时，还可以实现手轮与 I/OLINK 轴的控制，但外围的连接却很简单且很有规律，同样是从 A 到 B，系统侧的 JD51A（0iC 系统为 JD1A）接到 I/O 模块的 JD1B，JA3 或者 JA58 可以连接手轮。图 3-25 所示为 0i 用 I/O 单元的 I/OLINK 连接。图 3-26 所示为 FANUC 标准操作面板的 I/OLINK 连接。

FANUC 的 PMC 地址分配大致如下：

X——MT 输入到 PMC 的信号，如接近开关、急停信号等。

Y——PMC 输出到 MT 的信号。

F——CNC 输入到 PMC 的信号，是固定的地址。

G——PMC 输出到 CNC 的信号，也是固定的地址。

R、T、C、K、D、A 为 PMC 程序使用的内部地址。

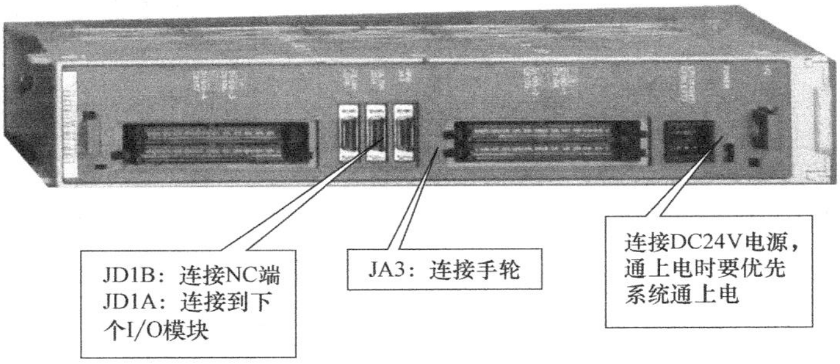

图 3-25　0i 用 I/O 单元的 I/OLINK 连接

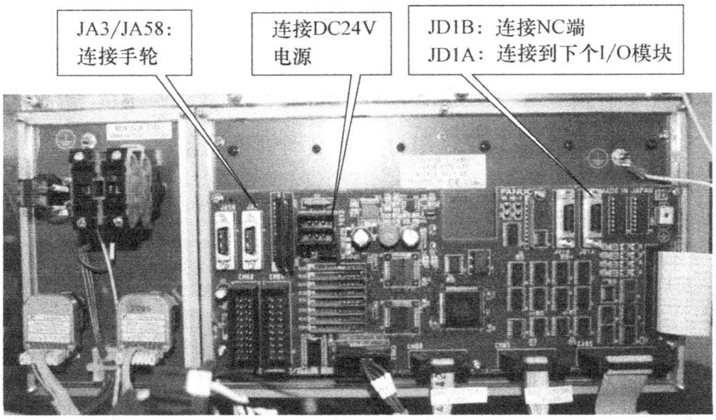

图 3-26　FANUC 标准操作面板的 I/OLINK 连接

任务实施

根据铣床实验台设备，在图 3-27 的基础上，完成硬件连接练习。

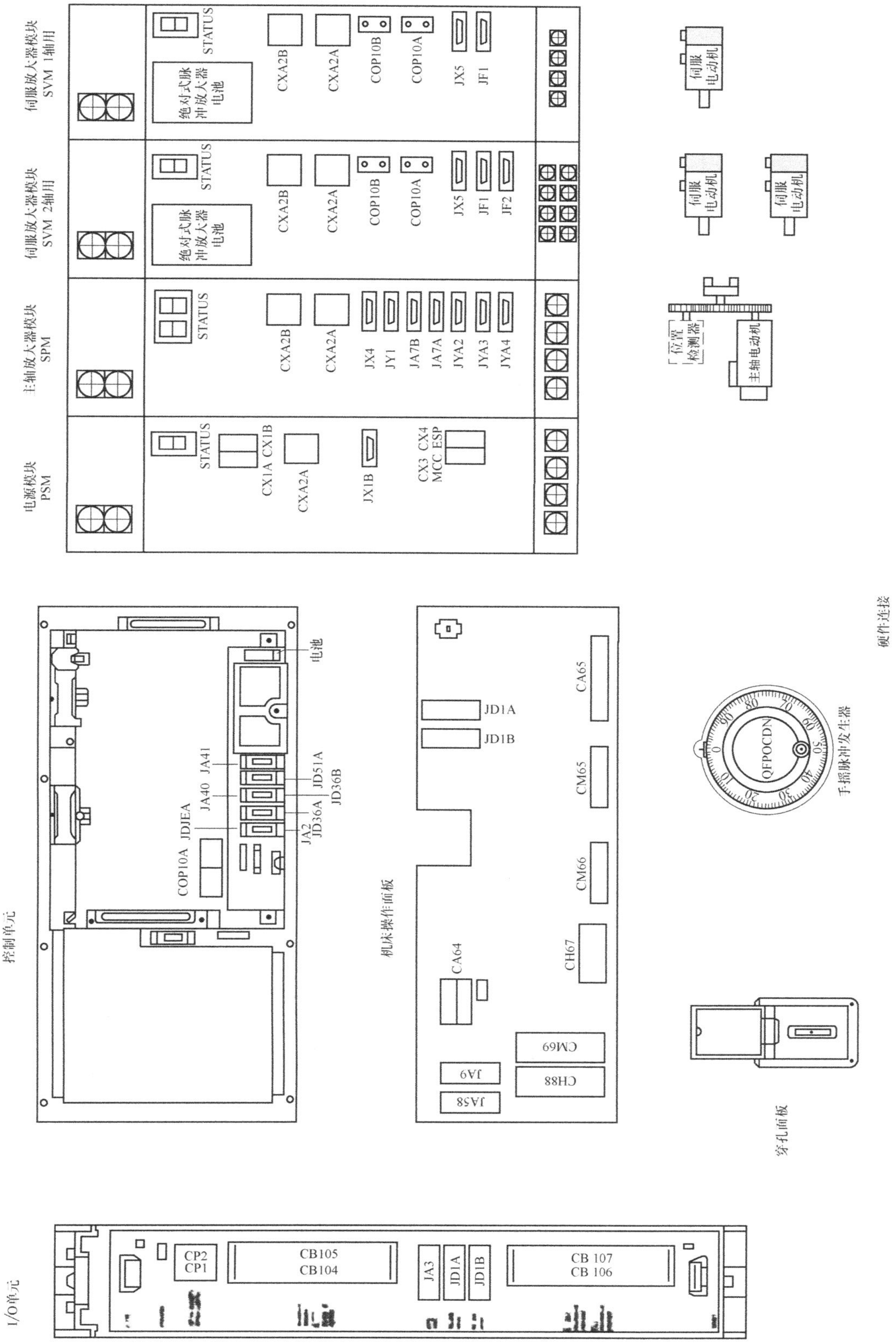

图 3-27　综合硬件连接图

任务拓展

伺服驱动放大器除了αi系列伺服放大器外，较为常用的还有βi一体型放大器（SVPM）和βi单轴独立型驱动单元（SVU），两者的接口定义及连接如图3-28和图3-29所示。

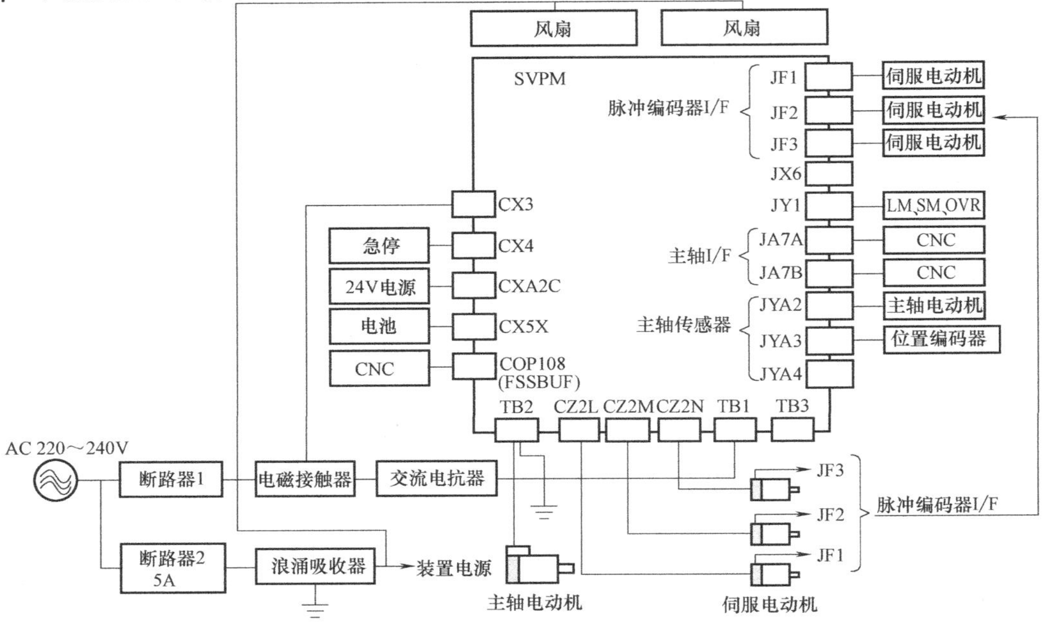

图3-28 βi一体型放大器（SVPM）的连接

接口名称	接口描述
CZ7-1 CZ7-2	主电源输入接口
CZ7-3	外接DC制动电阻接口
CZ7-4 CZ7-5 CZ7-6	电动机电源输出接口
CX29	主电源MCC控制信号接口
CX30	ESP信号连接接口
CXA20	DC制动电阻过热信号接口
CXA19B	DC 24V输入电源
CXA19A	DC 24V输入电源
COP10B	FSSB接口
COP10A	FSSB接口
ALM	伺服报警状态指示灯
JX5	测试接口
LINK	FSSB连接状态指示灯
JF1	脉冲编码器反馈
POWER	控制电源状态指示灯
CX5X	绝对脉冲编码器
⏚	接地

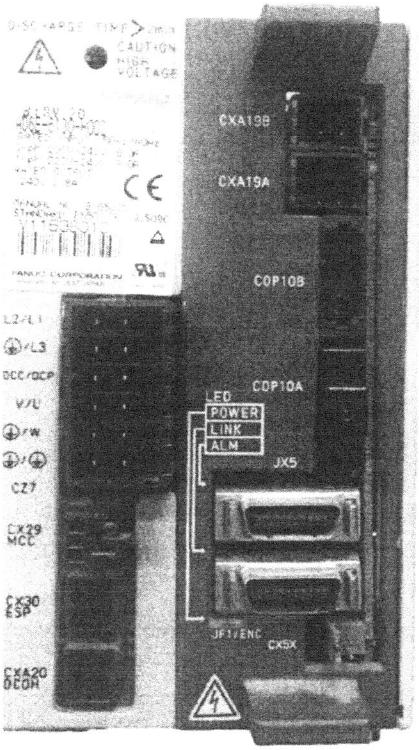

图3-29 βi单轴独立型驱动单元（SVU）的连接

任务三　数控系统的数据备份与还原

任务内容

利用提供的 CF 卡和 PCMCIA 适配器，首先在引导画面下，分别进行 SRAM 和 FROM 中数据的整体备份与还原操作；其次在数控系统各类数据的正常画面和所有 I/O 画面下，分别进行各类数据的单独备份/还原操作。

任务目标

1. 理解数控系统数据备份与还原的含义、作用。
2. 了解 CNC 中的数据类型、存储区域以及保存方式。
3. 掌握利用存储卡进行的数控系统数据的整体备份与还原以及单独备份与还原的方法和步骤。
4. 会在所有 I/O 画面下，进行各类数据的备份与还原操作。

知识链接

一、数控系统数据备份与还原的含义

1. 数据备份

数据备份是将系统数据存储到系统以外的介质里。

2. 数据还原

数据还原到系统以外的介质中所记录的状态。

二、数控系统数据备份与还原的作用

机床出厂时，数控系统内的参数、程序、变量和数据都已经过调试，并能保证机床的正常使用。但是机床在使用过程中，有可能出现数据丢失、参数紊乱等情况，这就需要对系统数据进行备份，方便进行数据的恢复。另外，在进行批量机床调试时也需要有备份好的数据，以方便批量调试。一旦参数、程序等被误操作和人为修改后，要想恢复原来的值，如果没有详细准确的记录可查，也没有数据备份，就会造成比较严重的后果。

三、CNC 中保存的数据类型和保存方式

1. FANUC 0i D 系列数控系统的数据文件分类

1）系统文件：FANUC 提供的 CNC 和伺服控制软件。

2）机床厂文件：机床的 PMC 程序、机床厂编辑的宏程序执行器。

3）用户文件：包括系统参数、螺距误差补偿值、宏程序、刀具补偿值、工件坐标系数据、PMC 参数（包括 Timer、Counter、Keep Relay、Datasheet）、加工程序等数据。

2. F-ROM 与 S-RAM

1）F-ROM：FLASH-ROM 是不能自动写入、只可以读出的存储器。通常用于存储控制

程序、常数等。F-ROM 中的数据相对稳定，一般情况下不容易丢失。

2）S-RAM：Static-RAM 静态存储器，是可以随机地存取、并经常可以自由地改写其内容的存储装置。在 S-RAM 中的数据由于断电后需要电池保护，有易失性，所以保留数据非常必要。

3. 数据类型和保存方式

数控系统内部的数据类型和保存方式见表 3-5。

表 3-5 数控系统内部的数据类型和保存方式

数据类型	保存方式	备注
CNC 参数	SRAM	
PMC 参数	SRAM	
顺序程序	F-ROM	
螺距误差补偿量	SRAM	选择功能
加工程序	SRAM	
刀具补偿量	SRAM	
用户宏变量	SRAM	选择功能
宏 P-CODE 程序	F-ROM	宏执行器（选择功能）
宏 P-CODE 变量	SRAM	
C 语言执行器应用程序	F-ROM	C 语言执行器（选择功能）
SRAM 变量	SRAM	

四、数控系统数据的输入、输出方法

对于存储于 CNC 中的数据进行保存恢复的方法，有各类数据单独输入、输出方法和整体数据输入、输出方法，其区别见表 3-6。

表 3-6 数据整体备份与单独备份的区别

项目	单独备份	整体备份
输入、输出方式	存储卡 RS-232-C 以太网	存储卡
数据形式	文本格式 （可利用计算机打开文件）	二进制形式 （不能用计算机打开文件）
操作	多画面操作	简单
用途	设计、调整	维修时

任务实施

一、用存储卡进行数据整体备份

1. SRAM 中的数据备份

（1）插存储卡　CF 卡和 PCMCIA 适配器正面和正面对接，注意正反面，如图 3-30 所示。把存储卡正确插入系统 LCD 左侧的 PCMCIA 接口处，如图 3-31 所示。

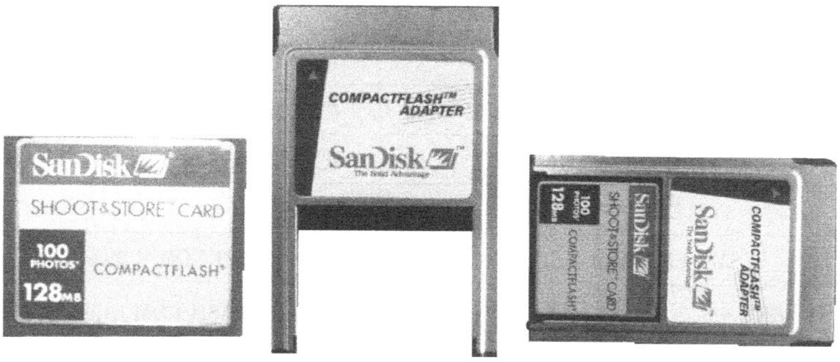

图 3-30　CF 卡和 PCMCIA 适配器的对接

图 3-31　存储卡插入 PCMCIA 接口

（2）起动引导系统（BOOT SYSTEM）　按下系统起动按钮，同时按下图 3-32 所示的最右边的 2 个软键，直至起动完毕。

（3）进入系统引导画面　图 3-33 为系统引导画面，表 3-7 和表 3-8 分别为引导画面对应的选项含义和软键含义。

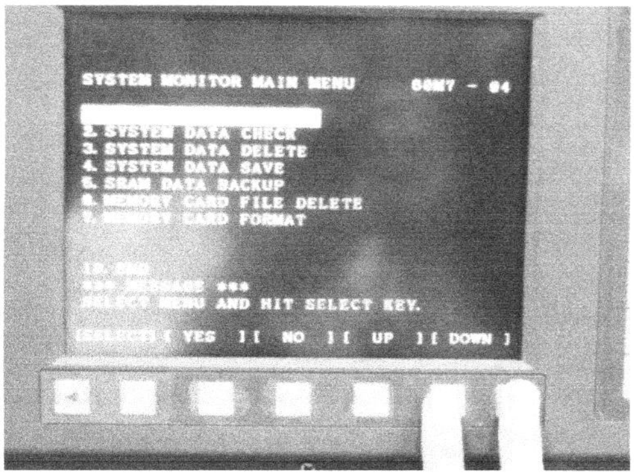

图 3-32　起动引导系统

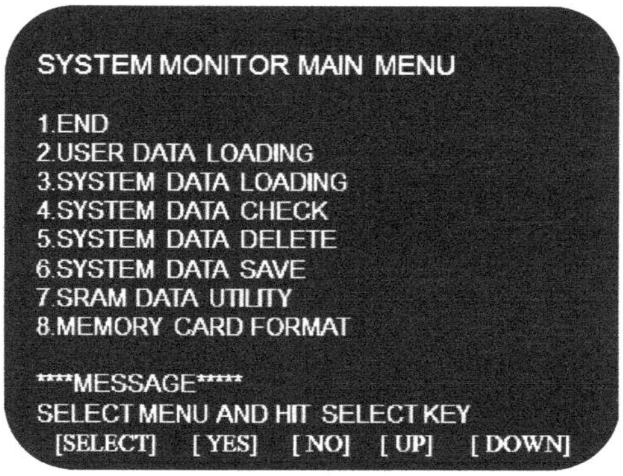

图 3-33　系统引导画面

（4）进入 SRAM 数据备份画面　在图 3-33 所示界面上，按下软键“UP”或“DOWN”或者“↑”“↓”方向选择键把光标移动到“7. SRAM DATA UTILITY”选项，按“SELECT”软键，进入图 3-34 所示的 SRAM 数据备份/恢复画面。

表 3-7 引导画面选项含义

	选　项	含　义
1	END	结束监控
2	USER DATA LOADING	把存储卡中的用户文件读出来，写入 FLASH ROM 中
3	SYSTEM DATA LOADING	把存储卡中的系统文件读出来，写入 FLASH ROM 中
4	SYSTEM DATA CHECK	显示写入 FLASH ROM 中的文件
5	SYSTEM DATA DELETE	删除 FLASH ROM 中的顺序程序和用户文件
6	SYSTEM DATA SAVE	把写入 FLASH ROM 中的顺序文件和用户文件用存储卡一次性备份
7	SRAM DATA UTILITY	把存储于 SRAM 中的 CNC 参数和加工程序用存储卡备份/恢复
8	MEMORY CARD FORMAT	进行存储卡的格式化

表 3-8 引导画面软键含义

软键	动　作
<	在当前画面不能显示时，返回前一画面
SELECT	选择光标位置的功能
YES	确认执行时，用“是”回答
NO	不确认执行时，用“否”回答
UP	光标上移一行
DOWN	光标下移一行
>	当前画面不能显示时，转向下一画面

（5）数据备份　在图 3-34 所示的 SRAM 数据备份/恢复画面中，把光标移动到“1. SRAM BACKUP（CNC→MEMORY CARD）”选项，按下“SELECT”软键确认，出现如下提示：

ARE YOU SURE ? HIT YES OR NO.

按下“YES”开始执行数据备份，当出现如下提示时表示备份成功。

SRAMBACKUP COMPLETE.　HIT SELECT KEY.

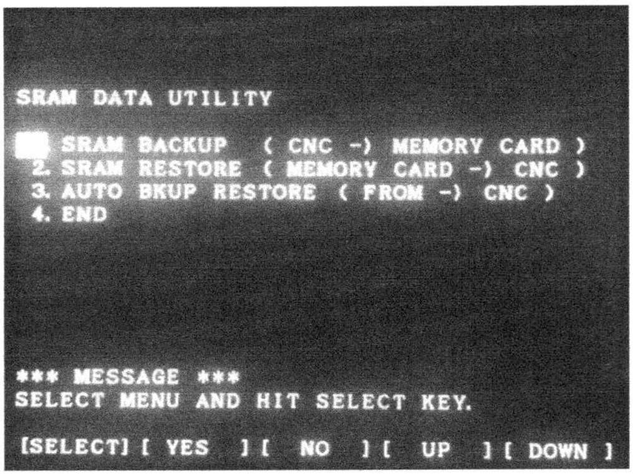

图 3-34　SRAM 数据备份/恢复画面

（6）返回引导画面主界面　按下“SELECT”软键确认，然后按下软键“UP”或“DOWN”，把光标移动到“END”，按下“SELECT”软键确认，退回到 BOOT 初始界面。

2. F-ROM 中的数据备份

（1）插存储卡

（2）起动引导系统（BOOT SYSTEM）

（3）进入系统引导画面

（4）进入 FROM 数据备份画面　在图 3-33 所示的界面上，按下软键“UP”或“DOWN”或者“↑”“↓”方向选择键把光标移动到“6. SYSTEM DATA SAVE”选项，按“SELECT”软键，进入图 3-35 所示的 FROM 数据备份画面。

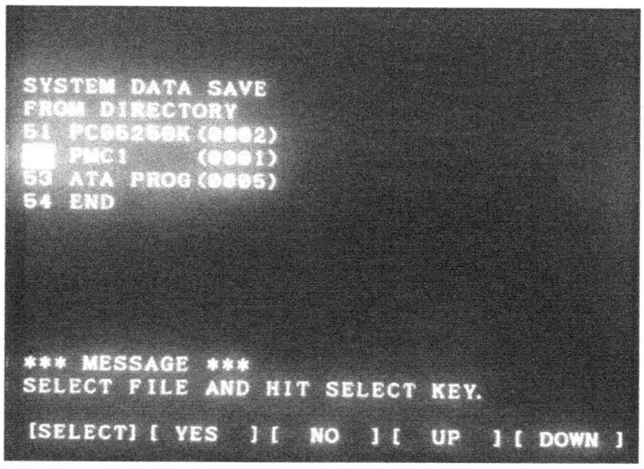

图 3-35　FROM 数据备份画面

（5）数据备份　在图 3-35 所示的 FROM 数据备份画面中，利用 MDI 面板上的翻页键和“UP”或“DOWN”软键或者“↑”“↓”方向选择键把光标移动到“52 PMC1（0001）”选项，按“SELECT”软键确认，出现如下提示：

SYSTEM DATA SAVE OK? HIT YES OR NO.

按下“YES”开始执行 FROM 数据备份，当出现如下提示时表示备份成功。

FILE SAVE COMPLETE.　HIT SELECT KEY.

（6）返回引导画面主界面　按下“SELECT”软键确认，然后按下软键“UP”或“DOWN”，把光标移动到“END”，按下“SELECT”软键确认，退回到 BOOT 初始界面。

3. 显示存储卡目录

在图 3-33 所示界面上，按下软键“UP”或“DOWN”或者“↑”“↓”方向选择键把光标移动到“2. USER DATA LOADING”选项，按“SELECT”软键，进入图 3-36 所示的存储卡目录显示画面。然后把之前所备份的 SRAM 和 FROM 数据文件名填入表 3-9 中。

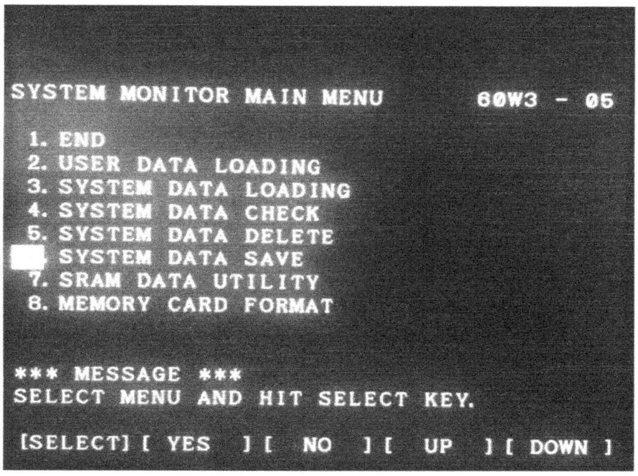

图 3-36　存储卡目录显示画面

表 3-9　SRAM 和 FROM 数据整体备份文件名

	SRAM 数据整体备份	FROM 数据整体备份
存储卡文件名		

4. 数据恢复

参照 SRAM 和 FROM 中利用存储卡进行数据整体备份的方法，请将存储于卡中的 SRAM 和 FROM 数据恢复到数控系统中。

二、存储卡进行数据单独备份

在用存储卡进行数据的单独备份与恢复前，先要确保以下两个准备工作：

1）在机床操作面板上选择方式为 EDIT（编辑）。

2）设定20#参数为4，若使用U盘进行数据单独备份与恢复，则20#参数需设为17。

1. CNC参数的备份

1）依次按下功能键SYSTEM→参数软键，出现图3-37所示的参数画面。

2）依次按下（操作）→F 输出→全部→执行软键，输出CNC参数。

输出文件名为“CNC-PARA. TXT”。

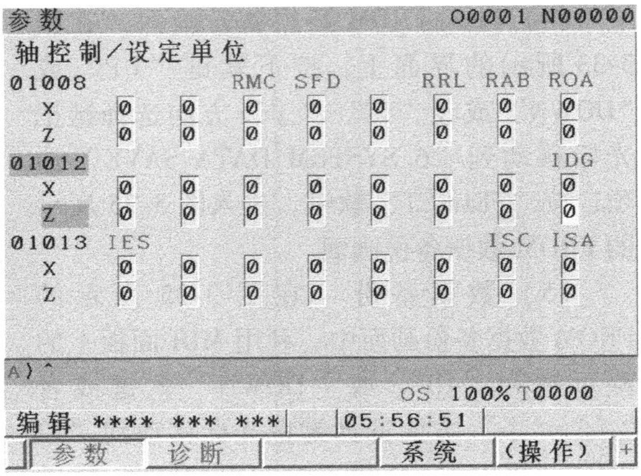

图3-37 CNC参数画面

2. PMC参数的备份

1）依次按下功能键SYSTEM→+ PMCMNT→I/O软键，显示图3-38所示的PMC数据的输入、输出画面。

2）利用“↑”“↓”“←”“→”光标键，将图3-38界面上的参数选项做如下设定：

① 装置：存储卡；

② 功能：写（若为读取，即是数据的还原）；

③ 数据类型：参数；

④ 文件名：默认标准名称，依次按下“操作”→“文件名”软键；或自己重新命名，利用MDI键盘在缓冲区中输入自定义文件名，按“input”键输入。

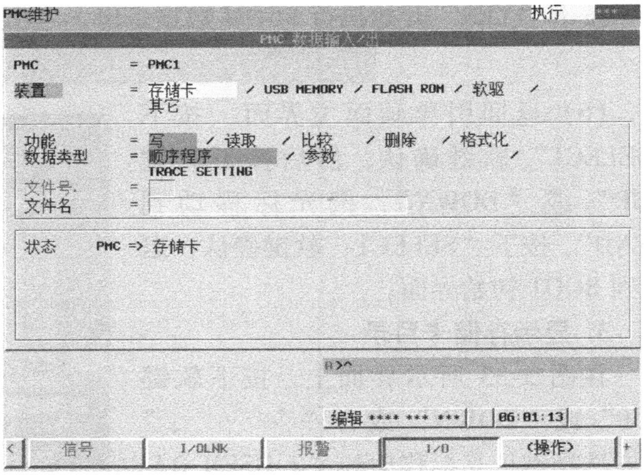

图3-38 PMC数据输入、输出画面

3）按下软键（操作）→执行，输出PMC参数。输出默认文件名为“PMCn_ PRM. 000”，其中n为PMC号，扩展名为文件号。

4）在数据种类中选择“顺序程序”，可以把顺序程序传出。顺序程序的默认文件名为“PMCn_ LAD. 000”（扩展名为文件号）。

3. 螺距误差补偿的备份

1）依次按下功能键SYSTEM→+ 螺补软键，显示图3-39所示的螺距误差补偿画面。

2）依次按下（操作）+→F 输出→执行软键，输出螺距

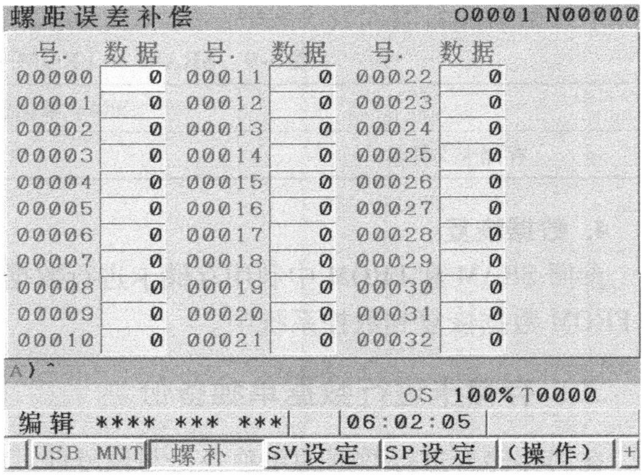

图3-39 螺距误差补偿画面

误差补偿量。输出文件名为“PITCH . TXT”。

4. 刀具补偿量的备份

1）按下功能键 OFS/SET →［刀偏］软键，出现图 3-40 所示的刀具偏置画面。

2）依次按下［（操作）］［+］→［F 输出］→［执行］软键，输出刀具偏置量。输出文件名为“TOOLOFST. TXT”。

5. 用户宏变量的备份

1）按下功能键 OFS/SET →［+］［宏变量］软键，出现图 3-41 所示的用户宏变量画面。输出的是变量号#500 以后的变量，而不是当前页面显示的变量。

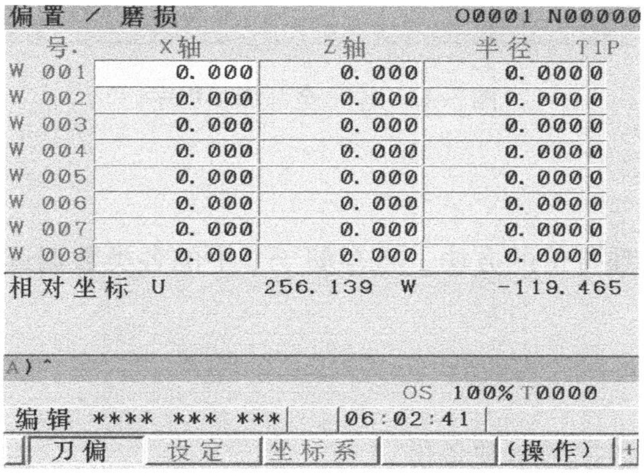

图 3-40　刀具偏置画面

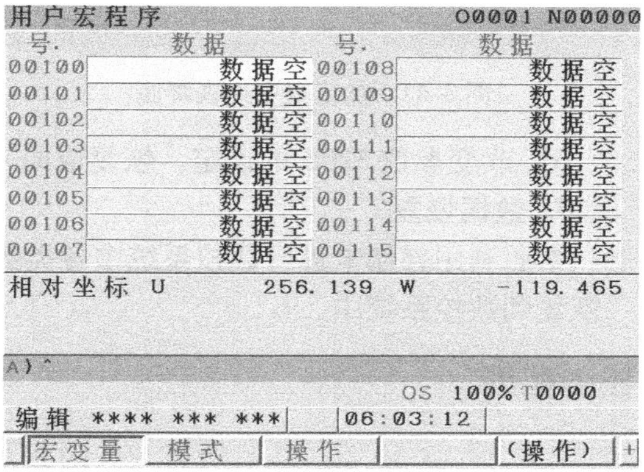

图 3-41　用户宏变量画面

2）依次按下软键［（操作）］［+］→［F 输出］→［执行］，输出用户宏变量。输出的是变量号#500 以后的变量，输出文件名为“MACRO. TXT”。

6. 加工程序的备份

1）设定参数 3202#0#4，以确定 8000 #以上和 9000#以上的加工程序是否输出。如要传出该程序，应设定为如下形式：

	#7	#6	#5	#4	#3	#2	#1	#0
3202				NE9				NE8

#4：NE9　0：可以编辑 9000 多号的程序

　　　　　1：不可以编辑 9000 多号的程序

#0：NE8　0：可以编辑 8000 多号的程序

　　　　　1：不可以编辑 8000 多号的程序

2）依次按下功能键 PROG →［列表］软键，显示图 3-42 所示的加工程序列表画面。

3）按下软键［（操作）］［+］→［F 输出］。

4）利用 MDI 键盘在缓冲区中输入“O + 输出的程序号”，如“O2009”，按软键［执行］，输出加工程序。

5）当全部程序输出时，输入“O-9999”，如图 3-43 所示，再按软键［执行］，输出文件名称为“ALL-PROG. TXT”。

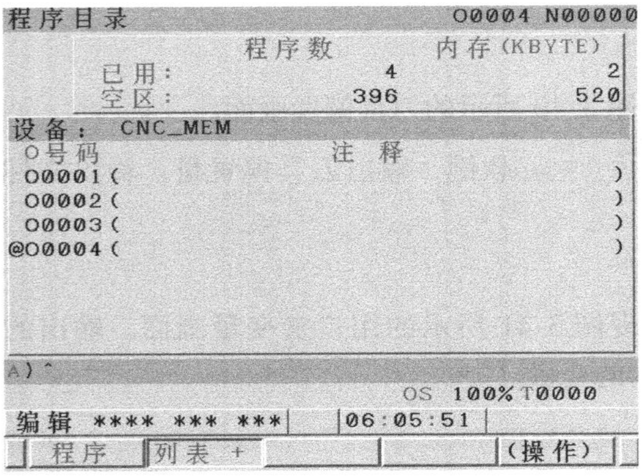

图 3-42　加工程序列表画面

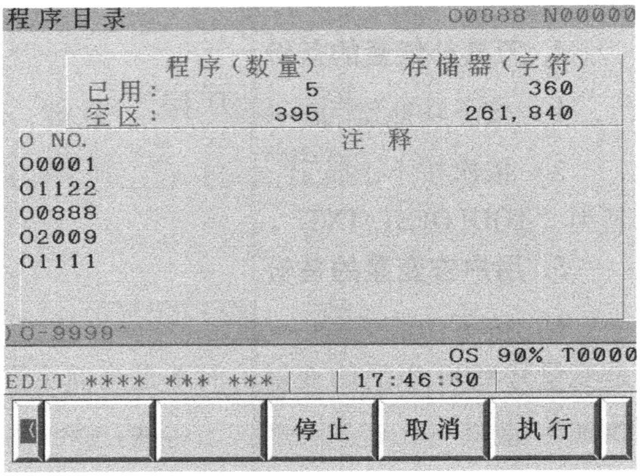

图 3-43　输出全部加工程序

6）改变参数 3202 的设定，恢复成原来的值。

7. 数据恢复

参照利用存储卡进行数控系统中各类数据单独备份的方法，将存储于卡中的各类数据逐一恢复到数控系统中。

任务拓展

所有 I/O 画面下各类数据的单独备份

1）按下功能键 SYSTEM →软键 + 所有 IO ，显示图 3-44 所示的所有 I/O 画面，存储卡中的文件将全部显现出来。

2）请在该画面下利用“程序”“参数”“刀偏”“宏变量”“螺补”“工件系”这 6 个菜单，分别进行加工程序、CNC 参数、刀具补偿量、用户宏变量、螺距误差补偿值、工件坐标系参数的备份和还原。

3）注意：在所有 I/O 画面下，可以备份除了 PMC 参数外的其余几乎所有 SRAM 中的参数。各类数据的输出可以使用默认文件名或自定义文件名。

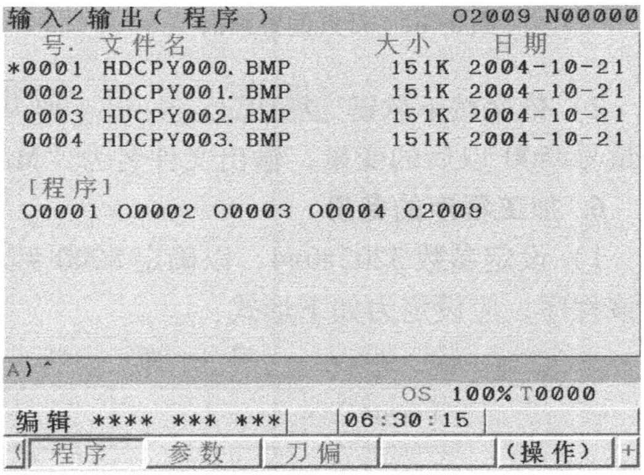

图 3-44　所有 I/O 画面

任务四　数控系统的基本参数设置

任务内容

请以 YL569 型 FANUC 0i TD 型数控车床为例，分别对系统进行基本轴参数设置、FSSB 设定、伺服参数初始化、串行主轴及手轮参数的设定，并进行必要的参数设置正确性的验证。

任务目标

1. 了解 FANUC 数控系统的参数分类和作用。
2. 掌握 FANUC 基本轴参数的设置以及调试过程。
3. 掌握 FANUC FSSB 设定的作用和设置过程。
4. 掌握 FANUC 伺服参数初始化的作用和设置过程。
5. 掌握 FANUC 串行主轴参数的设置过程。
6. 掌握手轮基本参数的设置及调试过程。

知识链接

CNC 中凡是与 CNC 功能、机床控制有关的数据统称为机床参数（Parameters，简称参数）。机床参数可以由设计者根据需要进行设定与更改，它是实现 CNC 功能的基本保证，必须设定正确。

一、FANUC 数控系统参数的分类与功能

FANUC 0i 数控系统的参数按照数据的形式大致可分为位型和字型，见表 3-10。其中位型又分位型和位轴型，字型又分字节型、字节轴型、字型、字轴型、双字型、双字轴型共 8 种。轴型参数允许参数分别设定给各个控制轴。

表 3-10　数控系统参数的数据类型

数据类型	有效数据范围	备　注
位型	0 或 1	
位轴型		
字节型	-128 ~ 127	在一些参数中不使用符号
字节轴型	0 ~ 255	
字型	-32768 ~ 32767	在一些参数中不使用符号
字轴型	0 ~ 65535	
双字型	-99999999 ~ 99999999	
双字轴型		

二、参数的输入方法

1）将 CNC 置于 MDI 方式或急停状态。

2）按功能键几次后，可显示图 3-45 所示的参数设定画面。

3）设定“参数写入” =1，这样参数成为可写入的状态。同时 CNC 产生 P/S100 报警（允许参数写入）。按下“RESET + CAN”键可以解除 100 号报警。

4）按下 MDI 面板上的功能键几次后，进入图 3-46 所示的参数画面。

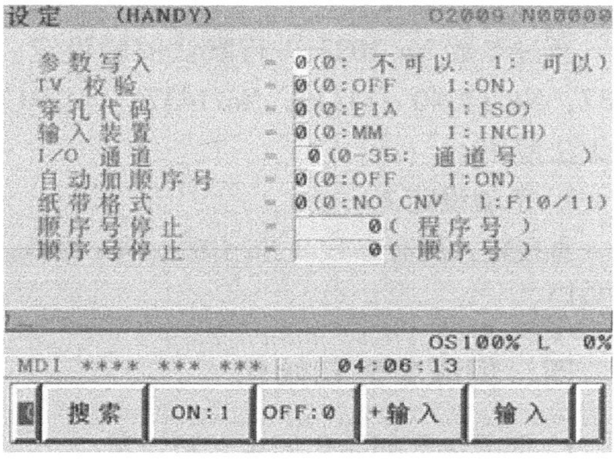

图 3-45　参数设定画面

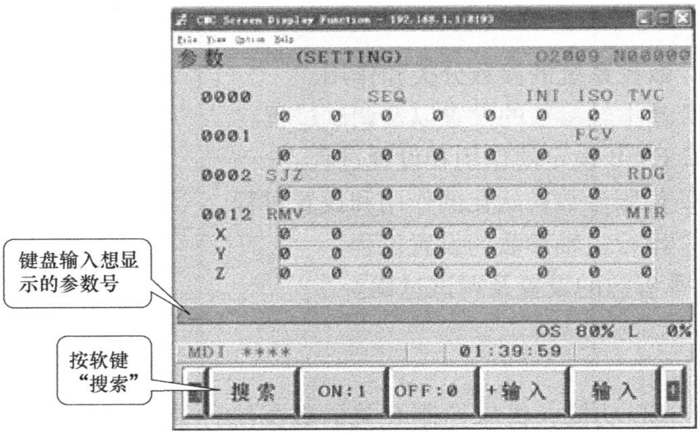

图 3-46　参数画面

5）从 MDI 键盘输入想显示的参数号，然后按软键“搜索”，可以显示指定的参数所在页面。光标在指定的参数位置上，可进行相应的输入或修改。

三、FSSB 设定

通过高速串行伺服总线（Fanuc Serial Servo Bus，FSSB）用一根光缆将 CNC 控制器和多个伺服放大器进行连接，可大幅减少机床安装所需的电缆，并可提高伺服运行的可靠性。

放大器和分离式检测器接口单元都称为从控装置。2 轴放大器由 2 个从控装置组成，3 轴放大器则由 3 个从控装置组成。在从控装置上，按照离 CNC 由近到远的顺序相对 FSSB 赋予 1，2，…，10 的编号（从控装置号）。

使用 FSSB 对进给轴控制，需要设定如下参数：

No. 1023，No. 1905，No. 1936、1937，No. 14340 ~ 14349

FSSB 的设定方法有如下 3 种：

1. 自动设定（推荐）

利用 FSSB 设定画面、输入轴和放大器的关系，进行轴设定的自动计算，即自动设定参数（No. 1023，No. 1905，No. 1936、1937，No. 14340 ~ 14349）

2. 手动设定 1

通过参数 No. 1023 进行默认的轴设定。由此就不需要设定参数（No. 1905，No. 1936、1937，No. 14340 ~ 14349，No. 14376 ~ 14391），也不会进行自动设定。应注意的是，有的功能无法使用。

3. 手动设定 2

直接输入所有参数（No. 1023，No. 1905，No. 1936、1937，No. 14340 ~ 14349，No. 14376 ~ 14391）。

四、伺服参数初始化

1. 伺服参数初始化的定义和作用

1）定义：伺服电动机制造厂家通过大量实验和测试获得伺服参数，并存放在 FLASH

ROM 中，通过伺服参数设定的引导，可以把 FLASH ROM 中的参数传送到伺服放大器中。

2）作用：通过伺服参数初始化，把伺服电动机的信息提供给数控系统，这样数控系统才能“个性化”地更好地控制伺服电动机，满足机床制造商的设计要求。

2. 伺服参数初始化设定画面

在 MDI 方式或急停状态下，按“SYSTEM”功能键数次，依次按下“伺服设定”→“操作”→“选择”→“切换”后，进入图 3-47 所示的伺服设定画面。

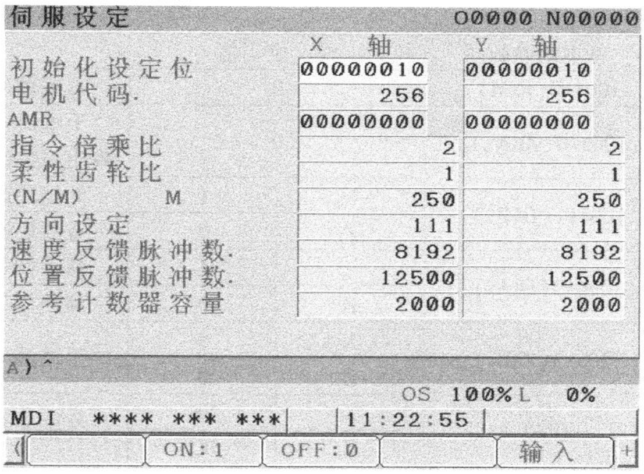

图 3-47　伺服设定画面

任务实施

一、基本轴参数设定步骤（以 0i TD 系统为例）

1. 进入“轴设定”的参数设定支援页面

按“SYSTEM”功能键几次，可显示图 3-48 所示的参数设定支援页面，按下“轴设定”，进入轴设定画面。此后的参数设定就在该页面中进行。

轴参数被分为基本、主轴、坐标、进给速度及加/减速五个组。

2. 基本组参数设定

按、键数次，显示图 3-49 所示的轴设定基本组页面。本组参数的设定可参照表 3-11。

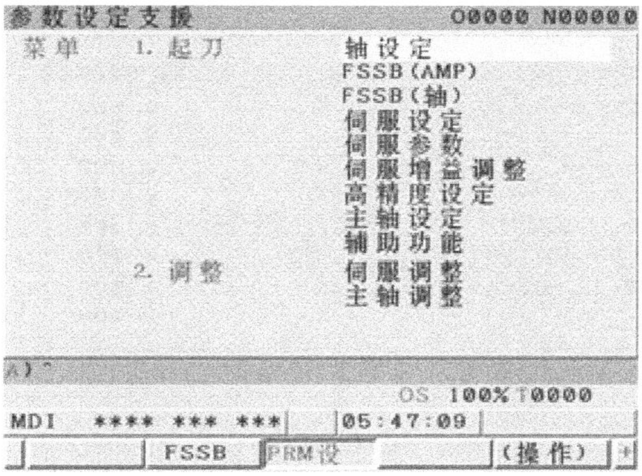

图 3-48　参数设定支援页面

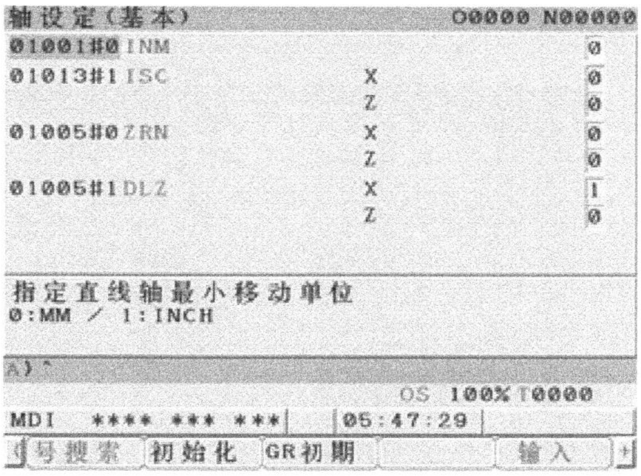

图 3-49　轴设定基本组页面

3. 主轴组参数设定

图 3-50 所示为主轴组参数设定页面。本组参数的设定可参照表 3-12。

4. 坐标组参数设定

图 3-51 所示为坐标组参数设定页面。本组参数的设定可参照表 3-13。

表 3-11　轴设定基本组参数

基本组参数	设定值		含义
1001#0(INM)	0		直线轴的最小移动单位为公制单位
1005#0(ZRNx)	0		上电尚未回参(返回参考点)时,自动方式运行除 G28 外的指令时,发出报警(PS0224)“回零未结束”
1005#1(DLZx)	X	1	无挡块返回参考点
	Z	0	有挡块返回参考点
1006#3(DIAx)	X	1	移动指令为直径指定
	Z	0	移动指令为半径指定
1006#5(ZMIx)	X	0	手动参考点返回方向为正方向
	Z	0	
1020	X	88	各轴的程序名称
	Z	90	
1022	X	1	基本坐标系中的第一轴
	Z	3	基本坐标系中的第三轴
1023	X	1	分配给 *X* 轴的伺服轴号为 1
	Z	2	分配给 *Z* 轴的伺服轴号为 2
1815#1(OPTx)	X	0	作为位置检测器,不使用分离式脉冲编码器
	Z	0	
1815#5(APCx)	X	1	*X* 轴使用绝对式脉冲编码器
	Z	0	*Z* 轴使用增量式脉冲编码器
1815#4(APZx)	X	1	机械位置与绝对脉冲编码器之间的位置关系已经建立
	Z	0	机械位置与绝对脉冲编码器之间的位置关系尚未建立
1825	X	2000	各轴的伺服位置环增益。其值越大,位置控制的响应越快,但过大会影响伺服系统的稳定性
	Z	2000	
1826	X	20	各轴的到位宽度(μm)。当机械位置与指令位置的偏离比到位宽度小时,系统认为其已到位
	Z	20	
1828	X	5000	各轴移动中的位置偏差极限值(μm)。移动中误差大于此值时,系统发出伺服报警(SV0411),操作瞬时停止
	Z	5000	
1829	X	500	各轴停止时的位置偏差极限值(μm)。停止时误差大于此值时,系统发出伺服报警(SV0401)
	Z	500	

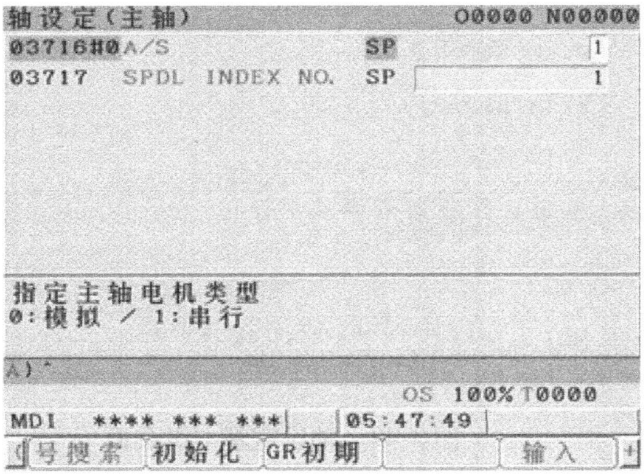

图 3-50　轴设定(主轴组)页面

注:本书页面截图中的“电机”实际上都是指“电动机”,为了与实际的数控系统参数设置页面保持一致,截图中的“电机”一词均不再予以更改,以便于读者阅读。

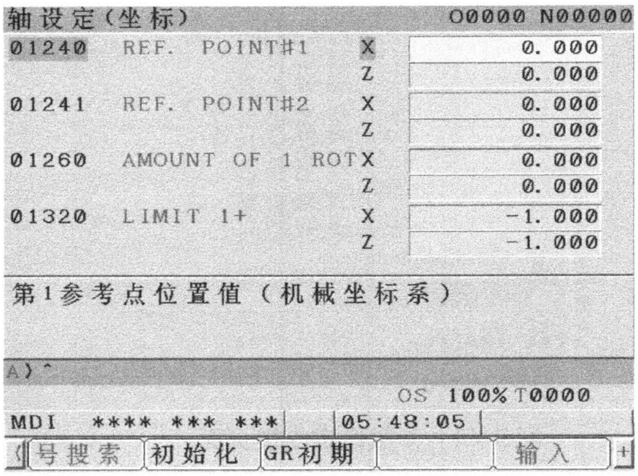

图 3-51　轴设定(坐标组)页面

表 3-12　轴设定主轴组参数

主轴组参数	设定值	含　义
3716#0(A/Ss)	1	主轴电动机为串行主轴
3717	1	使用连接于 1 号放大器的主轴电动机

表 3-13　轴设定坐标组参数

坐标组参数	设定值		含　义
1240	X	0	第 1 参考点在机械坐标系中的坐标值。机床一旦返回过参考点后,就能建立起相应的机械坐标系
	Z	0	
1320	X	-1	各轴行程正方向的软限位坐标值(mm)。设为"-1",即该轴正方向没有软限位限制
	Z	-1	
1321	X	1	各轴行程负方向的软限位坐标值(mm)。设为"1",即该轴负方向没有软限位限制
	Z	1	

5. 进给速度组参数设定

图 3-52 所示为进给速度组参数设定页面。本组参数的设定可参照表 3-14。

表 3-14　轴设定进给速度组参数

进给速度组参数	设　定　值		含　义
1401#6(RDR)	0		在快速移动指令中,空运行无效
1410	1500		空运行速度(mm/min)
1420	X	3000	各轴的快速移动速度(mm/min)
	Z	3000	
1421	X	1000	各轴快速移动倍率的 F0 速度(mm/min)
	Z	1000	
1423	X	2000	各轴的 JOG 进给速度(mm/min)
	Z	2000	
1424	X	2500	各轴手动快速移动倍率 100% 的速度(mm/min),受 No. 1420 设定值的钳制
	Z	2500	
1425	X	300	各轴手动返回参考点的 FL 速度(mm/min)
	Z	300	
1428	X	2600	各轴的参考点返回速度(mm/min),一般指返回参考点时尚未碰到挡块的回参速度
	Z	2600	
1430	X	1000	各轴的最大切削进给速度(mm/min)若此值不设,则切削速度为 0
	Z	1000	

6. 加/减速组参数设定

图 3-53 所示为加/减速组参数设定页面。本组参数的设定可参照表 3-15。

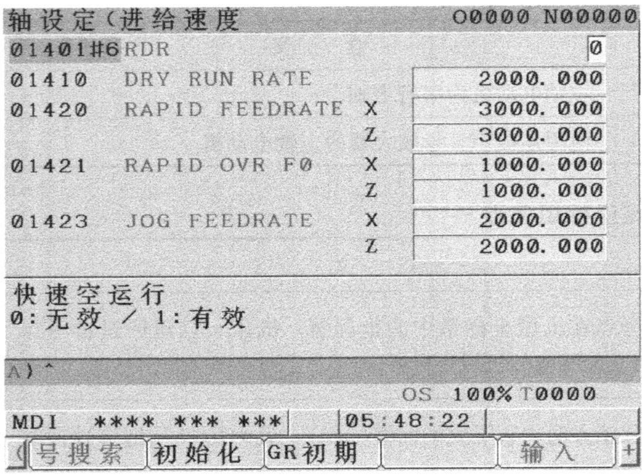

图 3-52　轴设定（进给速度组）页面

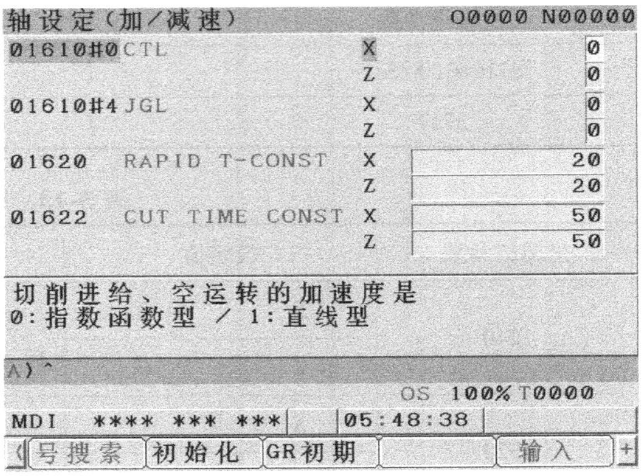

图 3-53　轴设定（加/减速组）页面

表 3-15　轴设定加/减速组参数

加/减速组参数	设定值		含义
1620	X	50	各轴的快速移动加/减速时间常数(ms)
	Z	50	
1622	X	50	各轴的切削进给加/减速时间常数(ms)
	Z	50	
1624	X	50	各轴的 JOG 加/减速时间常数(ms)
	Z	50	

二、基本轴参数调试

1. 回参方式调试（以 *Z* 轴为例）

（1）增量式编码器有挡块回参

1）参数设置：1005#1 =0（有挡块回参）

1815#5 =0（增量式脉冲编码器）

1006#5 =0（正方向回参）

2）依次选择回参方式→*Z* 轴→ +（正）方向，观察屏幕显示，验证返回参考点的速度是否为 2600mm/min（No. 1428），碰到挡块后的 FL 速度是否为 300 mm/min（No. 1425）。

（2）绝对式编码器无挡块回参

1）参数设置：1005#1 =1（无挡块回参）

1006#5 =0（正方向回参）

1815#5 =1（绝对式脉冲编码器）

1815#4 =0（机床位置与绝对式编码器之间尚未建立位置关系）

2）CNC 重新上电。

3）在 JOG 方式下，使 *Z* 轴往正方向移动到靠近所设置的参考点的位置。

4）依次选择回参方式→*Z* 轴→ +（正）方向，观察屏幕显示，验证首次返回参考点的速度是否为 300mm/min（No. 1425）。

5）验证再次返回参考点的速度是否为 2600mm/min（No. 1428）。

2. JOG 进给速度调试（以 *X* 轴为例）

依次选择 JOG 方式→*X* 轴→+（正）方向→80% 进给倍率，观察屏幕显示，验证 JOG 进给速度是否为 1600 mm/min（No. 1423×80%）。

3. 手动快速移动倍率速度调试（以 *X* 轴为例）

1）依次选择 JOG 方式→*X* 轴→快速进给 100% 倍率后，同时按下“+”方向和键，观察屏幕显示，验证 JOG 进给速度是否为 2500mm/min（No. 1424）。

2）依次选择 JOG 方式→*X* 轴→快速进给 F0 倍率后，同时按下“+”方向和键，观察屏幕显示，验证 JOG 进给速度是否为 1000mm/min（No. 1421）。

4. 自动快速移动速度调试（以 *X* 轴为例）

依次选择 MDI 方式→PROG 键→快速移动 100% 倍率，输入程序段 G00 X100；按下循环启动键，观察屏幕显示，验证指令进给速度是否为 3000mm/min（No. 1420）。

5. 空运行速度调试

依次选择编辑方式→PROG 键→DRY RUN 键→切削进给 100% 倍率，输入以下程序段：

M03S300；

G01 X100　F0. 25；

按下自动方式→循环启动键，观察屏幕显示，验证指令进给速度是否为 1500mm/min（No. 1410）。

三、FSSB 自动设定

1. 设置参数 1902#1#0 = 0

#1：ASE　　FSSB 的设定方式为自动设定方式时
　　0：自动设定未完成
　　1：自动设定已经完成

#0：FMD　　FSSB 的设定方式
　　0：自动方式
　　1：手动方式

2. 进入 FSSB 设定页面

按 SYSTEM 键数下，或按扩展键，按下“FSSB”软键，即可进入图 3-54 所示的 FSSB 设定页面。

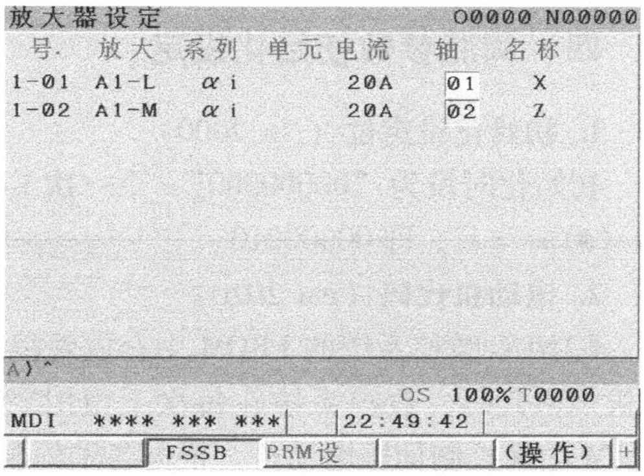

图 3-54　FSSB 设定页面

3. FSSB（AMP）**设定**

建立驱动器号与轴号之间的对应关系。如图 3-55 所示为 FSSB 放大器设定页面，画面中各列参数对应含义如下：

号：通道号 + 从控装置号。

放大：放大器号 + 放大器内轴号。

系列：伺服放大器系列。

单元：伺服放大器模块种类。

电流：放大器最大驱动电流。

轴：控制轴号，通过修改控制轴号改变放大器号与轴号之间的对应关系。

名称：控制轴名称。

在设定上述相关项目后，依次按下软键“操作”→“设定”。

4. FSSB（轴）设定

建立驱动器号与分离式检测器接口单元号之间的对应关系。如图 3-56 所示为 FSSB 轴设定页面，画面中各列参数对应含义如下：

M1：用于分离式检测器接口单元 1 的连接器号。

M2：用于分离式检测器接口单元 2 的连接器号。

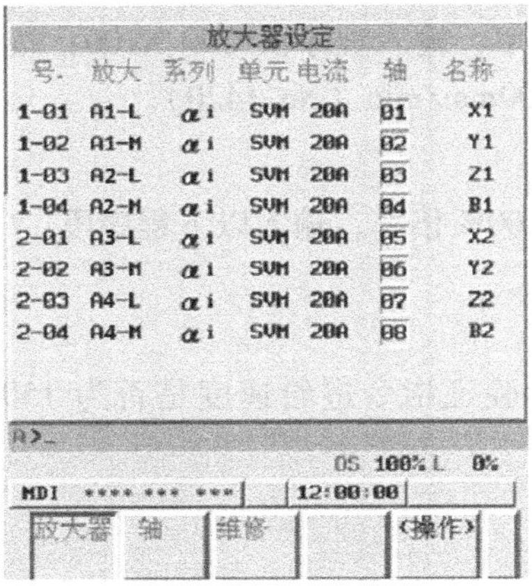

图 3-55 FSSB 放大器设定页面

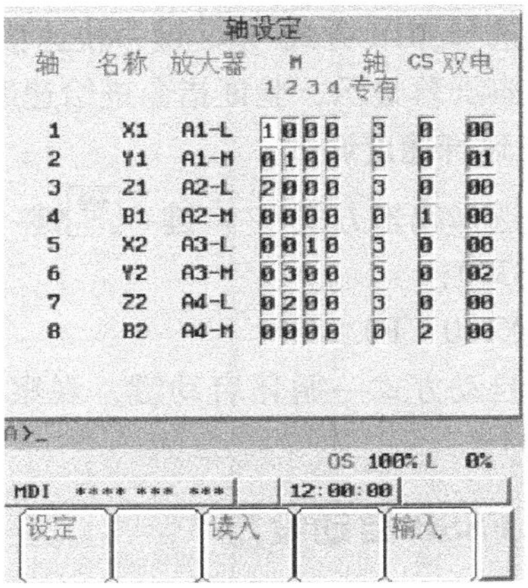

图 3-56 FSSB 轴设定页面

在设定上述相关项目后，依次按下软键“操作”→“设定”。

5. CNC 重启动

进行电源的 OFF/ON 操作时，CNC 自动计算，设定参数 1023、1905、1936、1937、14340～14349、14376～14391 的值。此外，表示 FSSB 各参数的设定已经完成的参数 ASE 成为 1

1902#1 = 1

四、伺服参数初始化设定

1. 初始化设定位（No. 2000）

初始化时设为“00000000”，下一次 CNC 重新上电时，若初始化成功，将自动设定 DGPR（#1）=1，即 00000010。

2. 电动机代码（No. 2020）

FANUC 数控系统的 FROM 中存放着很多种伺服电动机数据，只要设置好正确的伺服电动机规格代码，数控系统在每次上电时就会自动把 FROM 中对应的伺服电动机参数写到 SRAM 中来控制伺服电动机。根据各轴伺服电动机铭牌上的电动机型号和规格，查阅相应的电动机参数说明书来确定电动机代码。常见的伺服电动机规格一览表见表 3-16 和表 3-17。

表 3-16　常见的 αiF 系列伺服电动机规格一览表

电动机型号	电动机图号	电动机号	90D0 90E0	90B0	90B5 90B6	90B1
αiF1/5000	0202	252	A	H	A	A
αiF2/5000	0205	255	A	H	A	A
αiF4/4000	0223	273	A	H	A	A
αiF8/3000	0227	277	A	H	A	A
αiF12/3000	0243	293	A	H	A	A
αiF22/3000	0247	297	A	H	A	A
αiF30/3000	0253	303	A	H	A	A
αiF40/3000	0257-B□0□	307	A	H	A	A
αiF40/3000 FAN	0257-B□1□	308	A	I	A	A

表 3-17　常见的 βiS 系列伺服电动机规格一览表

电动机型号	电动机图号	驱动放大器	电动机号	90D0 90E0	90B0	90B5 90B6	90B1
βiS0. 2/5000	0111	4A	260	A	N	A	A
βiS0. 3/5000	0112	4A	261	A	N	A	A
βiS0. 4/5000	0114	20A	280	A	N	A	A
βiS0. 5/6000	0115	20A	281	G	—	B	B
βiS1/6000	0116	20A	282	G	—	B	B
βiS2/4000	0061	20A	253	B	V	A	A
		40A	254	B	V	A	A
βiS4/4000	0063	20A	256	B	V	A	A
		40A	257	B	V	A	A
βiS8/3000	0075	20A	258	B	V	A	A
		40A	259	B	V	A	A
βiS12/2000	0077	20A	269	—	—	D	—
βiS12/3000	0078	40A	272	B	V	A	A
βiS22/2000	0085	40A	274	B	V	A	A

3. AMR（No. 2001）

此系数相当于伺服电动机级数的参数。若是 αi S/βiS/ αiF 电动机，务必将其设为“00000000”。

4. 指令倍乘比（No. 1820）

此系数设定指令单位和检测单位之比的指令倍乘比。通常，指令单位 = 检测单位，即指令倍乘比为 1。当指令倍乘比为 0. 5 ~48 时，设定值 =2 × 指令倍乘比。

5. 柔性齿轮比（*N/M*）（No. 2084/ No. 2085）

只有设置了正确的柔性齿轮比，才能使数控系统发出的指令脉冲数和旋转编码器反馈的位置脉冲数相等。对于不同伺服控制方式的数控机床，这个参数的设置方法也是不同的。

对于半闭环伺服控制方式的数控机床而言，柔性齿轮比（*N/M*）根据螺距和传动比设定。当系统最小指令脉冲为 0. 001mm/Pluse，且系统计算电动机每转时的计数脉冲为 1000000 个脉冲时

$$柔性齿轮比（N/M）=\frac{检测器每转所需的位置反馈脉冲数}{1000000}$$

6. 方向设定（No. 2022）

根据机床的坐标系正方向要求和连接方式的情况确定，111 从脉冲编码器看沿顺时针方向旋转，-111 从脉冲编码器看沿逆时针方向旋转。

7. 速度反馈脉冲数（No. 2023）、**位置反馈脉冲数**（No. 2024）

对于半闭环伺服控制的检测反馈结构，速度反馈脉冲数、位置反馈脉冲数的设定分别为固定值 8192 和 12500。

8. 参考计数器容量（No. 1821）

参考计数器容量主要用于基于栅格方式返回参考点，其值的设置对于回零精度的影响至关重要。参考计数器容量设定为电动机每转的位置反馈脉冲数（或者其整数分之一），该值同螺距、传动比和检测单位有关。

五、验证伺服参数设定的正确性

1. 验证方向设定

在 JOG 方式下，选择 *Z* 轴，按“+”键，观察 *Z* 轴负载台的运动方向是否与 +*Z* 轴方向一致。若相反，则修改方向设定参数。

2. 验证柔性齿轮比

利用光栅尺连接的数显表，记录负载台的初始位置坐标。让 *Z* 轴坐标移动一个丝杠螺距的位移，观察此时数显表上是否对应走过一个螺距位移。若两者不相等，则说明柔性齿轮比设置错误。

六、FANUC 串行主轴参数设置

请根据 YL569 型 FANUC 0i TD 型数控车床来设定其串行主轴参数。表 3-18 所示为 YL569 型 FANUC 0i TD 型数控车床主轴结构参数。

表 3-18　YL569 型 FANUC 0i TD 型数控车床主轴结构参数

部　　件	参　　数
主轴模块：αiSP 5.5	
主轴电动机：αiI3/10000	10000r/min，带 Mzi 传感器
主轴与主轴电动机连接方式	采用直接连接，变速比为 1:1
主轴位置编码器	使用主轴电动机内置的 MZi 传感器作为位置反馈

串行主轴参数设定步骤如下。

1. 主轴的轴设定参数

确认在“参数设定支援”页面中的“轴设定”菜单中主轴组参数设定正确，如图 3-50 所示。

2. “主轴设定”页面参数

在“参数设定支援”页面中进入“主轴设定”页面，如图 3-57 所示。

（1）电动机型号（No. 4133）　通过“代码”软键可查看主轴电动机代码表，选择与实际电动机型号相符的电动机代码输入。

（2）电动机最高转速（No. 4020）　根据主轴电动机的型号，输入电动机最高转速。

(3) 主轴最高转速（No. 3741）　由于主轴与主轴电动机采用1∶1的直接连接方式，因此主轴的最高转速即为主轴电动机的最高转速。

(4) 主轴编码器种类（No. 4002#0#1#2#3）　由于主轴不带编码器，因此设定为0。

(5) 电动机编码器种类（No. 4010#0#1#2）　根据主轴电动机的型号，主轴电动机编码器带MZi传感器，设定为1。

(6) 电动机旋转方向（No. 4000#0）　电动机旋转方向和主轴旋转方向设为同向。

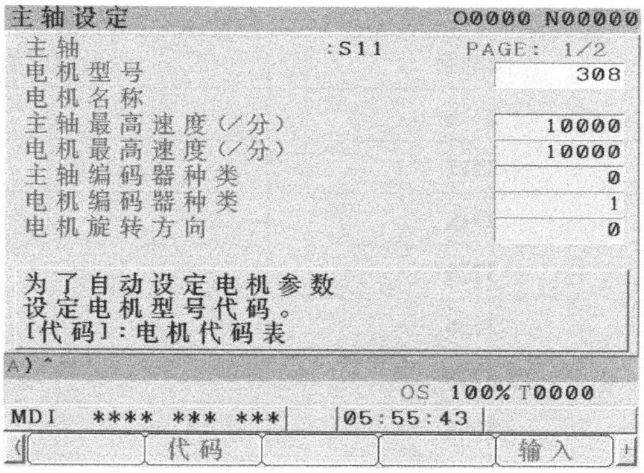

图3-57　主轴设定画面

(7) 单击“设定”软键（No. 4019#7）　CNC即设定起动主轴所需的参数值。

(8) 系统及主轴放大器断电重启　主轴参数一般放在主轴放大器中，故断电时也需要把主轴放大器断电。CNC重启后，即接受主轴参数的设定。

七、手轮参数设定及调试

1）确认以下参数：

8131#0 = 1（允许手轮功能）

7102#0 = 0（各轴移动方向与手轮旋转方向一致）

7113 = 100（手轮进给倍率×100倍）

2）选择手轮方式。

3）选择需要移动的轴（X、Z）。

4）按下不同手轮进给倍率按钮（×1、×10、×100）。

5）转动手摇脉冲发生器，在仅发出一个脉冲的情况下，确认手轮动作及位移量。

任务拓展

若FANUC 0i TD系统使用的主轴模块的硬件连接如图3-58所示，重新进行系统主轴相关参数的设置，并完成表3-19的填写。

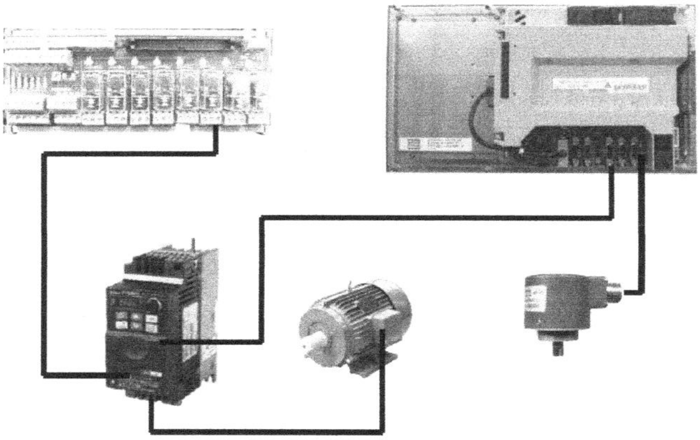

图3-58　模拟主轴硬件连接

表 3-19　模拟主轴参数设定

参数号	一般设定值	参数含义
3716		
3717		
3718		
3720		
3730		
3735		
3736		
3741		
3772		
8133#5		

思考与练习

1. 简述 FANUC 数控系统使用存储卡数据整体备份的步骤。

2. 加/减速控制的目的是什么?

3. 数控机床对进给伺服的性能有何要求?

4. FANUC 0i-MC 系统构成半闭环控制，其中 X 轴电动机的传动比为 3:1，丝杠螺距为 12mm，请问参数 2084 与 2085 如何设置?

项目评价

数控装置及其接口的项目评价见表 3-20。

表 3-20　项目评价表

项目评价	序号	评价内容	配分	学生自评	教师评分
任务链接	1	FANUC 数控系统控制单元的接口及功能	5		
	2	伺服放大器的接口及功能	5		
	3	典型 I/O 模块的接口及功能	5		
	4	标准操作面板的接口及功能	5		
	5	了解 CNC 中的数据类型、存储区域以及保存方式	5		
	6	了解 FANUC 数控系统的参数分类和作用	5		
任务实施	7	掌握 FANUC 数控系统的综合硬件连接图	10		
	8	掌握利用存储卡进行的数控系统数据的整体备份与还原以及单独备份与还原的方法和步骤	10		
	9	掌握 FANUC 基本轴参数的设置以及调试过程	10		
	10	掌握 FANUC FSSB 设定的作用和设置过程	10		
	11	掌握 FANUC 伺服参数初始化的作用和设置过程	10		
	12	掌握 FANUC 串行主轴参数的设置过程	10		
	13	掌握手轮基本参数的设置及调试过程	10		
综合得分			100		

项目四

数控机床电气装调与故障诊断

项目描述

数控机床基本由数控系统、伺服进给单元、机床控制电路、伺服变压器等组成。各进给轴由伺服电动机控制，主轴由变频器控制，刀架采用4 工位电动刀架。根据岗位技能要求，进行数控机床的故障诊断与维修。通过产生故障、故障分析、故障诊断、线路检查、故障点确定等过程培养学生对数控机床的维修能力。

项目重点

1. 认识常用基本工具并且会正确使用。
2. 掌握数控机床调试的过程和方法。
3. 掌握数控机床故障的基本排除方法。

任务一　常用工具及其使用

任务内容

"工欲善其事，必先利其器"。在操作中正确掌握工具的使用方法，不但可以提高工作效率，而且可以确保操作安全。通过学习，我们将认识各种常用工具，并利用常用工具完成基本技能的训练。

任务目标

1. 认识常用工具并会正确使用。
2. 利用常用工具完成相应的训练。

知识链接

一、螺钉旋具及其使用方法

1. 认识螺钉旋具

螺钉旋具俗称起子，又称螺丝刀、改锥，由手柄和金属杆组成，主要用来紧固和拆卸螺钉。

螺钉旋具的手柄通常有木柄、塑料柄、橡胶柄。根据金属杆顶端的形状，螺钉旋具一般分为一字形和十字形，如图 4-1 所示。

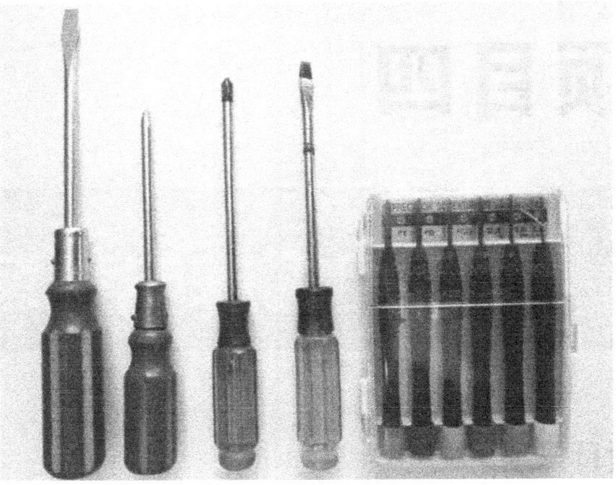

图 4-1　常用螺钉旋具

一字形螺钉旋具规格很多，它的规格以手柄以外的刀体长度来表示，其中 50mm、100mm、150mm、200mm 是电工必备的。选用一字形螺钉旋具时要注意螺钉旋具的刀口宽度要与螺钉的一字槽相适应，当刀口的厚度超过螺钉一字槽厚度或不足一字槽厚度时容易损坏螺钉槽。

十字形螺钉旋具的规格与一字形螺钉旋具相同，但端头随不同规格的螺钉旋具有所不同，使用过程应根据不同大小的螺钉选用。

组合式螺钉旋具（见图 4-2）的金属杆刀头部分可拆卸组装，满足使用过程中对不同规格螺钉旋具的需求。

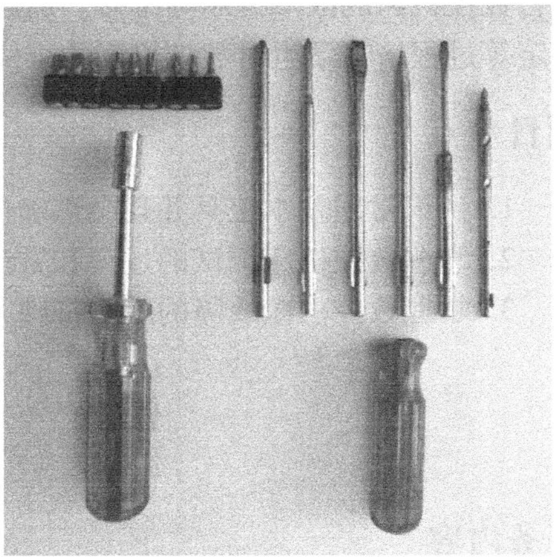

图 4-2　组合式螺钉旋具

2. 螺钉旋具的使用

使用小型号螺钉旋具时，一般用食指顶住握柄末端，大拇指和中指夹住握柄旋动。使用大型号螺钉旋具时，一般手掌顶住握柄末端，大拇指、食指和中指夹住握柄旋动。使用金属杆较长的螺钉旋具时，一般左手握住金属杆的中间部分，右手压紧并旋转，以防螺钉旋具滑脱。此时左手不得放在螺钉周围，以免螺钉旋具滑出将手划破。螺钉旋具的使用如图 4-3 所示。

不管哪种螺钉旋具，使用时刀口对准螺钉凹槽，开始拧松或最后拧紧时都要用力将螺钉旋具压紧后再旋转。

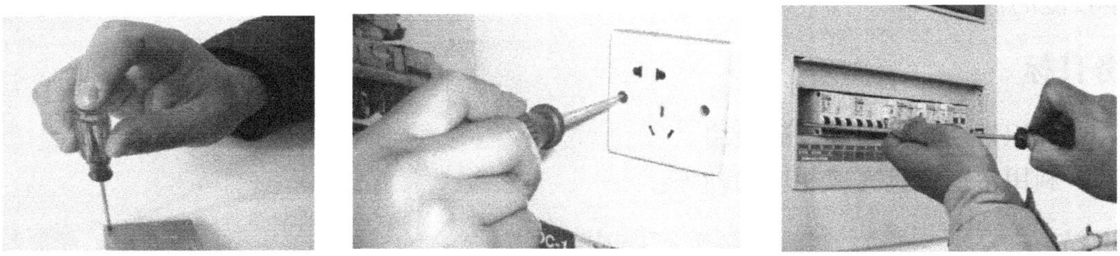

a)　　b)　　c)

图 4-3　螺钉旋具的使用

a）小型号螺钉旋具的使用　b）大型号螺钉旋具的使用　c）金属杆较长螺钉旋具的使用

注意事项：

1）选择与螺钉尺寸相应的旋具，否则易损坏螺钉尾槽。

2）电工不可使用金属杆直通的螺钉旋具，否则容易造成触电事故。

3）使用螺钉旋具紧固和拆卸带电的螺钉时，应在金属杆上穿上绝缘套管，手不得触及旋具的金属杆，以免发生触电事故。

4）切勿将旋具当作錾子使用，以免损伤旋具手柄或切削刃。

二、电工刀及其使用方法

电工刀如图 4-4 所示，主要用来剖削和切割电线绝缘层、切削圆木或塑料槽、削制木榫等。电工刀主要由刀身和刀柄组成，每次使用完毕应及时将刀身折进刀柄。由于电工刀刀柄不绝缘，因此不能在带电导线或器材上剖削，以免触电。

图 4-4　电工刀

电工刀适合剖削截面积大于 $4mm^2$ 的塑料导线，具体方法如图 4-5 所示，注意加工过程中不要割伤芯线，不要割伤手。

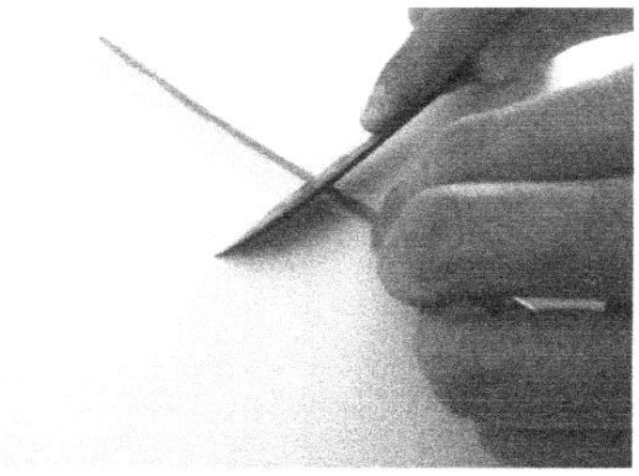

①电工刀以45°角切入芯线绝缘层

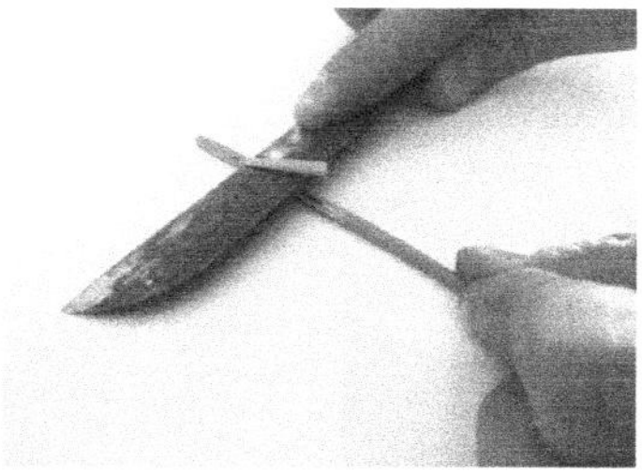

② 电工刀与线芯保持 25° 角左右用力向线端推削，削去上面一层塑料绝缘层

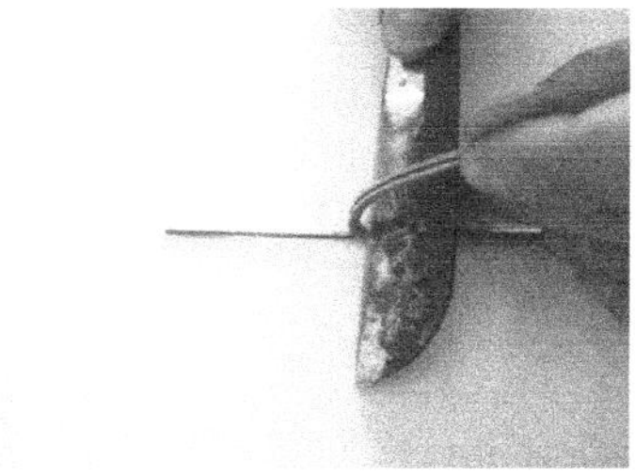

③ 将下面的塑料绝缘层向后扳翻，用电工刀齐根切去

图 4-5　电工刀剖削塑料导线

电工刀剖削护套线的护套层的方法如图 4-6 所示。

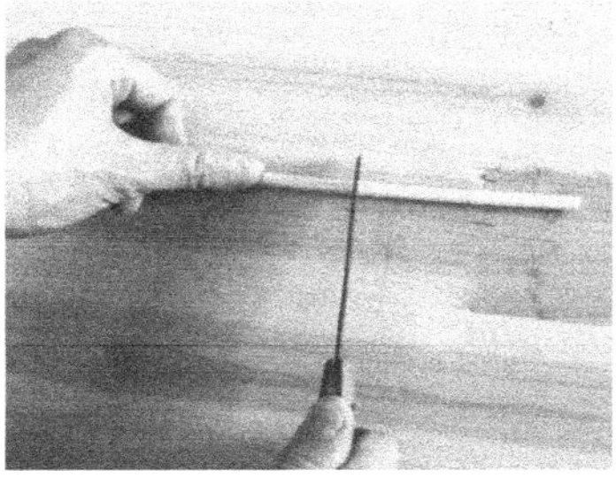

① 根据长度在指定处横向划一深痕，但不能损伤芯线绝缘层

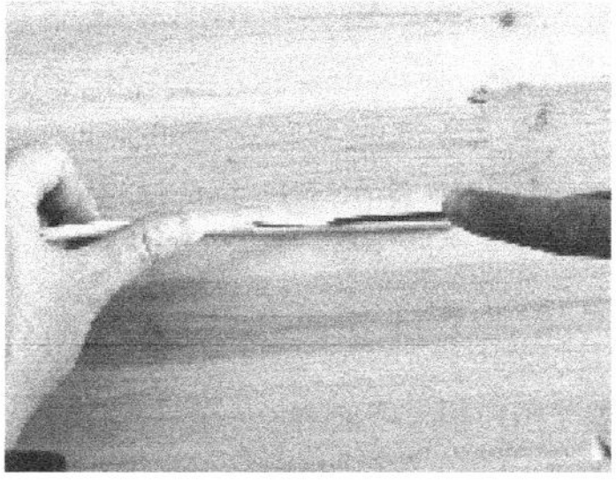

②找准芯线中间缝隙，划破保护套层

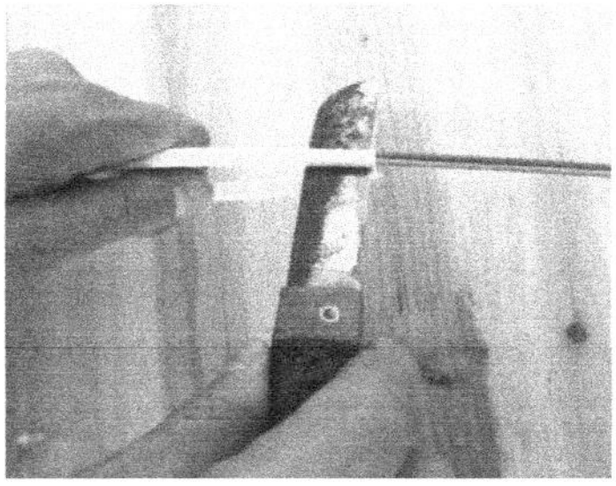

③ 向后扳翻护套，用刀齐根切去

图 4-6　电工刀剖削护套线的护套层

三、钢丝钳及其使用方法

钢丝钳由钳头和钳柄两部分组成。钳头有钳口、齿口、刀口和铡口组成，如图4-7所示。钳口用来弯绞和钳夹导线线头；齿口用来紧固螺母；刀口用来剪切导线或剥削导线（4mm^{2}以下）绝缘层；铡口用来铡切钢丝等较硬金属丝。电工一般选用带绝缘手柄的钢丝钳，绝缘护套耐压为500V，只适合在低压带电设备上使用。钢丝钳的使用如图4-8和图4-9所示。

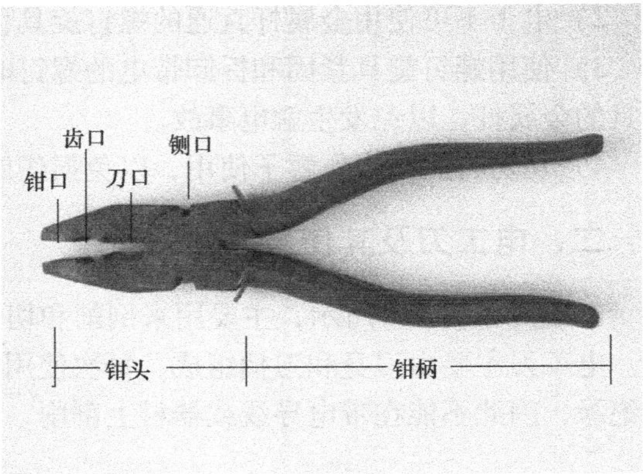

图4-7　钢丝钳

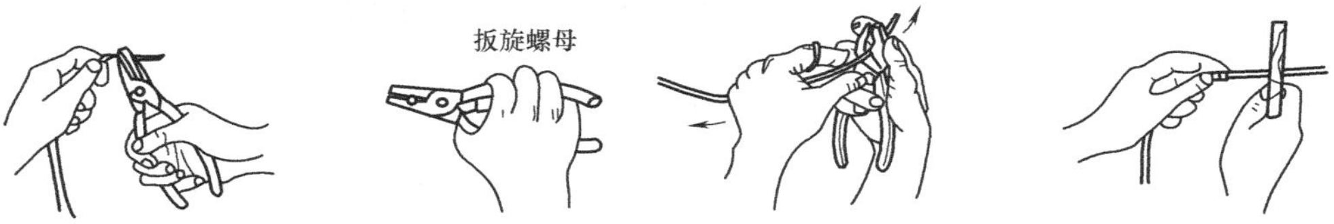

①钳口弯绞或钳夹导线线头　②齿口紧固螺母　③刀口剪切导线或剥削导线绝缘层　④铡口铡切钢丝

图4-8　钢丝钳的使用

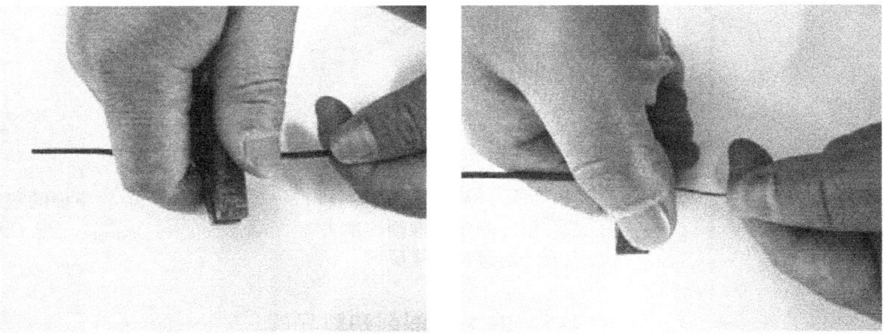

① 用钢丝钳切入绝缘层，不能伤及线芯　② 右手握住钳头，向外拉剥去绝缘层

图4-9　钢丝钳剖削导线

注意事项：

1）电工钳的柄部加有耐压500V以上的塑料绝缘套。使用前应检查绝缘套是否完好，绝缘套破损的电工钳不能使用。

2）在切断导线时，不得将相线和中性线同时切断，以免发生短路。

3）钳头不可代替锤子作为敲打工具。

四、尖嘴钳

尖嘴钳如图4-10所示，适合于狭小空间的操作。电工一般使用带绝缘手柄（耐压500V）的尖嘴钳，可用于切断细小的导线、金属丝，夹持小螺钉、垫圈及导线等元件，还能将导线端头弯曲成所需要的各种形状。由于钳头尖细，且经过热处理，钳夹物体不可过大，用力时切勿过猛，以免损伤钳头。

五、断线钳

断线钳又称斜口钳，专供剪断较粗的金属丝、线材及电线电缆。电工常用绝缘手柄断线钳，其绝缘耐压为500V，如图4-11所示。

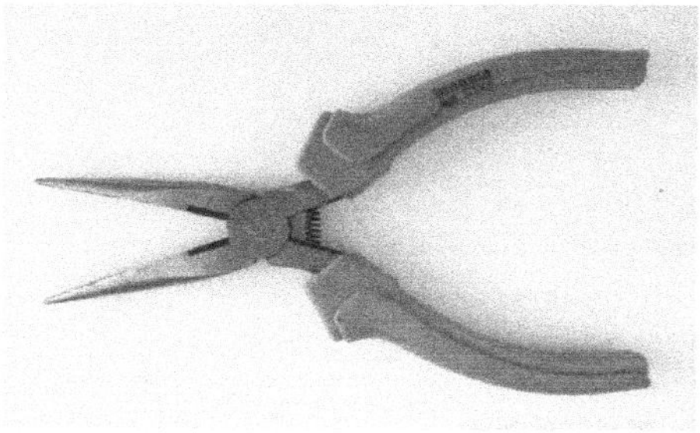

图4-10　尖嘴钳

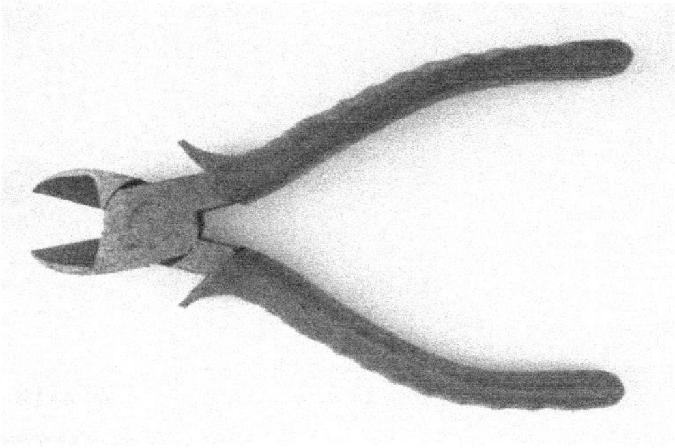

图4-11　断线钳

六、扳手及其使用方法

扳手是用于螺纹联接的工具，常见的有活扳手、固定扳手、套筒扳手等，如图4-12所示。在实际生产中，可根据不同要求选择所需扳手。

活扳手（见图4-13）是用来紧固或旋松螺母的一种专用工具，其卡口可在规格所定范围内任意调整大小。

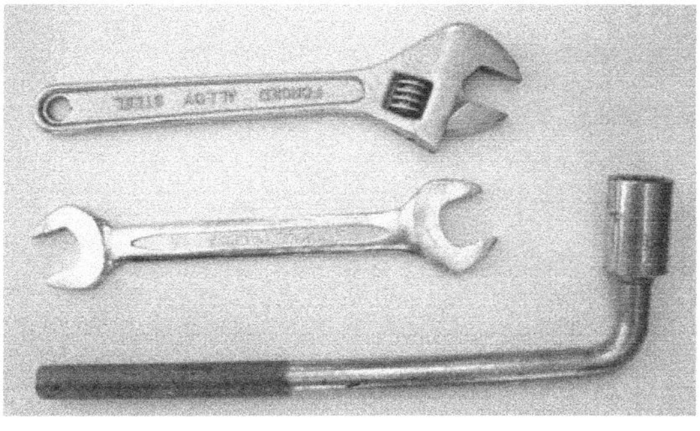

图4-12　常见扳手

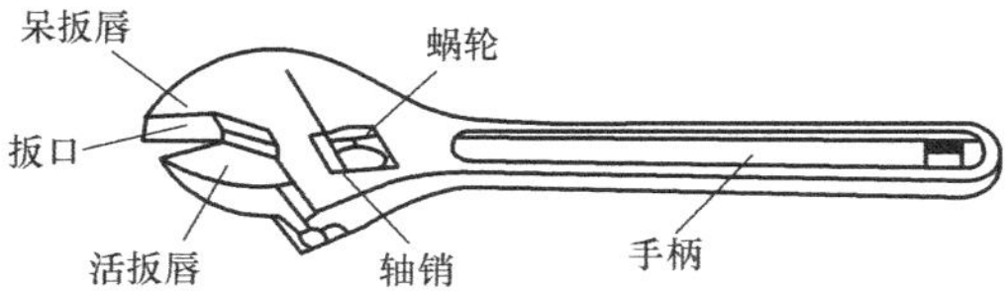

图4-13　活扳手外形

扳动较大螺母时，所用力矩较大，手应握在手柄尾部，如图4-14a所示。扳动较小螺母时，为防止卡口处打滑，手应握在接近头部位置，且用拇指调节和稳定蜗轮，如图4-14b所示。使用扳手时不得带电操作，不得将扳手当作撬棒或锤子使用。

七、验电笔及其使用方法

验电笔简称电笔，是检验导线、低压电气设备外壳是否带电的一种常用辅助安全工具，检测范围为60～500V，常见的有钢笔式、螺钉旋具式和数字式多种，如图4-15所示。

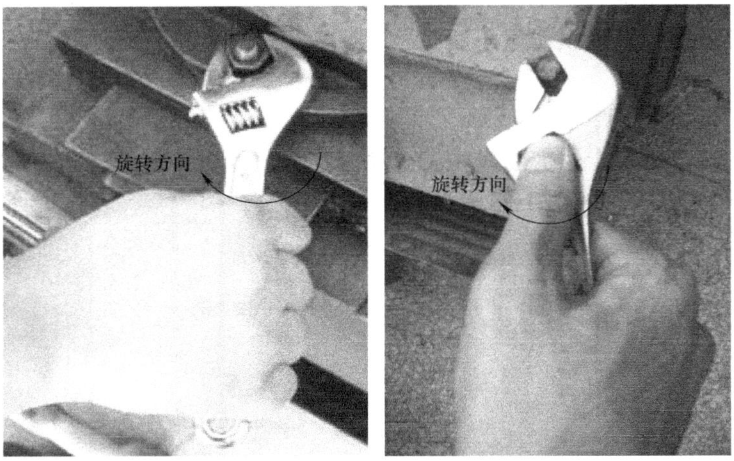

a)　　　　b)

图 4-14　活扳手的握法

a）扳动大螺母时的握法　b）扳较小螺母时的握法

螺钉旋具式低压验电笔由笔尖、电阻、氖管、弹簧、笔身、笔尾金属体等部分组成，如图 4-16 所示。使用时手应触及后端金属部分。

验电笔的主要作用是区分相线与零线。在交流电路中，当验电笔触及导线时，氖管发亮即是相线；正常情况下零线不会使氖管发亮。

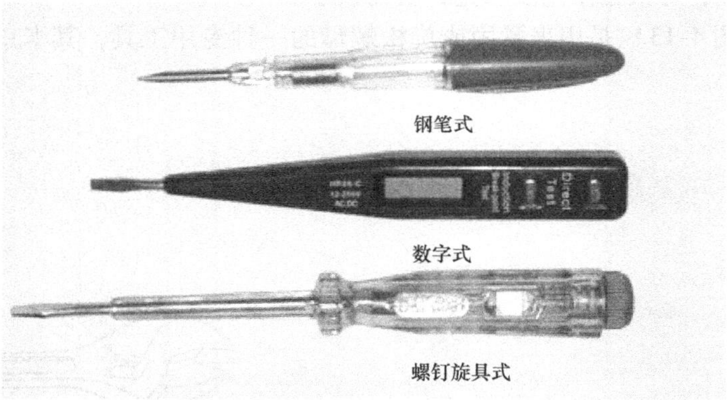

图 4-15　常见验电笔

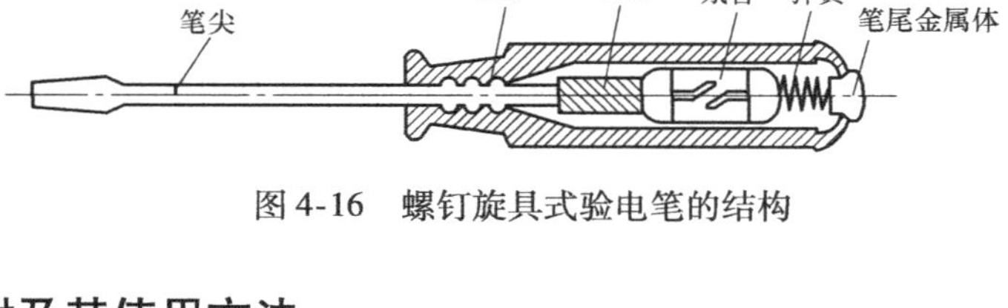

图 4-16　螺钉旋具式验电笔的结构

八、剥线钳及其使用方法

剥线钳是用来剥除电线、电缆端部橡皮塑料绝缘层的专用工具。剥线钳由刀口、压线口和绝缘钳柄组成，剥线钳的刀口上有多个不同直径的切口，以适应不同规格的线芯剥削。剥线钳的钳柄上套有耐压500V的绝缘套管，剥线钳常用于剥除线芯截面积为6mm^{2}以下的塑料或橡胶绝缘导线的绝缘层。剥线钳的外形如图4-17所示。

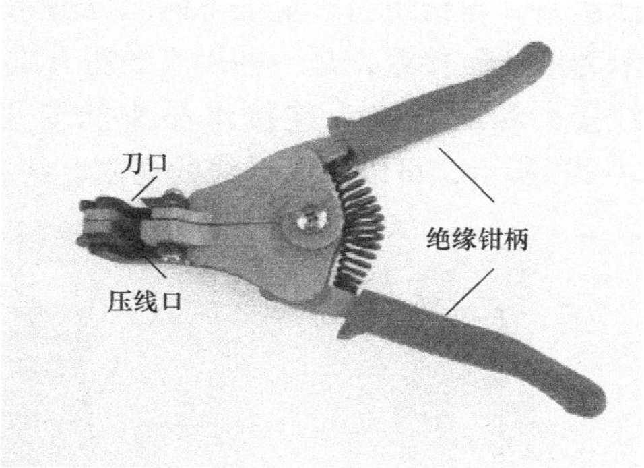

图4-17　剥线钳

使用时，将导线放在大于金属线芯直径的刀口中，选择好要剥线的长度，紧握一下钳柄，导线绝缘层即被剥除，如图4-18所示。

另外一种剥线钳如图4-19所示，它利用调节旋钮来剥削不同线径导线绝缘层，但调节不当时容易伤及线芯，在电子线路装配中用来剥削排线非常方便。

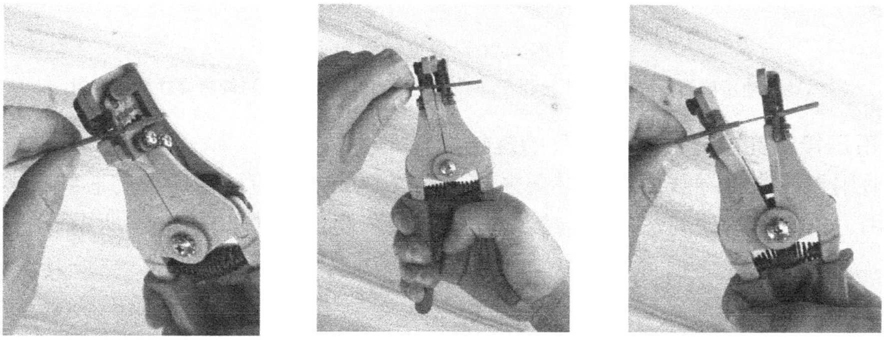

图4-18　剥线钳的使用

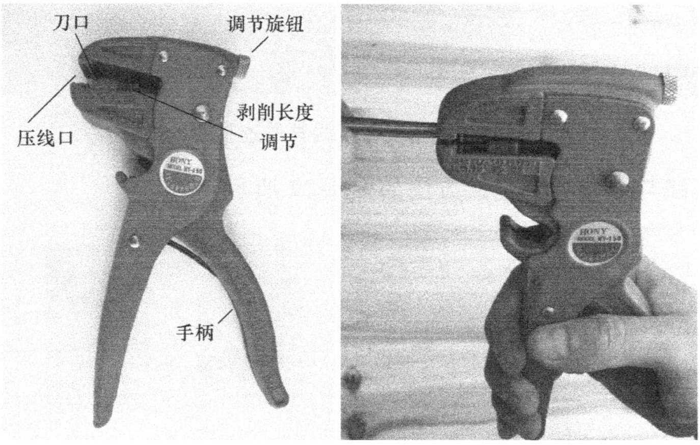

图4-19　电子线路装配中所用剥线钳

九、压接钳及其使用方法

1. 压接钳

压接钳是用于导线与接线端子、接线耳等之间连接常用的电工工具。图4-20a所示为手动压接钳，压接钳钳口上的不同压齿适用于不同规格的导线和接线端子之间压接。图 4-20b 所示为液压压接钳，是一种用冷挤压方式进行多股铝、铜芯导线接头连接的工具。专用于电话线接头和网线接头连接水晶头的专用压接钳如图 4-20c 所示。简易多功能压接钳如图 4-20d所示，可以用于导线的切割、绝缘层的剥削、螺栓的剪切、端子的压接。

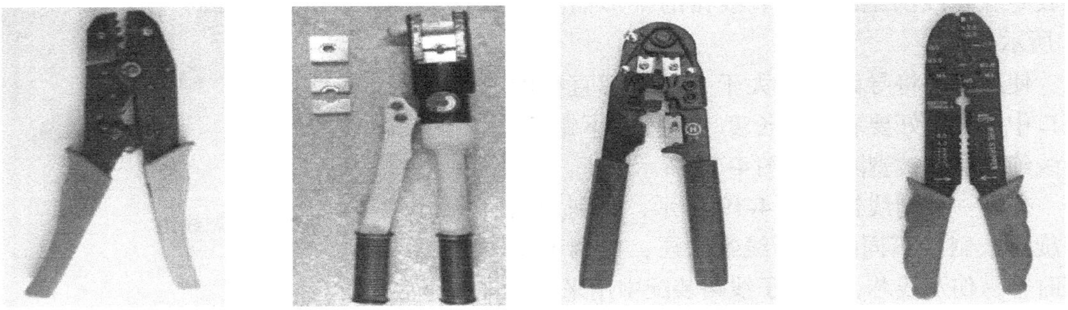

a)　　b)　　c)　　d)

图 4-20　常见压接钳

a）手动压接钳　b）液压压接钳　c）水晶头专用压接钳　d）简易多功能压接钳

2. 利用压接钳完成导线与接线耳的连接

压接前用剥线钳将导线的绝缘层剥去，将接线耳放入相应压齿中，将芯线绞紧后插入接线耳中，用力压下钳柄便完成导线与接线耳的连接。制作方法如图 4-21 所示。

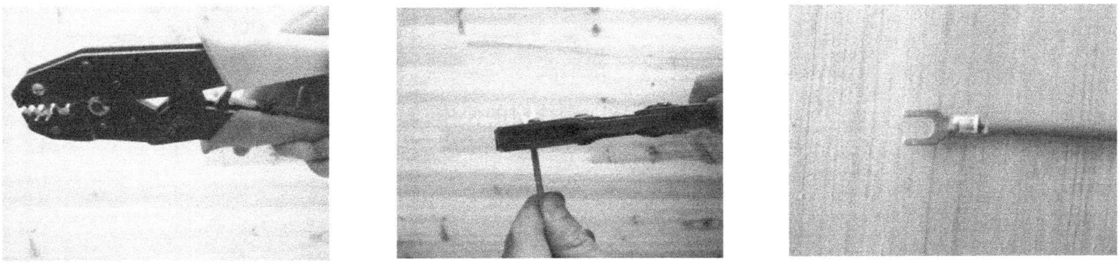

图 4-21　导线与接线耳的连接制作

多股铜、铝芯线与接线耳的连接方法如图 4-22 所示。

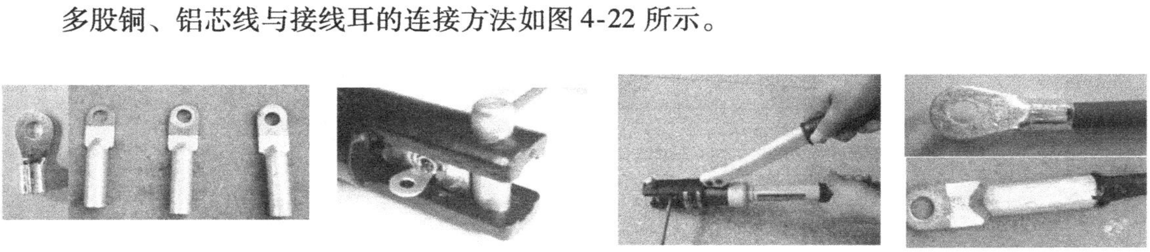

① 按压接螺钉的直径和线芯的直径选择冷压接线耳和相应规格的压模

② 装入压膜后将冷压接线耳放入压模中，并将导线插入接线耳中

③ 反复扳动手柄，直至使上下压模贴合为止

④ 连接好的接线耳

图 4-22　多股铜、铝芯线与接线耳的连接

3. 双绞线与 RJ-45 水晶头的制作

TIA/EIA 的布线标准中规定了 TIA/EIAT568A 和 TIA/EIAT568B 两种双绞线接头的线序

标准。在网络布线中两种接线标准都可采用，但在同一网络中应采用同一种接线标准，以保证最佳兼容性。

TIA/EIAT568A 线序标准：白绿、绿、白橙、蓝、白蓝、橙、白棕、棕；

TIA/EIAT568B 线序标准：白橙、橙、白绿、蓝、白蓝、绿、白棕、棕。

采用 TIA/EIAT568B 线序标准制作一根直通线作为网络连接线的方法如图 4-23 所示。

① 打开专用压接钳

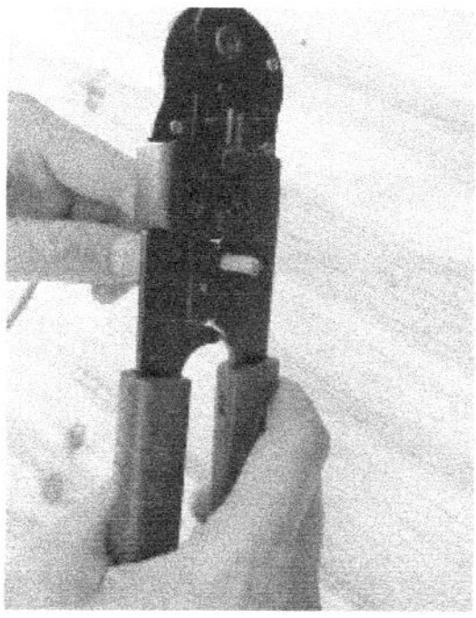

② 利用压接钳专用刀口剥去双绞线的绝缘层，开剥长度约15mm

③ 分解双绞线并按TIA/EIAT568A线序标准排线

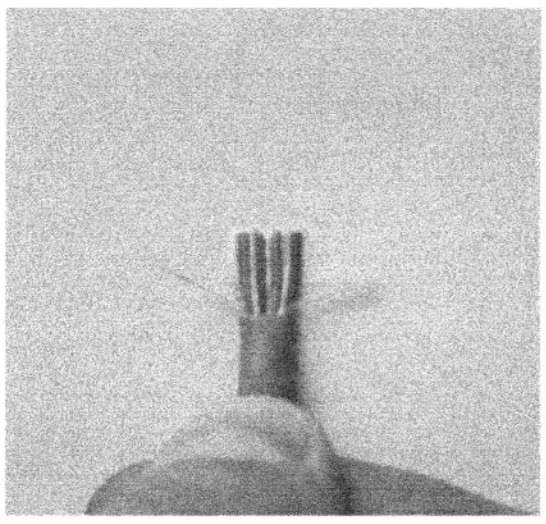

④ 按TIA/EIAT568A线序标准排好后，剪齐根部，线头长度为12mm

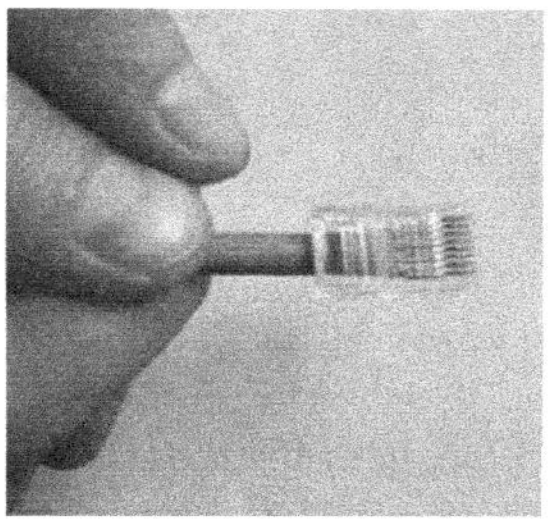

⑤ 将剪齐的芯线插入水晶头的引脚内，注意压榫面为正面

⑥ 检查无误后将水晶头放入压接钳的压接口内，压下钳把，将水晶头的铜片压入各色线中，同时将水晶头的卡榫压断

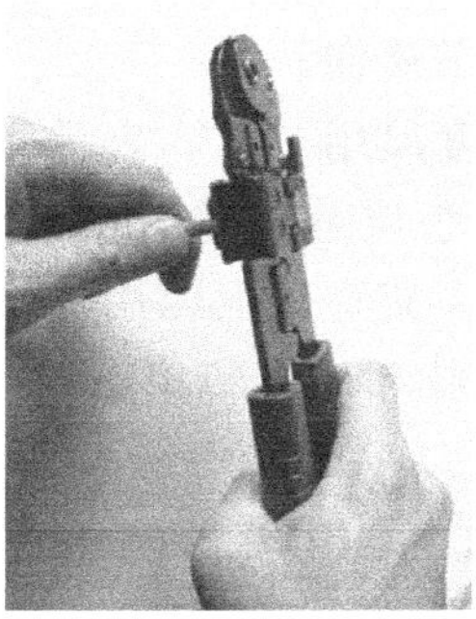

⑦ 用相同方法制作另一端水晶头连接

⑧ 制作完成后的直通线

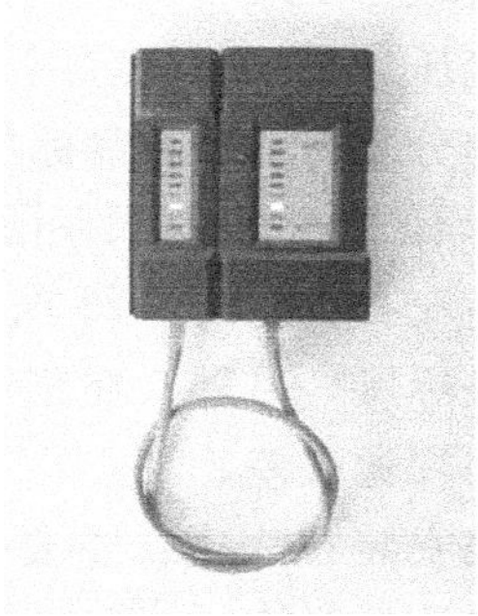

⑨ 利用专用测线器测试，若两边线序显示灯1至8同步，则表明两水晶头线序相同，连接正确

图 4-23　网络连接线的制作

十、万用表及其使用

万用表又称多用表，是一种具有多量程的便携式仪表，可以用来测量直流电压、直流电流、交流电压、电阻、电感、电容、晶体管直流参数等。常用的万用表有模拟式和数字式两种。

1. 模拟式万用表的组成

模拟式万用表由表头、测量电路、转换开关组成。下面以 MF47 型万用表（见图 4-24）为例进行介绍。

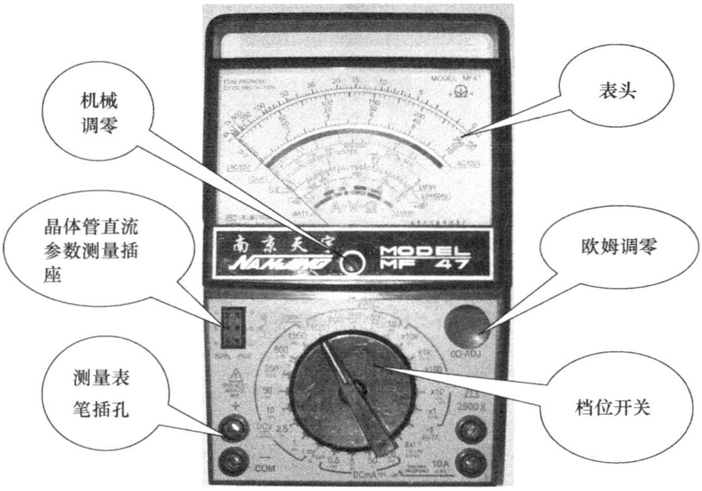

图 4-24　MF47 型万用表

表头的作用是把过渡电量转换为仪表指针的机械偏转角。表头通常采用高灵敏度磁电系直流微安表，其性能决定整表的性能，主要参数是灵敏度和内阻。灵敏度是指表头指针满刻度偏转时流过表头的直流电流，一般满偏电流为几 μA 至几百 μA；内阻是指表头可动线圈的直流电阻值，一般为数百至数千 Ω。表头的灵敏度越高，内阻越大，万用表性能越好。表头的准确度等级为 1 级（即表头自身的灵敏度误差为 ±1%），水平放置时，整流式仪表绝缘强度试验电压为 500V。表头中间下方的小旋钮为机械零位调节旋钮。

在表头部分装有一个表盘标尺，用于测量时读数。电阻标度尺用“Ω”表示，“0”在右端，左端标有“∞”，标尺间隔不均匀（左密右稀），为了减小误差，测量时尽量让指针偏转超过 2/3 左右。如图 4-25 所示，直流电流用“mA”表示，交直流电压用“V”表示，它们共用一条标尺。另外，在刻度盘上还有一个反光镜，在指针和反光镜里影子重合时读数，可以减小视觉误差。

测量电路安装在表内，主要作用是把各种不同的被测电量（如电流、电压、电阻等）转换为磁电系测量机构所能接收的微小电流，如图 4-26 所示。

转换开关（见图 4-27）的作用是把测量电路转换为所需的测量种类和量程。

2. 模拟式万用表的使用

利用万用表测量交、直流电压和直流电流的方法如下：

1）测量前检查指针是否指在机械零位上，否则需要进行机械调零，如图 4-28 所示。

图4-25　MF47型万用表刻度盘

2）使用时将红表笔插入“+”插孔中，黑表笔插入“-”插孔中，如果要使用2500V交直流电压或10A直流量程，则红表笔应插入“2500 $\underset{\sim}{V}$”或“10A”插孔中。

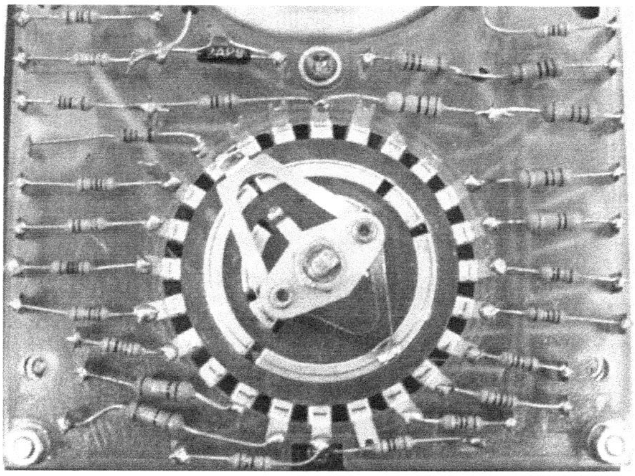

图4-26　MF47型万用表内部测量电路

3）选择合适的量程档位，电压与电流档位中的量程表示指针满偏时的测量值（最大测量值），因此所选量程不能小于被测电压，为了减小测量时的误差，所选的量程应尽量使测量时表头指针偏转到标尺满标记的2/3左右。当测量时不确定被测电流、电压的数值范围时，应先将转换开关转至对应的最大量程，

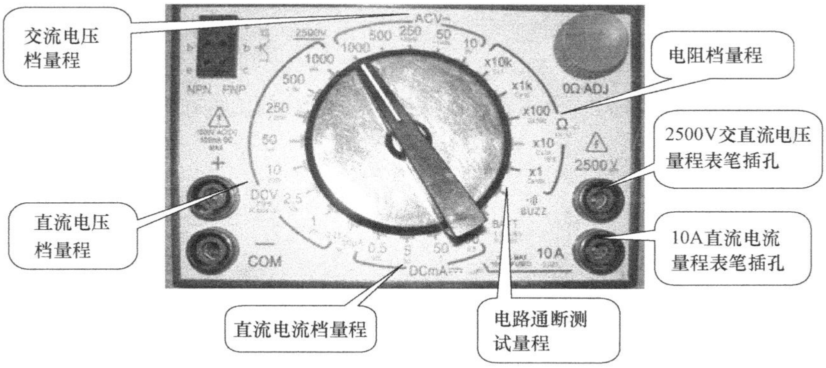

图4-27　转换开关

然后根据指针的偏转程度减小至合适量程。

4）测量电压时将两表笔并联于被测电路的两端，测量电流时须将表笔串接在电路中。

由于直流电有极性，因此测量直流电压时红表笔接被测电压的正极，黑表笔接负极；测量直流电流时电流由红表笔流入，黑表笔流出，如图 4-29 所示。

5）读数计算测量值，测量值 = 指针所指标尺标记 × 档位量程/标尺最大值。

图 4-28　万用表机械调零

使用注意事项：

1）测量高压或大电流时，应切断电源后变换量程。

2）测量前请注意选择好量程，否则会损坏万用表。

3）如果偶然发生过载而烧断熔丝，可打开表盒换上相同型号的熔丝。

4）测量电路中的电阻时，应先切断电源，如果电路中有电容则应先放电。

5）如果万用表长期不使用，应取出内部干电池，防止电液溢出腐蚀损坏其他零件。

6）测量完毕将量程开关拨至最高电压档，防止下次开始测量时因不慎而烧表。

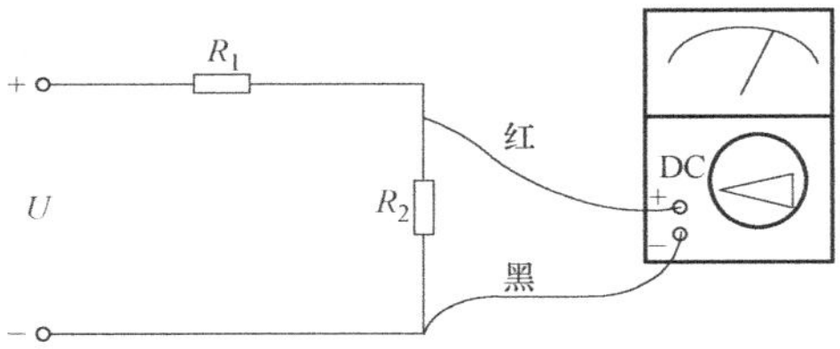

万用表测量直流电压

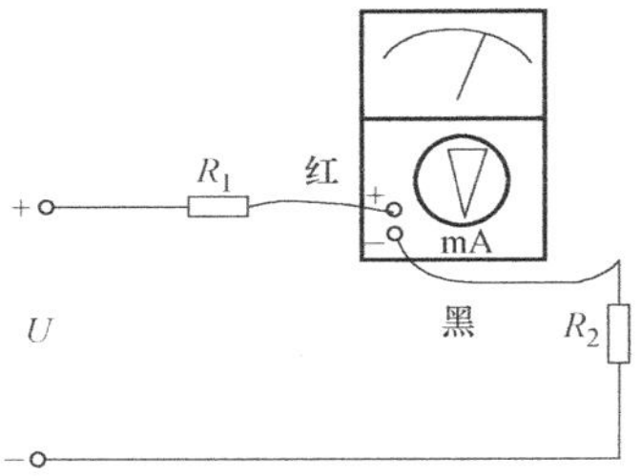

万用表测量直流电流

图 4-29　万用表测直流电压及直流电流的示意图

任务实施

一、训练内容

1）螺钉旋具、电工刀、钢丝钳、尖嘴钳、断线钳的使用。

2）扳手、测电笔的使用。

3）万用表电压档的使用。

二、操作练习

1）利用螺钉旋具和木螺钉做紧固、拆卸元器件练习，如图 4-30 所示。

2）利用钢丝钳、尖嘴钳、断线钳剪切导线，用电工刀和钢丝钳做剖削废旧塑料单芯硬线练习。

3）活扳手使用练习。

4）用验电笔测量墙壁插座判断相线、零线。

5）用万用表测量交、直流电压。

① 利用万用表测量干电池电压。

② 测量配电板电源电压。

图 4-30　紧固接线盒

任务拓展

数字万用表具有测量准确度高、输入阻抗高、显示直观、功能全、过载能力强、使用更简单等优点，已逐步被广泛地应用。数字万用表由集成运放、衰减电路、A-D 转换器和液晶显示器等构成，虽然种类多，但面板设置大致相仿。下面以 DT9205A 三位半数字万用表为例进行介绍，如图 4-31 所示。

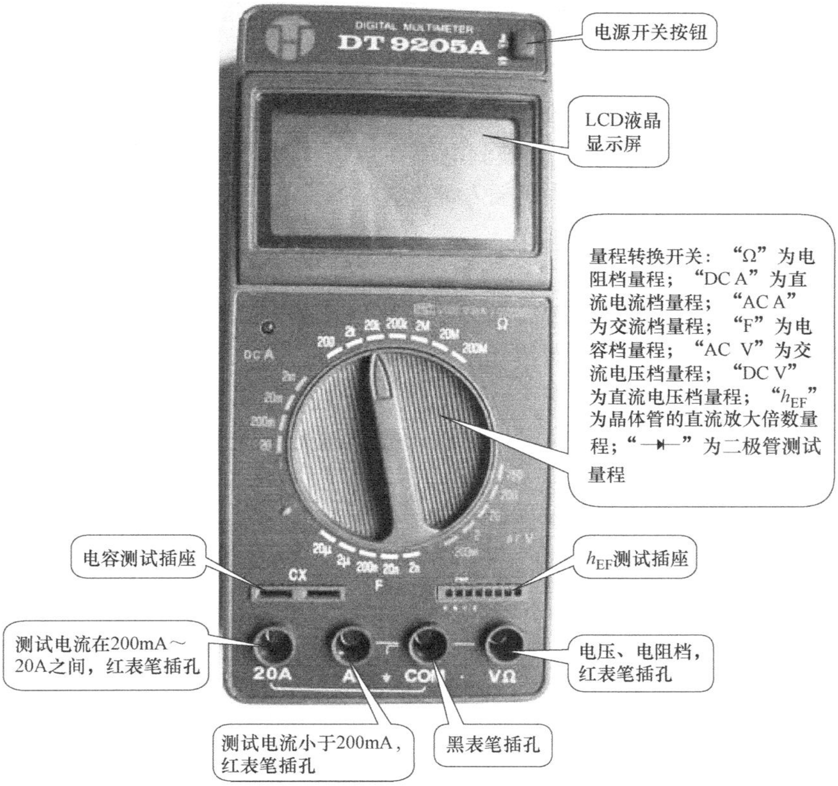

图 4-31　DT9205A 数字万用表

DT9205A 数字万用表的功能特点如下：

1）CMOS 集成电路，双积分原理 A-D 转换，自动校零，自动极性选择，超量程指示。

2）可以用来测量直流电压、直流电流、交流电压、交流电流、电阻、电容、二极管正向压降、晶体管 h_{EF} 参数及电路通断等，共有 32 个档位。

3）采用液晶大显示屏，可自由改变角度（约 70°）；最大显示值为 1999（三位半数字）；过量程时最高位显示“1”，其余消除；电池电量不足时给出指示。

4）具有自动关机功能，开机后约 15min 会自动切断电源，以防止仪表使用完毕忘关电源。

DT9205A 数字万用表交、直流电压的测量方法：

按下数字万用表开关，选择合适的量程档位（直流电压测量选择“DC V”档位中的量程，交流电压测量选择“AC V”档位中的量程），选择的量程档位不能小于被测电压，否则会出现超量程现象。如果未知被测电压大小，可先选择高量程再逐步降低（量程越大，准确度越低）。

将黑表笔插入“COM”插孔，红表笔插入“VΩ”插孔，将测试表笔并联接在被测负载或信号源上，显示屏会显示出测量值。

提示

1）测量直流电时会指示出红表笔的极性。

2）不要测量高于量程的电压（直流电压最大 1000V，交流电压最大 750V）。

DT9205A 数字万用表交、直流电流的测量方法：

按下数字万用表开关，选择合适的量程档位（直流电流测量选择“DC A”档位中的量程，交流电流测量选择“AC A”档位中的量程），选择量程的要求同交、直流电压的原则一样。

将黑表笔插入“COM”插孔，当被测电流在 200mA 以下时红表笔插入“A”插孔，当被测电流在 200mA ~2A 之间时红表笔插入“20A”插孔，将测量表笔串联接入被测电路中，显示屏会显示出测量值。

使用注意事项：

1）测量前应校对量程开关位置及两表笔所插插孔，无误后再进行测量。

2）严禁在测量高压或大电流时拨动量程开关，以防止产生电弧，烧毁开关触点。

3）严禁在被测电路带电的情况下测量电阻，以免损坏仪表。

4）若按下电源开关，液晶无显示，则应检查电池是否失效或熔丝管是否烧断。若显示欠电压信号，则需更换电池。

5）为延长电池使用寿命，每次使用完毕应将电源关闭，长期不用时应取出电池，防止因电池内电解液漏出而腐蚀表内元件。

任务二　数控机床电气系统的装调

任务内容

作为数控机床的维修人员要熟悉数控机床的常用调试方法。通过本任务的学习，使读者基本掌握数控机床电气装调的过程及方法。

任务目标

1. 熟悉数控机床的调试过程。

2. 掌握数控机床调试的基本方法。

知识链接

一、进给轴功能确认

1）首先应确认以下参数，见表4-1。

表 4-1

参　数	设 定 值	功　能
1002#0	1	2 轴同时手动进给
1401#0	1	参考点确立前快速进给有效
1420(mm/min)	3000	快速进给速度
1421(mm/min)	300	各轴快速移动倍率的 F0 速度
1423(mm/min)	5000	各轴的 JOG 进给速度
1424(mm/min)	6000	各轴手动快速移动速度
3003#0、3003#2、3003#3	0、0、0	所有轴和每一轴的互锁有效

2）确认全部轴互锁信号和 X 轴互锁信号为 1，见表 4-2。

表 4-2

地　址	信 号 值	功　能
G8.0(＊IT)	1	所有轴互锁无效
G130.0(＊IT1)	1	第一轴互锁无效

① 所有轴互锁信号（＊IT）用来禁止机械的轴移动，该信号为 0 时有效。在自动方式下，程序有轴移动指令和 MSTB 功能时，只送出 MSTB 功能。

② 各轴互锁信号（8IT1～IT3）用来禁止各轴独立进给，信号为 0 时有效。在手动方式下，已应用互锁的轴禁止移动。在自动方式下，某个轴的互锁信号为 0，则所有轴的移动禁止。

3）选择 JOG 方式，将 JOG 进给倍率和快速倍率调为 100%，见表 4-3。

表 4-3

地　址	信 号 值	功　能
G10、G11(＊JV0～＊JV15)	17FCH	JOG 进给倍率 100%
G14.0、G14.1(ROV1、ROV2)	0、0	快速倍率 100%

4）使用手轮前先确定一下参数，见表 4-4。

表 4-4

参　数	设 定 值	功　能
7110	1	手摇脉冲发生器的台数
8131#0	1	手轮进给功能有效

手轮控制信号选择参数见表 4-5。

表 4-5

HS1C(G18.2)	HS1B(G18.1)	HS1A(G18.0)	对应控制轴
0	0	0	没有选择
0	0	1	第一轴
0	1	0	第二轴
0	1	1	第三轴
1	0	0	第四轴

手轮倍率信号参数见表 4-6。

表 4-6

MP1(G19.5)	MP2(G19.4)	倍 率
0	0	×1
0	1	×10
1	0	Xm(在参数 7113 中设定)
1	1	Xn(在参数 7114 中设定)

二、进给轴功能运行确认

1）选择“JOG”运行方式，将进给倍率波段开关拨到 100% 处，然后按 *X* 轴的任一点动方向键，观察 *X* 轴的运行情况，此时 *X* 轴的运行速度是否以参数 1423 中设定的速度运行。

2）在 *X* 轴向任一方向进给的过程中，调节“进给倍率”波段开关，此时 *X* 轴进给速度的变化与进给倍率的变化是否成正比关系，并且该进给速度是否以参数 1423 中设定的速度为基准开始变化；系统屏幕左下角会显示当前运行速度，如“ACT. F 1200mm/min”，如图 4-32 所示。

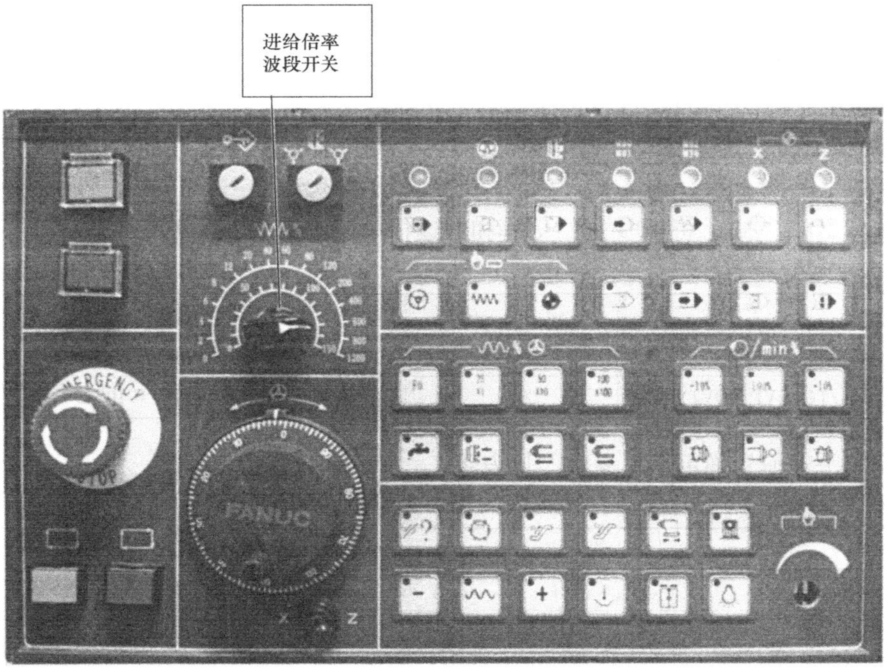

图 4-32 进给倍率波段开关

3）再按 Z 轴的任一点动方向键，观察 Z 轴的运行情况。

4）在 Z 轴向任一方向进给的过程中，调节“进给倍率”波段开关，观察 Z 轴进给速度的变化。

5）将“快速倍率”波段开关拨到“F0”档，然后同时按下“快速叠加”键和 X 轴任一方向键，观察 X 轴以 F0 设定的速度运行的情况，并观察 X 轴是否以参数 1421 中设定的速度运行，如图 4-33 所示。

6）在“快速倍率”选择区，选择“25%”档，然后同时按下“快速叠加”键和 X 轴任一方向键，观察 X 轴以“快速运行速度”的 25% 运行的情况。

7）同时按下“快速叠加”键和 X 轴任一方向键后，将“快速倍率”波段开关在“25%”“50%”和“100%”之间切换，观察各档的速度变化情况。

8）对 Z 轴，重复步骤 5）~7），观察 Z 轴的运行情况。

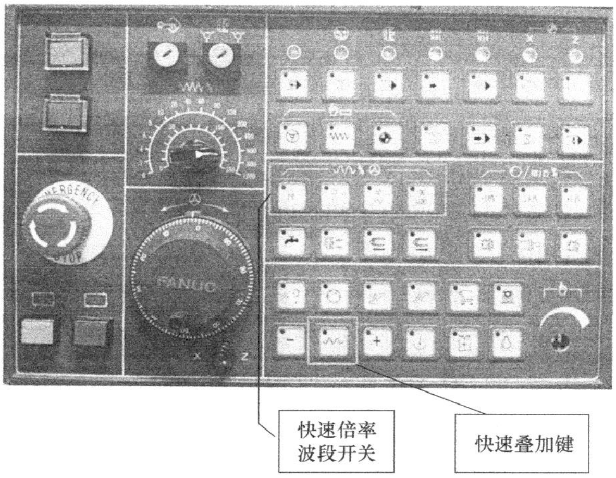

图 4-33　快速倍率波段开关和快速叠加功能

9）进入设定界面，将“参数写入”设定为 1，选择“MDI”运行方式，按一下“SYSTEM”功能键，选择“参数”软键，进入参数设置画面，修改参数 1421X、Z 轴的 F0 速度值为 500，退出参数设置画面，重启数控系统，使参数设置生效。

10）重复步骤 5），观察 X 轴、Z 轴运行速度的变化情况。

11）进入参数设置画面，修改参数 1423（各轴手动连续进给速度），范围为 0 ~ 5000，退出参数设置画面，重启数控系统，使参数设置生效。

12）重复步骤 1）~4），观察运行情况，比较参数修改前后速度的变化。

13）进入参数设置画面，修改参数 1424（各轴手动快速运行速度），范围为 0 ~ 5000，退出参数设置画面，重启数控系统，使参数设置生效。

14）重复步骤 6）~7），观察运行情况，比较参数修改前后速度的变化。

15）按下“手轮”方式选择按键，其左上角指示灯亮起，表示选择了手轮运行方式。

16）再将“轴选”钮子开关拨到“X”轴处，表示选择了 X 轴运行。

17）然后将“×1”按键按下，表示选择的 X 轴在手摇的方式下以“×1”的倍率运行。

18）顺时针或逆时针方向旋转手轮一格，可控制 X 轴向正方向或负方向移动一个增量值（0.001mm），观察数控系统上 X 轴坐标值的变化。

19）切换倍率，按下“×10”按键，顺时针或逆时针方向旋转手轮一格，可控制 X 轴向正方向或负方向移动一个增量值（0.01mm），观察数控系统上 X 轴坐标值的变化。

20）切换倍率，按下“×100”按键，顺时针或逆时针方向旋转手轮一格，可控制 X 轴向正方向或负方向移动一个增量值（0.1mm），观察数控系统上 X 轴坐标值的变化。

21）此时，将“轴选”钮子开关拨到“Z”轴处，将“手轮倍率”按键在“×1”“×

10”“×100”之间来回切换，再顺时针或逆时针方向旋转手轮，观察 Z 轴的进给速度及增量值的变化，并观察数控系统上“Z”轴坐标的变化。

22）选择“MDI”运行方式，按下“PROG”键，输入“G00X200. Z300. ;”，按下“INSERT”键，再按“循环启动”按钮，在位置显示画面观察坐标变化情况。

23）输入“G01X400. F400. ;”，按下“INSERT”键，再按“循环启动”按钮，在位置显示画面观察直线插补运行情况。

24）实训完毕，切断电源，整理实训台。

注意：在每次重启后，首先应进行返回参考点操作，以保证坐标的正确性。

三、参考点的调试

参考点即机床坐标系原点，它在机床出厂时即确定，是一个固定点。返回参考点的目的是把机床的各轴移动到机床的固定点（参考点：原点），使机床各轴的位置与 CNC 上显示的机床坐标位置相吻合，从而建立机床坐标系。

机床厂在制造机床时，可以给各个坐标的位置检测装置配置绝对式编码器和增量式编码器，也可以选择绝对光栅尺和增量光栅尺。

当选择绝对式编码器时，该编码器始终处于工作状态（不管系统是否工作），在系统断电时由单独的电池（6V）提供工作电源，使得机械的零点一直存在。当使用增量式编码器时，系统通电后，机床的零点还没有建立，所以必须进行返回参考点操作。

在本实训设备中，返回参考点模拟采用栅格回零的方法，具体控制是采用软件和硬件电路一起实现的，零点的位置取决于电动机一转信号的位置，并且模拟有挡块回参考点的方式进行回零操作。

由于本实训设备没有实际的参考点、限位检测开关，所以在此使用钮子开关信号来模拟输入参考点、限位信号。

1. 各轴进行返回参考点操作

1）按下数控系统 MDI 键盘上的“SYSTEM”功能键，再按“参数”软键，进入参数设置画面，键入目标参数号，按下“号搜索”，光标所指位置便是目标参数，熟悉相关参数的设定。

① 设定返回参考点的方向。

设置参数“1006#5（ZMI）”为 0 表示正方向返回参考点，如图 4-34 所示。

设置参数“3006#0（GDC）”为 0 表示用于返回参考点操作的减速信号为 X9。

② 设定返回参考点的速度。

参考点返回速度即设定返回参考点减速信号（＊DEC）输入后，返回参考点的低速进给速度。该速度在参数 1425 中设定，该参数过低或过高都不能正常回参考点，本实训设备中将参数 1425 设为 500mm/min，如图 4-35 所示。

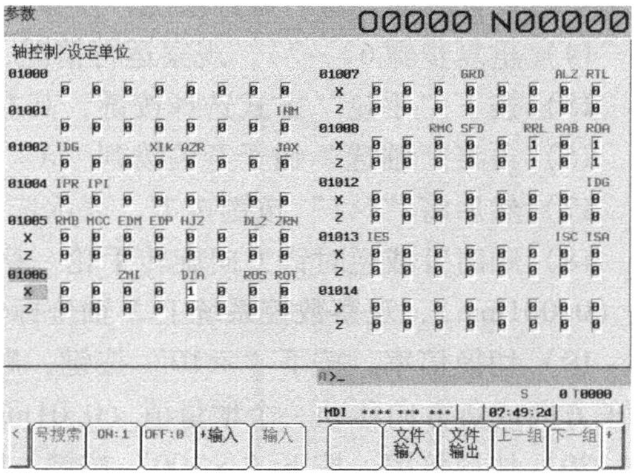

图 4-34　参数 1006 页面

③ 参考计数器容量的设定。

由于本实训设备没有机械部件，由此假定丝杠螺距为 5mm，齿轮比为 1∶1，检测单位为 0.001mm。

参考计数器容量的设置关系到回零的精度，参数 1821 是设置参考计数器容量的参数。CNC 系统通过检测编码器的一转信号的电气晶格（栅格）来确定参考点。

参考计数器容量的计算过程如下：

丝杠一转系统所需的位置脉冲数 = 丝杠螺距（mm）/齿轮比/检测单位 = 5/1/0.001 = 5000 = 参考计数器容量

本实训设备中将参数 1821 设置为 5000，如图 4-36 所示。

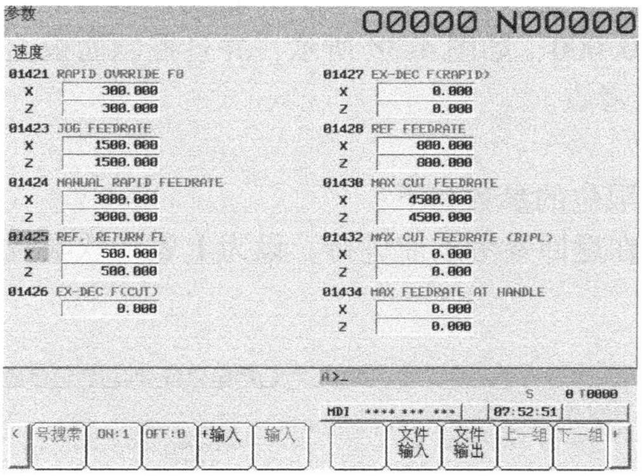

图 4-35　参数 1425 页面

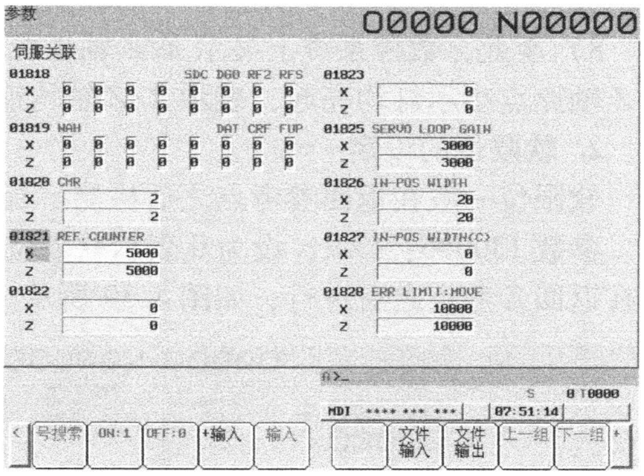

图 4-36　参数 1821 页面

2）返回参考点减速信号是设置在参考点前的减速开关发出的信号。由 CNC 直接读取该信号，故无须 PMC 的处理。返回参考点减速信号地址如下所示：

地址 X9	#7	#6	#5	#4	#3	#2	#1	#0
				＊DEC5	＊DEC4	＊DEC3	＊DEC2	＊DEC1

定义 X9.0 为 *X* 轴原点输入信号、X9.1 为 *Z* 轴原点输入信号。将输入、输出单元上的 X9.0/X9.1 钮子开关打开（钮子开关方向朝上表示打开），进行返回参考点前的准备工作。

3）按下控制面板上的“返回参考点”方式，系统的下方有“REF”显示，表示开启返回参考点功能，如图 4-37 所示。

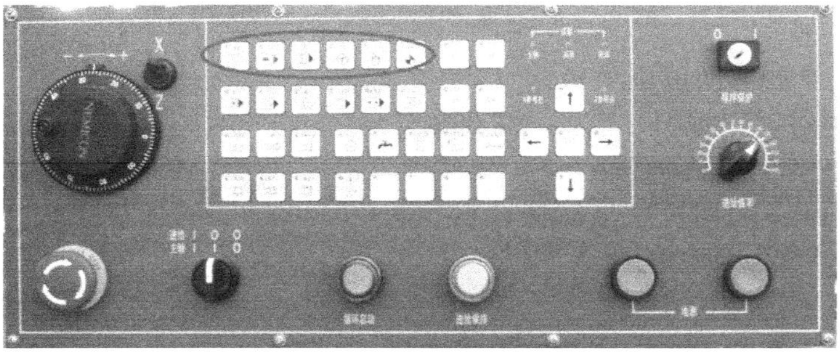

图 4-37　方式选择按键

4）再按“+Z”键，此时实训台右边的 Z 轴电动机转盘开始旋转，表示返回参考点动作正在进行。

5）将钮子开关 X9.2 关闭（拨下），表示 Z 轴感应到参考点信号，此时 Z 轴电动机旋转的速度变慢，进行减速回零动作。

6）再将钮子开关 X9.2 打开，此时 Z 轴电动机停止旋转，数控系统上显示 Z 轴坐标为 0.000，并且控制面板上的 Z 轴原点指示灯亮起，表示 Z 轴返回参考点。

7）同理，X 轴返回参考点的方法与 Z 轴类似。即按下“+X”键，X 轴开始返回参考点，将钮子开关 X9.0 关闭，表示 X 轴感应到参考点信号，此时 X 轴电动机旋转的速度变慢，进行减速回零动作，再将钮子开关 X9.0 打开，此时 X 轴电动机停止旋转，数控系统上显示 X 轴坐标为 0.000，并且控制面板上的 X 轴原点指示灯亮起，表示 X 轴返回参考点。

8）至此，数控系统上显示 X/Z 轴坐标均为 0.000，如图 4-38 所示，并且控制面板上的 X/Z 轴原点指示灯均亮起，表示 X/Z 轴均返回参考点。

2. 软限位的设定

软限位一般在返回参考点之后检测，有关软限位的参数如下：

参数 1300#6：LZR，设为 0 表示软限位检测在返回参考点前进行，设为 1 表示软限位检测在返回参考点之后进行，如图 4-39 所示。

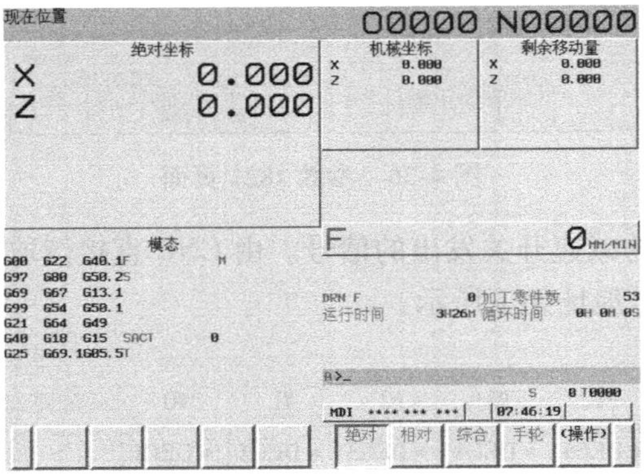

图 4-38　返回参考点后坐标页面

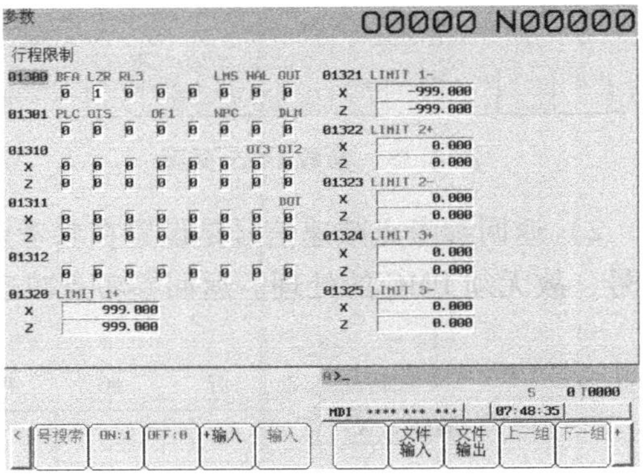

图 4-39　参数 1300 页面

参数 1320：各轴移动范围正极限（单位为 mm），将该参数的各轴均设定为 20.000，观察各轴往正方向运行时的状态，如图 4-40 所示。

参数 1321：各轴移动范围负极限（单位为 mm），将该参数的各轴均设定为 −20.000，观察各轴往负方向运行时的状态。

参数 1320、1321 利用机床坐标值设定各轴的移动范围，单位为设定单位。

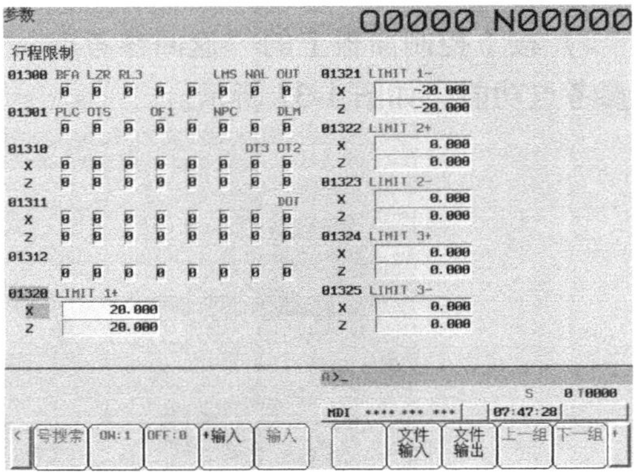

图 4-40　参数 1320 页面

注意：

1）在返回参考点之前，设定最大值（参数 1320 = 99999999）和最小值（参数 1321 =

-99999999）。

2）参数 1320 的设定值小于参数 1321 的设定值时，行程无限大。

四、数控机床主轴功能调试

主轴系统是整个机床中至关重要的功能模块，它在整个切削过程中是切削力的主要来源，在机床中做旋转运动，是机床的主运动。主轴系统中的关键部分是主轴伺服驱动系统，其控制精度决定了主轴的旋转精度。主轴伺服系统采用微处理器控制技术进行矢量计算。主回路采用晶体管 PWM 控制技术，具有定向控制功能。

所谓主轴定向是指在执行主轴定位或者换刀时，必须将主轴在回转的圆周方向定位于某一转角上，作为动作的基准点。对于主轴定向，FANUC 系统提供了以下 3 种方法：用位置编码器定向、用磁性传感器定向、用外部一转信号（如接近开关）定向。本实训设备的串行主轴采用了电动机内部的 MZi 传感器定向，如图 4-41 所示。

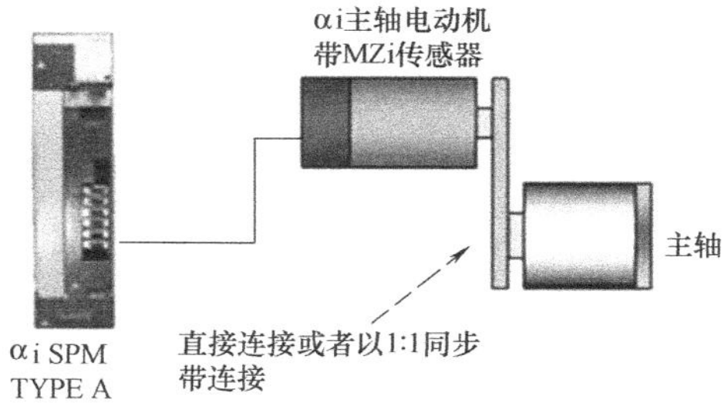

图 4-41　主轴定向连接图

1. 显示“主轴监控”页面

1）设定参数 3111#1（SPS），即设定是否显示主轴调整页面。设定值为 1，即显示主轴调整页面。

2）按下 MDI 键盘区的“SYSTEM”功能键，然后单击“+”，直到显示“主轴设定”菜单，如图 4-42 所示。

3）单击“SP 设定”，出现主轴设定调整页面。单击“SP 检测”，进入“主轴监控”页面，如图 4-43 所示。

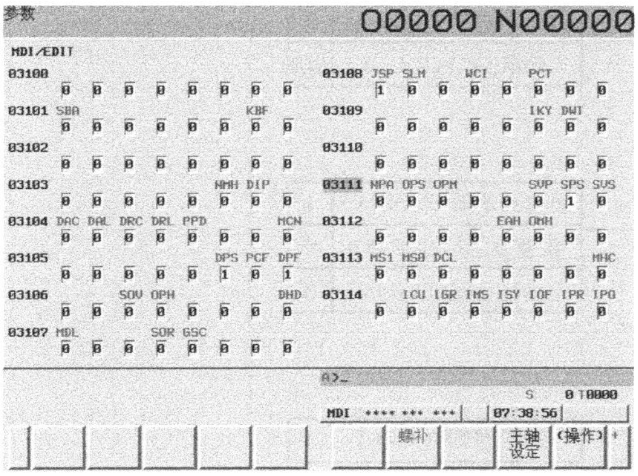

图 4-42　“主轴设定”菜单

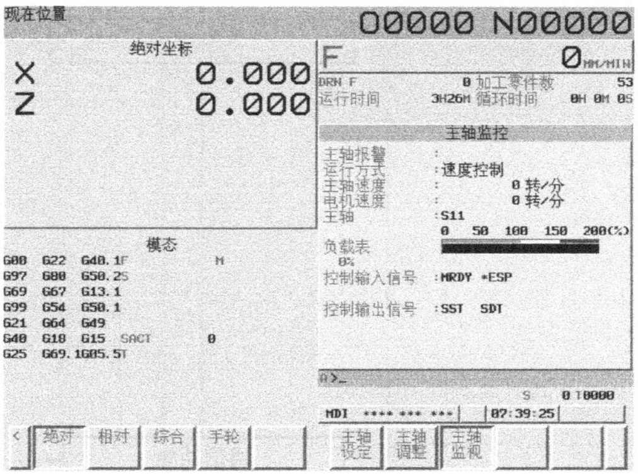

图 4-43　主轴监控页面

2. 在 MDI 方式下运行主轴

1）按下 MDI 键盘区的“PROG”功能键，选择“MDI”，进入“程序（MDI）”页面，如图 4-44 所示。

2）键入“M03 S1000;”，按下 MDI 键盘区的“INPUT”功能键。

3）按下“循环启动”按钮，主轴开始以约 1000r/min 的速度正转运行。

4）在“主轴监控”页面中观察主轴运行情况，在 PMC 中监控相关信号的状态，并填入图 4-40 中。按下“SYSTEM”功能键，然后单击“+”三下，再单击“PMC 维护”，进入“PMC 维护”页面，单击“信号状态”，出现“PMC 信号状态”页面，如图 4-45 所示。

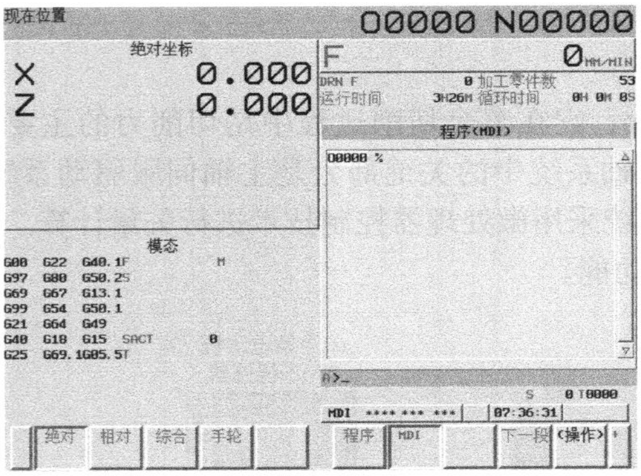

图 4-44　MDI 页面

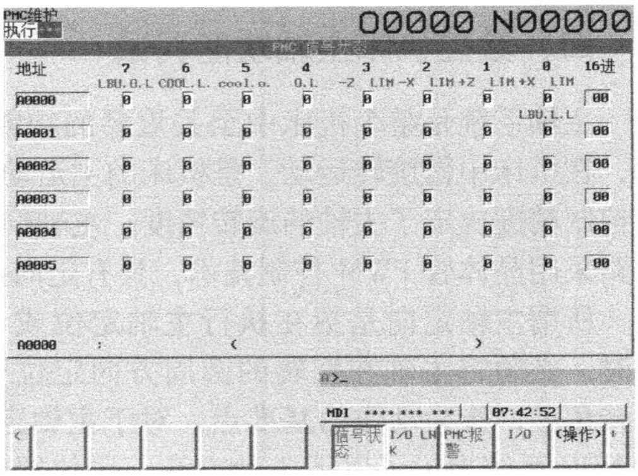

图 4-45　PMC 信号状态页面

5）键入“M05;”，按下“INPUT”功能键，按下“循环启动”按钮，主轴停止运转，重复步骤 4)，观察各信号状态的变化。主轴运行状态示意图如图 4-46 所示。

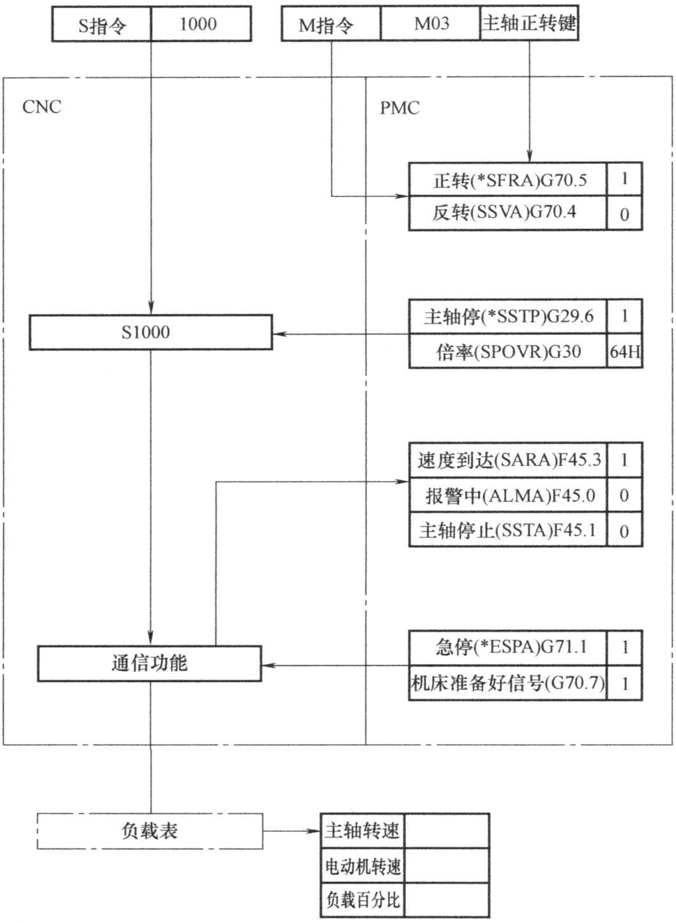

图 4-46　主轴运行状态示意图

6）主轴定向。

① 首先设置主轴定向角度参数，见表4-7。

表4-7　主轴定向角度参数

参数号	意　义	设定值	备　注
4002#1	外置编码器	1	当使用编码器定位时
4002#0	使用电动机内置编码器	1	当使用电动机 MZi 内置传感器时
4010#0	使用电动机内置编码器	1	当使用电动机 MZi 内置传感器时
4015	定向有效	1	当使用电动机 MZi 内置传感器时
4077	定向角度	1024	主轴定向角度参数，参数 1024 对应的角度是 900

② 键入“M19;”，按下“INPUT”功能键，按下“循环启动”按钮，此时观察主轴的变化。

3. 在 JOG 方式下运转主轴

按下操作面板上“JOG”运行方式按键，按下操作面板上的“主轴正转”按键，主轴便开始正转运行，按下“主轴停止”键，主轴便停止运行，再按“主轴反转”键，主轴便开始反转运行。在“主轴监控”页面中观察主轴运行情况，在“PMC 信号状态”页面中监控相关信号的状态，并与项目2中填入图4-45中的值做比较。

注意：在 JOG 方式下运行主轴前，须在 MDI 方式下给定主轴一转速，否则主轴将不能被运行。

五、电动刀架功能调试

1. 自动换刀机构简介

数控机床为了能在工件一次装夹中完成多种甚至所有加工工序，缩短辅助时间，减少多次安装工件所引起的误差，因此必须带有自动换刀装置。这样不仅可以提高机床的生产率，扩大数控机床的功能和使用范围，而且由于零件在一次安装中完成多种工序加工，大大减少了零件的装夹次数，进一步提高了零件的加工精度。

数控机床自动换刀装置的主要类型、特点及适用范围见表4-8。

表4-8　数控机床自动换刀装置的主要类型、特点及适用范围

<table>
<tr><th colspan="2">类型</th><th>特点</th><th>适用范围</th></tr>
<tr><td rowspan="2">转塔型</td><td>回转刀架</td><td>多为顺序换刀，换刀时间短，结构简单紧凑，容纳刀具较少</td><td>各种数控车床、车削中心机床</td></tr>
<tr><td>转塔头</td><td>顺序换刀，换刀时间短，刀具主轴都集中在转塔头上，结构紧凑，但刚性较差，刀具主轴数量受限制</td><td>数控钻床、镗床、铣床</td></tr>
<tr><td rowspan="3">刀库式</td><td>刀库与主轴之间直接换刀</td><td>换刀运动集中，运动部件少，但刀库运动多，布局不灵活，适应性差</td><td rowspan="3">各种类型的自动换刀数控机床，尤其是对使用刀具的数控镗、铣类立式、卧式加工中心，要根据工艺范围和机床特点，确定刀库容量和自动换刀装置类型</td></tr>
<tr><td>用机械手配合刀库进行换刀</td><td>刀库只有选刀运动，机械手进行换刀运动，比刀库做换刀运动惯性小，速度快</td></tr>
<tr><td>用机械手、运输装置配合刀库换刀</td><td>换刀运动分散，由多个部件实现，运动部件多，但布局灵活，适应性好</td></tr>
<tr><td colspan="2">有刀库的转塔头换刀装置</td><td>弥补转塔换刀数量不足的缺点，换刀时间短</td><td>扩大工艺范围的各类转塔式数控机床</td></tr>
</table>

2. 自动回转刀架

数控机床上大都使用结构简单的回转刀架作为自动换刀装置，根据不同加工对象，有四工位刀架和六工位刀架等多种形式，回转刀架上分别装着四把、六把或更多的刀具，并按数控装置的指令换刀。回转刀架又分为立式和卧式两种，立式刀架的回转轴与机床主轴成垂直布置，经济型数控机床多采用这种刀架。立式刀架的换刀过程如下：

1）刀架抬起。当数控系统发出换刀指令后，刀架电动机带动蜗杆机构抬起刀架。

2）刀架转位。刀架抬起后，内部机构继续运行，带动刀架转过90°（如不到位，刀架还可继续转位180°、270°、360°），并由霍尔开关发出粗定位信号给数控系统。

3）刀架锁紧。刀架到位后，数控系统发出信号使刀架电动机反转，于是刀架下移，机械精准定位，反转时间到刀架电动机停止转动，从而完成一次换刀。

3. 电动刀架的工作原理

LD4系列电动刀架采用由销盘、内端齿、外端齿盘组合而成的三端齿定位机构。采用蜗杆传动、齿盘啮合、螺杆夹紧的工作原理。当系统没有发出换刀信号时，当前刀位的霍尔元件信号处于低电平。当系统要求刀架换到某一刀位时，系统便通过输出口Y9.0发出高电平信号，此时继电器得电吸合，使接触器得电吸合，刀架正转。当刀架转至所需刀位时，该刀位霍尔元件在磁钢作用下发出低电平信号，系统接收到低电平信号后断开刀架正转信号Y9.0，同时发出刀架反转信号Y9.1，使反转继电器得电吸合，接触器也得电吸合，刀架反转卡紧；到达卡紧时间后，刀架电动机停止反转，这样就完成一次换刀控制。

刀架动作顺序：

换刀信号→电动机正转→上刀体转位→到位信号→电动机反转→粗定位→精定位夹紧→电动机停转→换刀完毕应答信号→加工继续进行。

六、四工位电动刀架的操作步骤

1）在电动刀架运转之前需将各轴进行返回参考点操作。

2）按下控制面板上的“手动”按键，其左上角的指示灯亮起，且CRT的左下角显示“JOG”，表示开启了“JOG”运行方式。

3）按下控制面板上的“手动选刀”键，其左上角的指示灯亮起，且继电器I/O模块上的继电器KA3（从左往右第一个）线圈得电，常开触点闭合，此时交流接触器KM2线圈得电，常开触点闭合，刀架刀塔升起，开始正转。当感应到下一刀位信号后，继电器I/O模块上的继电器KA3线圈失电，其指示灯熄灭，此时交流接触器KM2线圈失电，刀架停止正转，反转信号输出，即继电器I/O模块上的继电器KA4（从左往右第二个）线圈得电，常开触点闭合，此时交流接触器KM3线圈得电，常开触点闭合，刀架刀塔落下，开始反转锁紧。当反转锁紧时间到达后，反转控制信号停止输出，继电器KA4线圈失电，其指示灯熄灭，此时交流接触器KM3线圈失电，刀架停止反转锁紧动作，表示刀架换刀结束。

4）若需继续手动换下一把刀，则重复步骤3）即可。

5）在操作面板上选择“MDI”方式，按“PROG”功能键，输入“T0100”（当前不是一号刀的情况下），T0100中的前两位“01”表示刀号，后两位“00”表示刀具补偿（刀补值为0）。按“EOB”分号键，再按“INSERT”插入键，最后按“循环启动”按钮，观察刀架运行情况。运行完成后，再键入“T0300”，按“EOB”分号键，再按“INSERT”插入键，按“循环启动”按钮，观察刀架运行情况。

任务实施

1）完成数控机床进给轴功能调试。

2）完成进给轴的调试。

3）完成参考点的调试。

4）完成数控机床主轴功能调试。

5）完成电动刀架功能调试。

任务拓展

1）机床出厂时，数控系统内的参数、程序、变量和数据都已经经过调试，并能保证机床的正常运行。但是机床在使用过程中，有可能出现数据丢失、参数紊乱等情况，这就需要对系统数据进行备份，方便进行数据的恢复。另外，如果要批量调试机床，也需要有备份好的数据，以方便批量调试。一旦参数、程序等误操作和人为修改后，要想恢复原来的值，如果没有详细准确的记录可查，也没有数据备份，就会造成比较严重的后果。

系统数据的备份对初学者尤为重要，在对系统的参数、设置、程序等进行操作前，务必进行数据备份。

2）存储于 CNC 的数据。CNC 内部数据的种类和保存位置见表 4-9。

表 4-9　CNC 内部数据的种类和保存位置

数据的种类	保存位置	备　注
CNC 参数	SRAM	
PMC 参数	SRAM	
顺序程序	FLASH ROM	
螺距误差补偿量	SRAM	选择功能
加工程序	SRAM FLASH ROM	
刀具补偿量	SRAM	
用户宏变量	SRAM	选择功能
宏 P-CODE 程序	FLASH ROM	宏执行器 （选择功能）
宏 P-CODE 变量	SRAM	
C 语言执行器应用程序	FLASH ROM	C 语言执行器 （选择功能）
SRAM 变量	SRAM	

注：CNC 参数、PMC 参数、顺序程序这 3 种数据随设备出厂。

任务三　数控机床故障诊断

子任务一　刀架功能的故障诊断与排除

任务内容

一台数控机床在进行换刀时找不到 1 号刀，经过 1 号刀位时，刀架不停一直转，过一段时间后，出现寻不到刀的故障报警。

任务目标

1. 了解数控机床刀架常见故障。
2. 掌握刀架故障的诊断和排除方法。

知识链接

通过上面的学习，我们可以总结出发那科数控系统的某些重要特征，从而重新认识数控机床维修这一概念。

首先，数控系统采用专用的总线结构、专用的伺服驱动，所以它不像通用 PC 的总线那样具有标准通用、备件易采购、有互换性、代码开放、供应渠道多等特点。数控系统备件供应渠道单一，图样、程序协议不对用户开放，专用 LSI 不对用户开放，所以电路板维修非常困难，一般数控机床制造商不建议用户维修 PCB（印制电路板）。

数控机床的机械部件采用模块化、专业化制造，如滚珠丝杠、直线导轨、机床主轴、数控刀塔、数控转台等均是由各专业制造商来制造。目前，国内常见的中高档数控机床广泛采用 THK 或 NSK 的滚珠丝杠和直线导轨，原长城机床厂生产的数控机床和车削中心采用意大利的数控刀架，机床厂已从传统的零部件设计、生产、组装面面俱到的生产方式，转变为机电一体化集成应用商。所以作为数控机床的维修人员，修复上述这些专业化生产的机械部件非常困难，例如直线导轨磨损后，用户没有办法修磨直线导轨的滑道，也无法修复损坏的滑块。

对于新技术应用部件——直线电动机、转矩电动机、电主轴等，由于现场的工艺条件和现有的技术手段的限制，现场设备维修人员修复这些部件也是非常困难的。例如，FANUC 的高速电主轴对装配调试工艺要求非常高，必须经过专门的培训后才可拆装，否则主轴速度达不到出厂指标。

若电路板不能修，很多机械零部件也不能修，机电一体化部件更碰不得，那么现场维修人员修什么？这就需要人们从传统的维修观念中摆脱出来。20 世纪七八十年代的数控维修人员需要对模拟电路、数字电路有比较深刻的了解，由于那个时代的制造技术还是基于模拟电路和中等规模数字电路搭建的硬件环境，器件大都采用标准件，他们通过电烙铁、万用表、示波器修理损坏的电路板。而现今的数控技术紧随着 IT 技术的进步而发展，目前 FANUC 数控系统除了 CPU 和存储器采用标准制造商的产品外，CPU 周边以及大量的外围芯片均由自己设计开发，例如数字伺服处理、RS-232 通信、字符及图形显示等。另外，系统各环节之间的数据传送也由 20 年前的“并行传送”为主改变为目前的“串行传送”为主。在“串行传送”的环境下，用示波器已无法诊断信号的来龙去脉，万用表更是无能为力。目前示波器和万用表仅作为一些并行信号或静态信号的检测工具，对伺服放大器或电源模块的维修还有些帮助，但是对于 CNC 系统本身和数字伺服部分的维修帮助非常有限。

现今较有效的维修诊断手段是由数控机床制造商来提供的，如 FANUC 0i 系统的 PMC TRACER（信号跟踪诊断，如图 4-47 所示）、数字伺服波形画面等功能。

归纳前面所描述的数控机床的结构和特点，不难发现现场维修人员的主要工作不是修复电路板，而是利用现有手段即数控机床制造商提供的各种监控或诊断方法，特别是借助计算机或人机界面，及时准确地判断出故障类型，确定维修方向：机械——电气——液压——工艺。如果是电气故障，应及时判断出是 CNC、伺服部分还是 PMC 接口电路出现了故障，并找出故障点。接下来就要利用最直接有效的渠道迅速买到备件，正确更换备件。

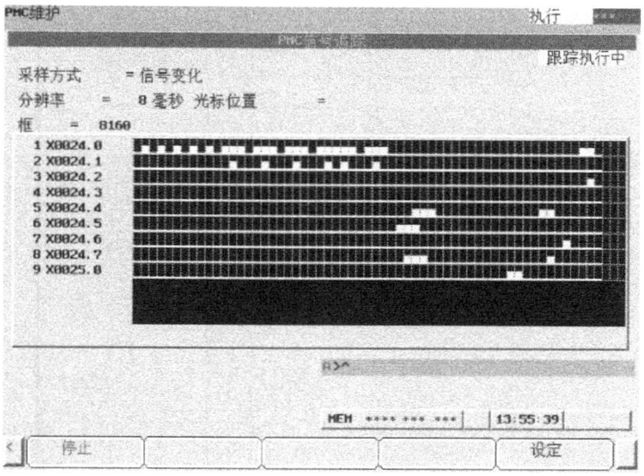

图 4-47　发那科信号跟踪画面

正确更换备件也是一件需要重视的工作，在前面我们曾经提到数控系统的某些重要数据是存放在 SRAM 中的，数据有易失性，更换 CNC 主板或存储器板会造成数据丢失，那么修好硬件后恢复数据，就成为正确更换备件的工作之一。作为一个维修工程师，如果仅会更换硬件，而不会恢复数据，等于不会修理数控机床，因为这样无法使机床进入正常工作状态。

从维修实践中可以体会到，随着数控机床的发展，对各类软件的使用要求越来越高，如现场维修人员需要掌握 FANUC 梯形图编程软件 FLADDER Ⅲ 以及各种随机诊断软件、网络通信软件。过去维修人员更多地使用螺钉旋具，现今维修人员离不开计算机。过去的维修人员很少介入备件管理，但是今后对于数控机床的维修，无论是电气还是机械、液压，备件选型和正确更换将是维修工程师重要的工作内容。数控机床维修将融入更多的非技术因素，最终目的是最有效地减少故障停机时间，提高设备的无故障运转时间。

一、电动刀架的工作原理

数控机床使用的回转刀架是最简单的自动换刀装置，有四工位和六工位刀架，回转刀架按其工作原理可分为机械螺母升降转位、十字槽转位等方式，其换刀过程一般为刀架抬起、刀架转位、刀架压紧并定位等几个步骤。回转刀架必须具有良好的强度和刚性，以承受粗加工的切削力；同时还要保证回转刀架在每次转位的重复定位精度。

在 JOG 方式下进行换刀，主要是通过操作机床控制面板上手动换刀键来完成的，一般是在手动方式下按下换刀键，刀位转入下一把刀。在电气控制部分，刀架主要包含刀架电动机和刀位传感器两部分，实现刀架正反转的是三相异步电动机，通过电动机的正反转来完成刀架的转位与锁紧；而刀位传感器一般是由霍尔传感器构成，四工位刀架就有 4 个霍尔传感器安装在一块圆盘上，但触发霍尔传感器的磁铁只有一个，也就是说，四个刀位信号始终有 1 个为“1”或“0”。

二、电动刀架的连接

图 4-48 是电动刀架与 PMC 的连接图，包含输入与输出两部分，输入主要是刀位信号，输出是刀架电动机的正反转，对应的控制逻辑由 PMC 设计完成。

三、刀架 PMC 状态表

发那科系统提供 PMC 状态查询，可以按系统面板上的“SYSTEM”→“PMC”→“信

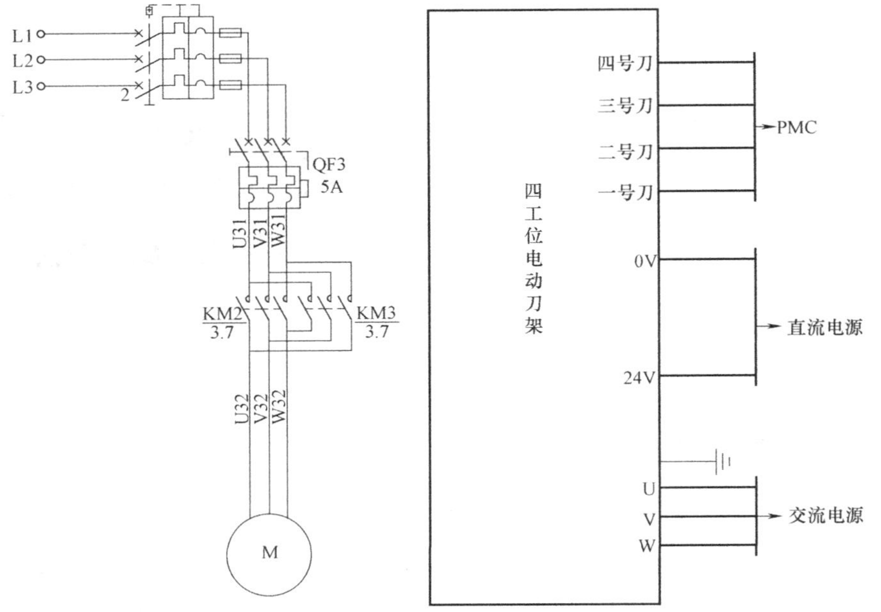

图 4-48　电动刀架与 PMC 的连接图

号”键，搜索 X3 查询现有地址的状态。正常状态下的刀架有一位是低电平，三位为高电平，如果四位相同，那么就表示刀架信号异常，就会发生不能换刀的故障，这时就需要检查发讯盘与线路，如图 4-49 所示。发那科提供的信号状态查询功能可以很好地进行信号状态的查询，对判断故障原因提供了很大的方便，这个功能是需要我们牢固掌握的。

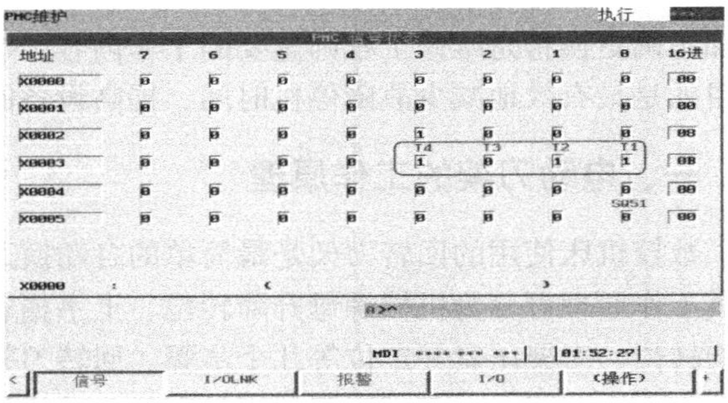

图 4-49　刀架 PMC 信号

任务实施

一、故障分析流程图

故障分析流程图如图 4-50 所示。

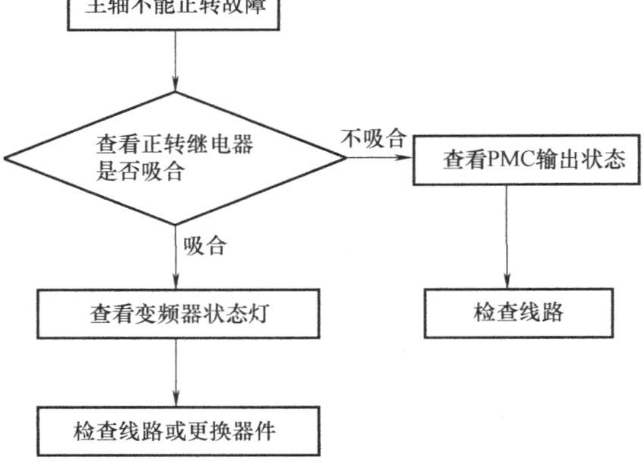

图 4-50　故障分析流程图

二、拆卸电动刀架发讯盘

发讯盘的安装位置如图 4-51 所示。

1. 拆卸发讯盘盖（见图 4-52）

2. 调整发讯盘位置（见图 4-53）

小结：刀架故障是常见的数控车床故障，其原因有很多，可能是因为刀架电动机正反转不良造成的，所以需要仔细掌握刀架与 PMC 的控制过程，发现故障原因。本次故障的维修主要是通过 PMC 状态表查看刀位信号，从而判断故障原因，也可以通过万用表测试相关信号的电平来进行判断。

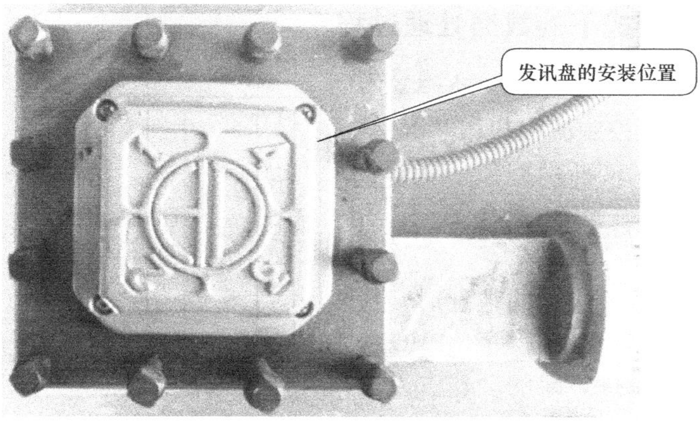

图 4-51　发讯盘的安装位置

图 4-52　拆卸发讯盘盖

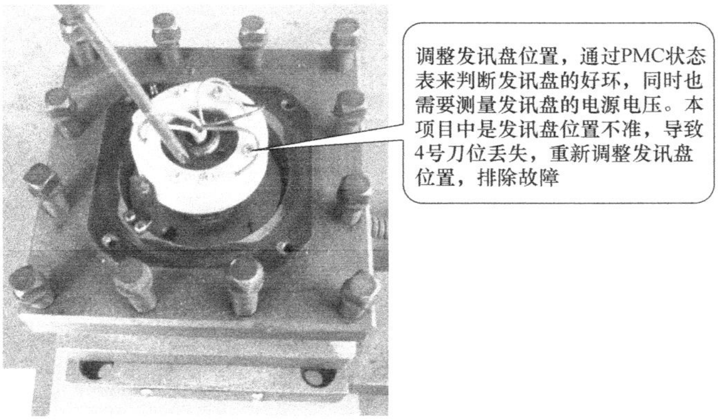

图 4-53　调整发讯盘位置

任务拓展

一、自动换刀方式下的数据处理过程

数控车床在进行自动换刀时，动作基本与手动换刀时相同，但控制流程却相差很大，其数据处理流程如图 4-54 所示。

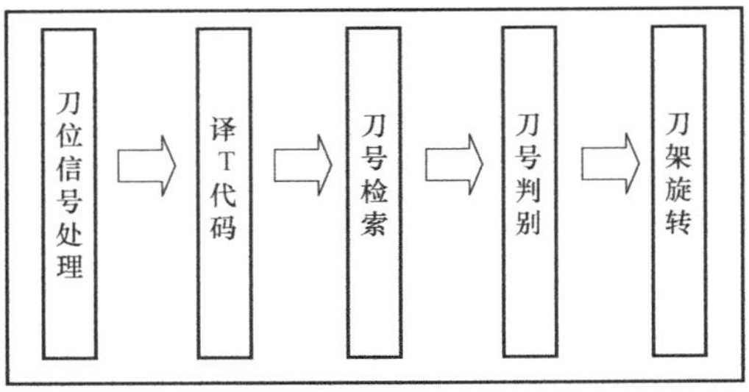

图 4-54　数据处理流程

二、刀具功能代码地址

当在程序中指定了 T 代码的地址时，代码信号与选通信号被送给 PMC 程序，PMC 程序用这些信号启动或保持刀架的动作。刀具功能代码信号是指 T00 ~ T31（F26 ~ F29），刀具功能选通信号是 TF（F7. 3）。

三、自动方式下的 PMC 换刀程序

自动换刀程序如图 4-55 所示。

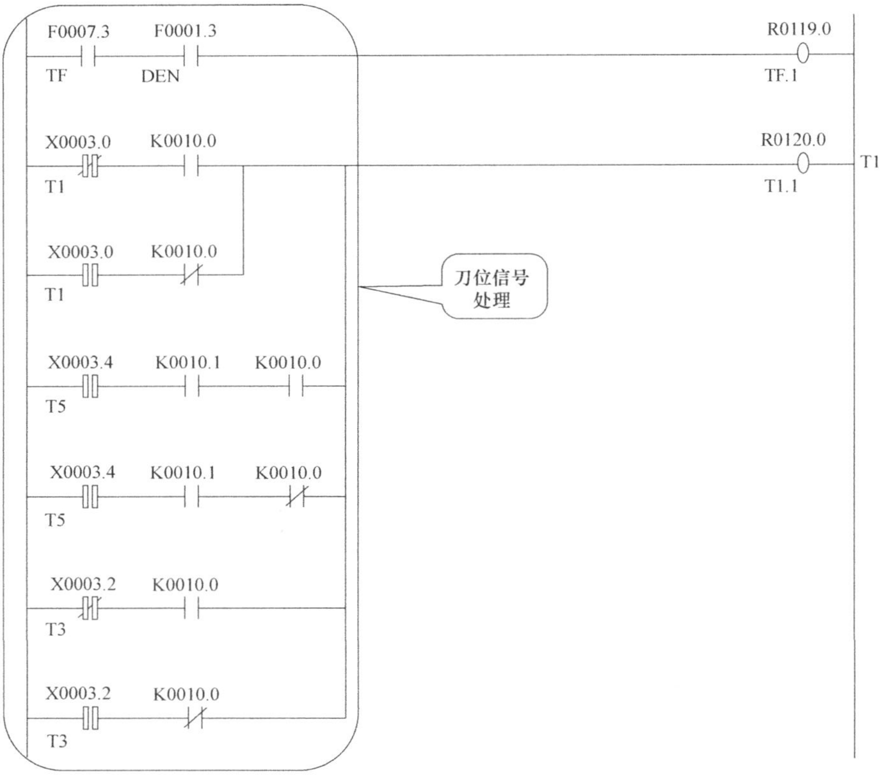

图 4-55　自动换刀程序

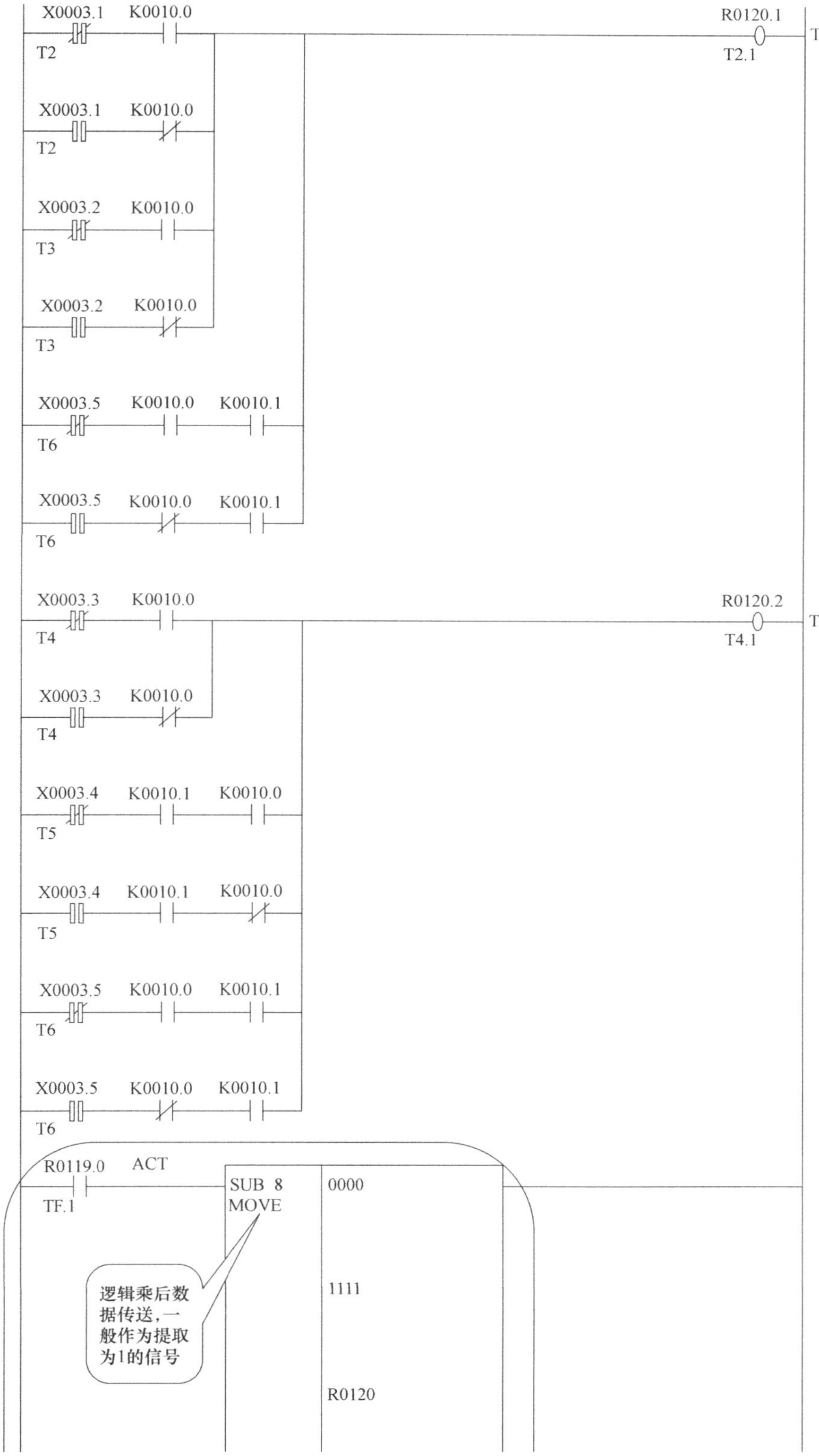

图4-55　自动换刀程序（续）

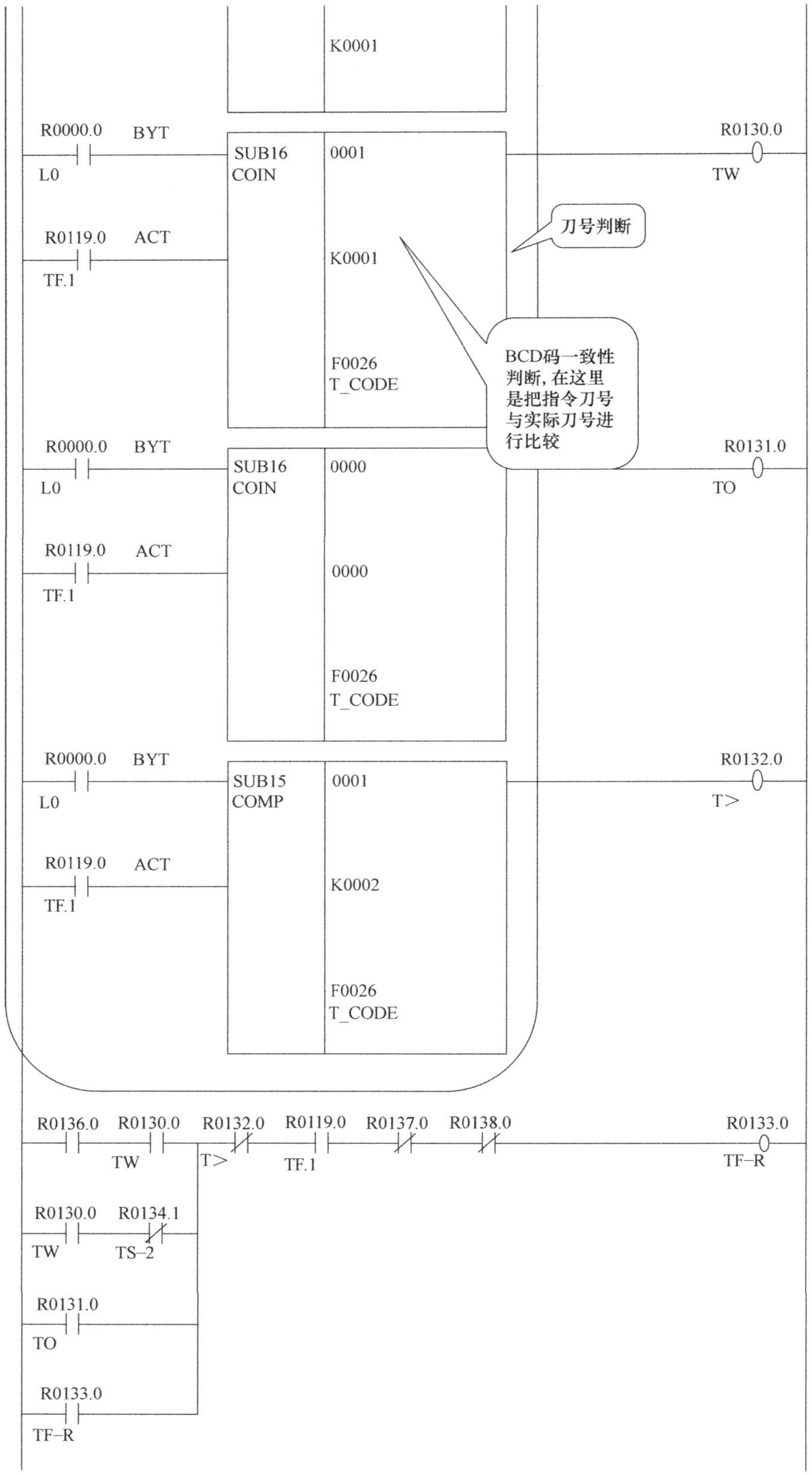
K0001
R0000.0 BYT
L0
SUB16
COIN
0001
R0130.0
TW
刀号判断
R0119.0 ACT
TF.1
K0001
F0026
T_CODE
BCD码一致性判断，在这里是把指令刀号与实际刀号进行比较
R0000.0 BYT
L0
SUB16
COIN
0000
R0131.0
TO
R0119.0 ACT
TF.1
0000
F0026
T_CODE
R0000.0 BYT
L0
SUB15
COMP
0001
R0132.0
T>
R0119.0 ACT
TF.1
K0002
F0026
T_CODE
R0136.0 R0130.0 R0132.0 R0119.0 R0137.0 R0138.0
TW T> TF.1
R0133.0
TF–R
R0130.0 R0134.1
TW TS–2
R0131.0
TO
R0133.0
TF–R

图 4-55　自动

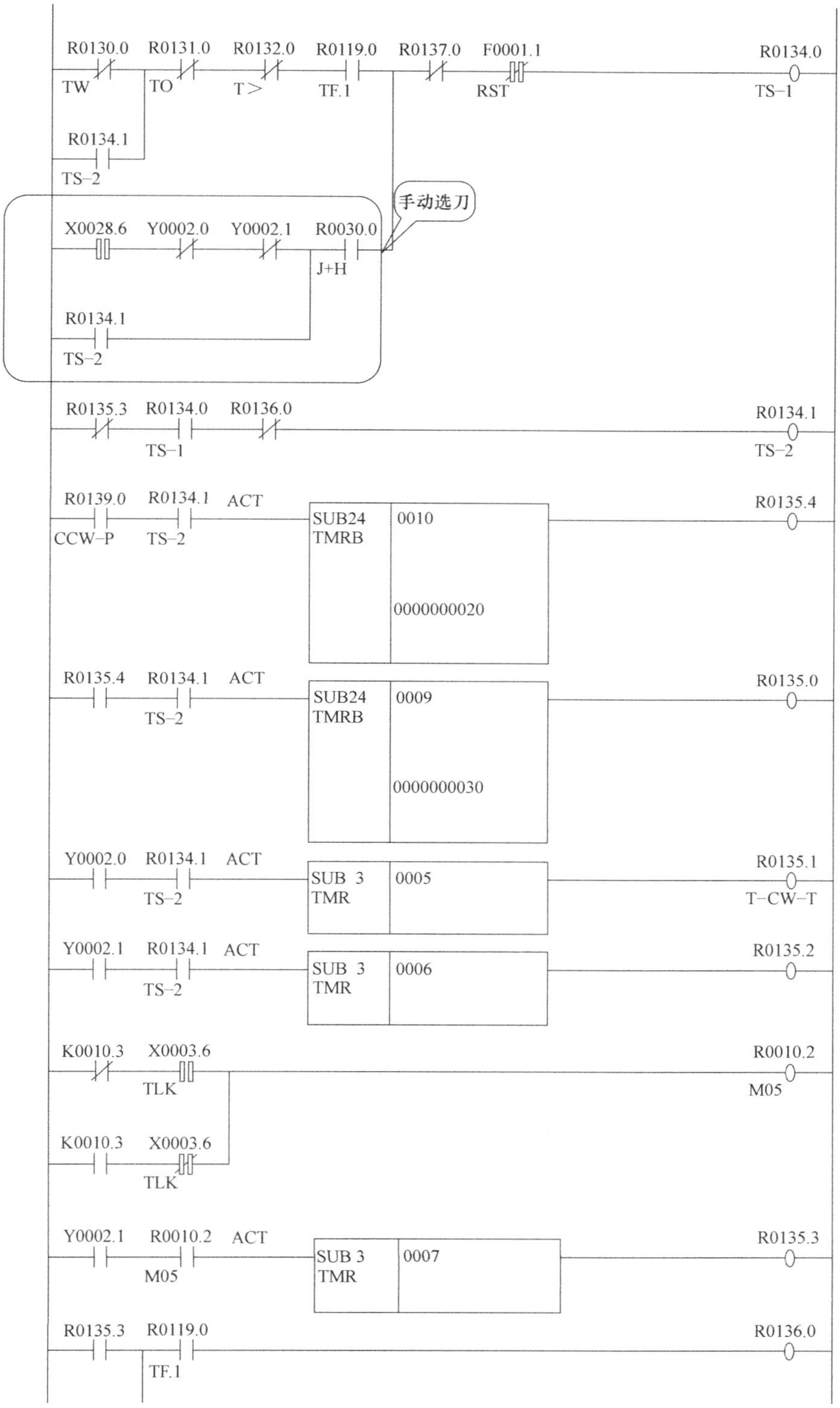

R0130.0
TW
R0131.0
TO
R0132.0
T>
R0119.0
TF.1
R0137.0
F0001.1
RST
R0134.0
TS-1
R0134.1
TS-2
手动选刀
X0028.6
Y0002.0
Y0002.1
R0030.0
J+H
R0134.1
TS-2
R0135.3
R0134.0
TS-1
R0136.0
R0134.1
TS-2
R0139.0
CCW-P
R0134.1
TS-2
ACT
SUB24
TMRB
0010
0000000020
R0135.4
R0135.4
R0134.1
TS-2
ACT
SUB24
TMRB
0009
0000000030
R0135.0
Y0002.0
R0134.1
TS-2
ACT
SUB 3
TMR
0005
R0135.1
T-CW-T
Y0002.1
R0134.1
TS-2
ACT
SUB 3
TMR
0006
R0135.2
K0010.3
X0003.6
TLK
R0010.2
M05
K0010.3
X0003.6
TLK
Y0002.1
R0010.2
M05
ACT
SUB 3
TMR
0007
R0135.3
R0135.3
R0119.0
TF.1
R0136.0

换刀程序（续）

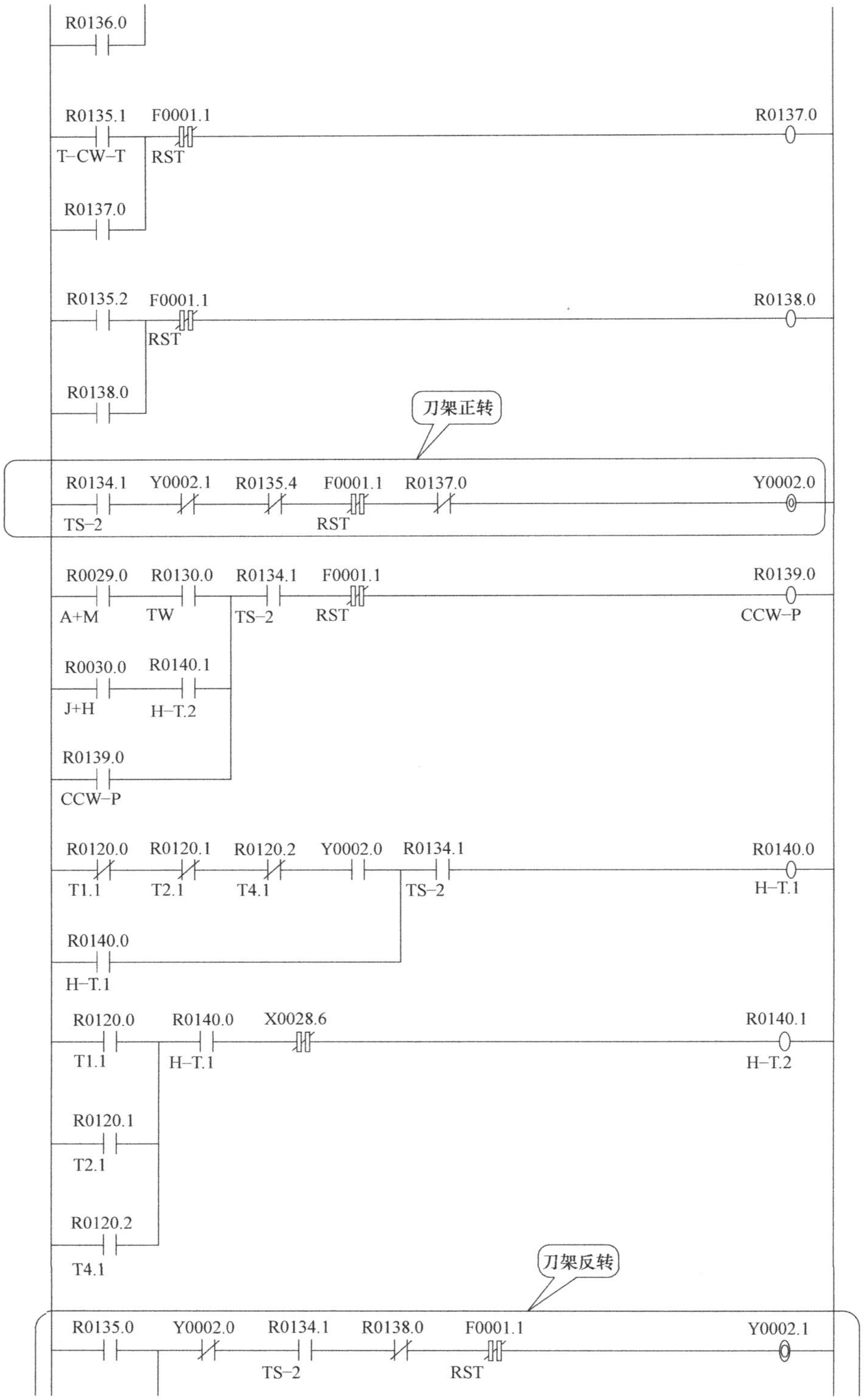

图 4-55　自动换刀程序（续）

图 4-55　自动换刀程序（续）

这个程序是个多功能的刀架控制程序，可以完成四工位与六工位刀架的控制，以及手动、自动刀架控制，还包含一些保护功能，可以根据刀架霍尔传感器的不同选择有效电平，这些功能是通过 K10 参数的设定来实现的。需要设置的参数有：

T06：48　　（刀架到位反转时间）

T08：9984　（刀架正转延时）

T10：3984　（刀架反转延时）

T12：960　　（刀架反转锁紧延时）

K1：　　　　（当前刀号）

K10：00001001

K10.0　刀架逻辑选择（0，高电平；1，低电平）

K10.1　刀架工位选择（0，四工位；1，六工位）

K10.3　刀架锁紧高低电平选择（0，高电平；1，低电平）

子任务二　主轴功能的故障诊断与排除

任务内容

一台数控车床的主轴采用变频器控制，在进行主轴控制的过程中出现可以反转但不可以正转的故障。

任务目标

1. 了解数控机床主轴常见故障。
2. 掌握主轴故障的诊断和排除方法。

知识链接

一、主轴的控制功能

串行主轴控制是利用网络通信的手段实现主轴控制功能的，在 FS-0iC/D 中，主轴的网络通信使用的是 I/O-LINK 总线，它是一种独立于 PMC I/O-LINK 总线、CNC FSSB 总线的专用串行总线。

主轴控制功能包括速度（转速）控制、位置控制与多主轴控制三大类。

主轴的速度（转速）控制包括S代码输出、倍率调节、传动级交换、线速度恒定控制、主轴转速波动检测等。

主轴的位置控制包括主轴能在特定角度上准确停止的方向准停（Spindle Orientation）、主轴可以在0°~360°范围内任意定位的主轴定位（Spindle Positioning）、刚性攻螺纹、主轴可参与基本坐标轴的插补运算的Cs轴控制（Cs Contouring Control）等。

多主轴控制包括多主轴速度控制、位置控制与主-从同步控制等。

二、串行主轴的引导操作

1. 引导操作的目的

串行主轴引导操作的目的是自动选择并生效电动机匹配参数。通过电动机匹配参数，驱动器可以根据电动机的特性确定所需要的控制与调节参数（如电压、电流、转速、PWM载频、滤波器常数等），以实现驱动器与电动机之间的最佳匹配及系统的最优控制。CNC对驱动器实际配套的电动机型号与规格无法从总线中获取，为此必须通过电动机代码参数（PRM4133）告知CNC，才能建立与实际电动机所对应的正确参数。

2. 电动机代码表

主轴电动机的代码与电动机的型号有关，应根据主轴电动机代码表查出相关型号的电动机代码，常用主轴电动机代码参见表4-10。

表4-10　i系列主轴电动机代码

型号	β 3/10000i	β 6/10000i	β 8/8000i	β 12/7000i		ac15/6000i
代码	332	333	334	335		246
型号	ac1/6000i	ac2/6000i	ac3/6000i	ac6/6000i	ac8/6000i	ac12/6000i
代码	240	241	242	243	244	245
型号	α 0.5/10000i	α 1/10000i	α 1.5/10000i	α 2/10000i	α 3/10000i	α 6/10000i
代码	301	302	304	306	308	310
型号	α 8/8000i	α 12/7000i	α 15/7000i	α 18/7000i	α 22/7000i	α 30/6000i
代码	312	314	316	318	320	322
型号	α 40/6000i	α 50/4500i	α 1.5/15000i	α 2/15000i	α 3/12000i	α 6/12000i
代码	323	324	305	307	309	401
型号	α 8/10000i	α12/10000i	α15/10000i	α18/10000i	α22/10000i	
代码	402	403	404	405	406	
型号	α/12/6000ip	α12/8000ip	α15/6000ip	α15/8000ip	α18/6000ip	α18/8000ip
代码	407	407, N4020 = 8000 N4023 = 94	408	408, N4020 = 8000, N4023 = 94	409	409, N4020 = 8000, N4023 = 94
型号	α22/6000ip	α22/8000ip	α30/6000ip	α40/6000ip	α50/6000ip	α60/4500ip
代码	410	410, N4020 = 8000, N4023 = 94	411	412	413	414

3. 引导操作步骤

1）解除 CNC 参数的写保护功能。

2）进入系统参数界面，在参数 4133 中输入主轴电动机代码。

3）设定参数 4019.7＝1，进行串行主轴的初始化。

4）断开 CNC 与主轴驱动器的电源，并重新上电启动。

三、串行主轴的速度控制

主轴速度控制是主轴最基本的控制功能。通过对主轴转速的控制，可以控制刀具的切削速度，因此无论控制系统采用何种主轴配置、何种驱动器，都必须具备主轴转速控制功能。

1. 参数的设定

（1）各主轴所属通道的参数设定

参数	0982	各主轴所属的通道号

该参数设定为 0 时，该主轴属于第一通道。

参数	3717	各主轴对应的放大器号

0iD 有效　0：放大器没有连接；

1：使用连接于 1 号放大器的主轴电动机；

2：使用连接于 2 号放大器的主轴电动机；

…

n：使用连接于 n 号放大器的主轴电动机。

（2）所使用的主轴放大器的种类选择

		#7	#6	#5	#4	#3	#2	#1	#0
参数	3716								A/S

0iD 有效　#0：A/S　0：使用模拟主轴；

1：使用串行主轴。

（3）S 代码允许位数的设定

参数	3031	S 代码允许位数

（4）主轴电动机上、下限转速设定

参数	3736	主轴电动机的上限转速（r/min）

$$设定值=\frac{主轴电动机的上限转速}{主轴电动机的最高转速}\times 4095$$，不使用该功能时设定为 4095。

例：额定转速为 10000r/min 的电动机在 8000r/min 以下使用时设定为

$$\frac{8000}{10000}\times 4095=3276$$

参数	3735	主轴电动机的下限转速（r/min）

$$设定值 = \frac{主轴电动机的下限转速}{主轴电动机的最高转速} \times 4095$$，不使用该功能时设定为 0

例：额定转速为 10000r/min 的电动机在 100r/min 以上使用时设定为

$$\frac{100}{10000} \times 4095 = 41$$

参数	3772	各主轴电动机的上限转速（r/min）

在指定了超过主轴上限转速，以及通过应用主轴速度倍率使主轴转速超过上限转速的情况下，实际主轴转速被控制在不超过参数中所设定的上限转速值。

2. 主轴转速倍率信号：SOV

如果使用 FANUC 标准机床操作面板，可通过倍率开关进行转速调节，调节档位为 50%、60%、70%、80%、90%、100%、110%和 120%。当调节控制面板上的 8 位二进制主轴转速倍率开关时，CNC 根据编程转速与主轴转速倍率开关信号输入 SOV，计算出加入倍率后的指令转速值。在攻螺纹循环和螺纹切削方式时，倍率信号无效。

		#7	#6	#5	#4	#3	#2	#1	#0
地址	Gn030	SOV7	SOV6	SOV5	SOV4	SOV3	SOV2	SOV1	SOV0

可对指令的主轴转速以 1% 为间隔乘以在 0 ~254% 范围内的倍率。

四、主轴换档

1. 主轴换档的类型

换档是保证 CNC 的主轴指令转速输出能够根据机床主轴的实际传动比进行自动调整，使得在主轴不同传动比下，通过电动机转速改变，保证主轴转速与程序转速严格对应的功能。

FS-0iC/D 的换档类型有机械式与纯电气式两种，机械换档需要通过滑移齿轮或离合器改变齿轮比，纯电气换档可通过电动机绕组的Y/△切换进行。

机械换档又可以分为 T 型换档与 M 型换档两类，可通过参数 3706#4 设定（FS-0iTC/TD 无此设定，只能是 T 型）。

		#7	#6	#5	#4	#3	#2	#1	#0
参数	3706				GTT				

#4：GTT　0：M 型；

　　　　　1：T 型。

2. T 型换档

T 型换档是一种传统的换档方式，它根据机床的实际传动级，自动变换转速指令输出的功能，换档通过 PMC 进行控制。T 型换档可以用于 FS-0iTC/TD 与 FS-0iMC/MD，其输出特性如图 4-56 所示。

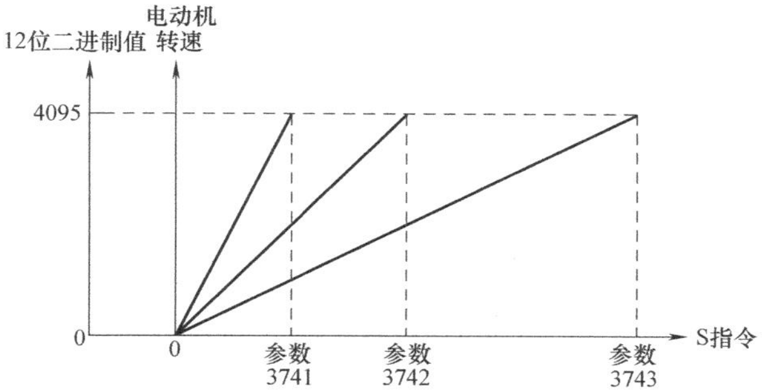

图 4-56　T 型换档输出特性

参数	3741	第 1 档主轴最高转速（r/min）
参数	3742	第 2 档主轴最高转速（r/min）
参数	3743	第 3 档主轴最高转速（r/min）
参数	3744	第 4 档主轴最高转速（r/min）

1）铣床系统可以使用 3 档变速，车床系统可以使用 4 档变速。

2）不使用相关档位的参数设定为 0。

在加工程序中使用 M 代码功能进行档位切换，用 GR1 和 GR2 信号把档位选择输入到 CNC。

		#7	#6	#5	#4	#3	#2	#1	#0
地址	Gn028						GR2	GR1	

GR1、GR2 信号对应的档位、参数关系表见表 4-11。

表 4-11　GR1、GR2 信号对应的档位、参数关系表

档位选择信号		档位	最大主轴转速参数
GR1	GR2		
0	0	1	No. 3741
1	0	2	No. 3742
0	1	3	No. 3743
1	1	4	No. 3744

3. M 型换档

M 型换档是由 CNC 控制的，只要主轴转速达到了规定的传动级切换转速，就必须予以换档。M 型换档只能用于 FS-0iMC/MD，并根据档位切换转速的不同，又有 A 型、B 型与攻螺纹型之分，由参数 3705#2 设定。

		#7	#6	#5	#4	#3	#2	#1	#0
参数	3705						SGB		

#2：SGB　0：根据参数（No. 3741～No. 3743）（对应于各齿轮的最大转速）进行齿轮的选择。（方式 A）

1：根据参数（No. 3751～No. 3752）（各齿轮切换点的主轴速度）进行齿轮的选择。（方式 B）

（1）M 型换档 A 型　M 型换档中 A 型的转换点、最大转速指令输出值统一，转换点与最大转换指令输出值用参数 3736 进行设定，转速指令输出的下限用参数 3735 进行设定。输出特性如图 4-57 所示。

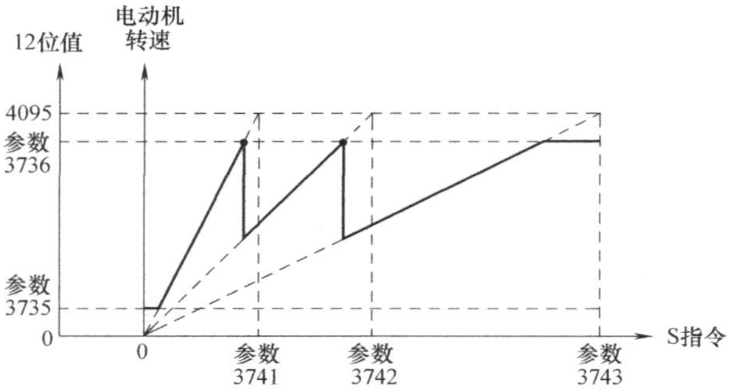

图 4-57　M 型换档 A 型输出特性

各档位的定义方法与 T 型换档相同，仍然通过参数（No. 3741～No. 3743）设定，但第四档（参数 3744）在 M 型换档时无效。

在加工程序上用 S 功能指定主轴转速时，CNC 控制软件按参数求得主轴电动机转速和换档信号进行控制。

		#7	#6	#5	#4	#3	#2	#1	#0
地址	Fn034						GR30	GR20	GR10

M 型换档 A 型转速与换档对应关系见表 4-12。

表 4-12　M 型换档 A 型转速与换档对应关系

编程转速 S 指令	档位选择	换档信号输出		
		GR10	GR20	GR30
S＜档 1	档 1	1	0	0
档 1＜S＜档 2	档 2	0	1	1
档 2＜S＜档 3	档 3	0	0	1
S＞档 3	档 3	0	0	1

（2）M 型换档 B 型　M 型换档 B 型转换点可以分档位单独设置，由参数 3751、3752 分别定义由档位 1 转换为档位 2、档位 2 转换为档位 3 的转换点位置。输出特性如图 4-58 所示。

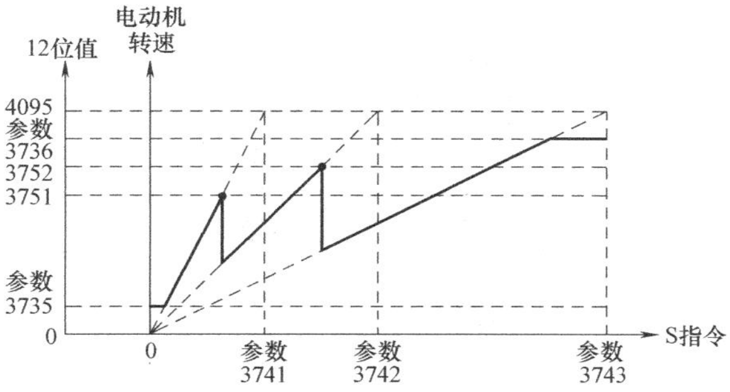

图 4-58 M 型换档 B 型输出特性

参数	3751	主轴电动机 1 ~2 档换档转速（r/min）
参数	3752	主轴电动机 2 ~3 档换档转速（r/min）

$$设定值 = \frac{齿轮切换点的主轴电动机转速}{主轴电动机的最高转速} \times 4095$$

M 型换档 B 型转速与换档对应关系与 M 型换档 A 型类似。

（3）M 型换档攻螺纹型 M 型换档中的攻螺纹型与 M 型换档 B 型的功能相同，区别仅在于转换点的设定参数号不同，由参数 3761、3762 分别用于定义攻螺纹时由档位 1 转换为档位 2、档位 2 转换为档位 3 的转换点位置。

任务实施

一、故障分析流程图

故障分析流程图如图 4-59 所示。

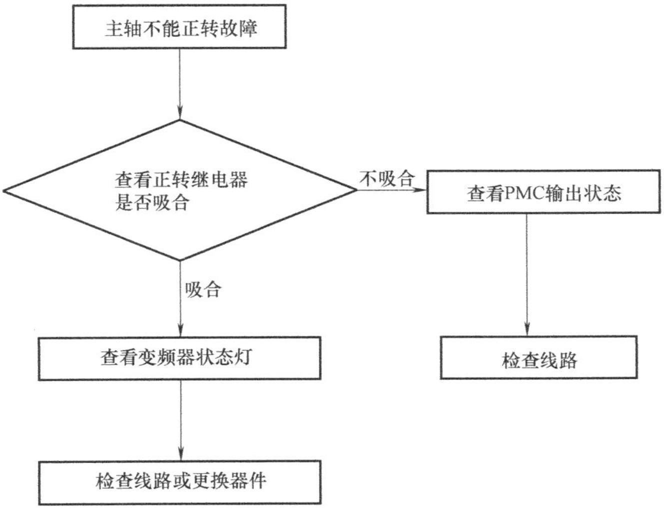

图 4-59 故障分析流程图

二、故障诊断与分析

查看 PMC 输出状态及继电器输出指示灯，查看主轴驱动参数、U02-2 的状态，如图 4-60所示；断开总电源，用万用表测试主轴驱动器 T3 接插件的 I0 端（4 脚）与继电器板的“XT2：60”号端子，如图 4-61 所示。因此故障点位置是 9 号线。

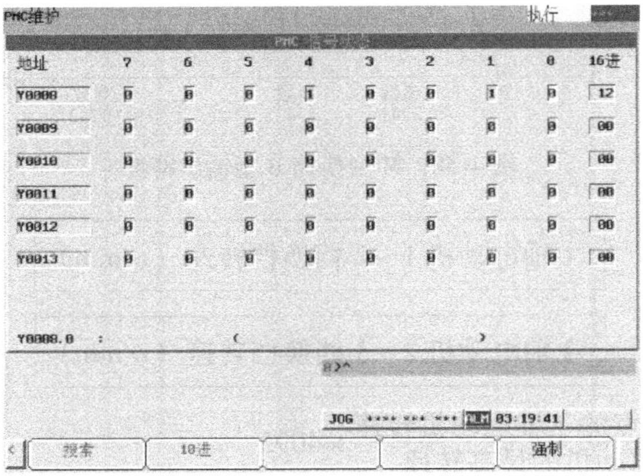

图 4-60　查看主轴驱动参数

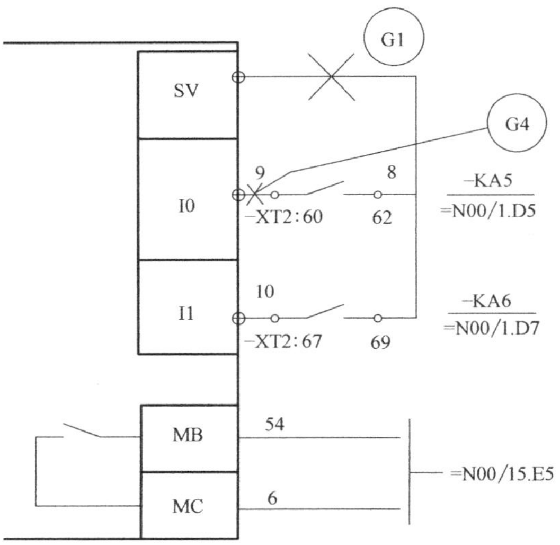

图 4-61　用万用表进行端子测试

任务拓展

对于用模拟主轴的数控机床，主轴出现故障应该怎么办?

一、数控机床对变频器的控制原理

发那科数控系统对模拟主轴的控制主要包含速度控制与方向控制，速度控制的来源是由系统根据速度指令转化为 0 ~ ±10V 的电压给变频器进行控制，如在 MDI 方式下输入“M03

S1000"，该程序段中的"S1000"会通过系统转换为 0 ~ ±10V 模拟电压，输出给变频器的模拟量控制接口；而主轴旋转的方向是由 PMC 根据指令进行输出控制正反转继电器吸合来完成的。上例中的"M03"就是由 PMC 进行译码，输出一个信号给继电器，继电器吸合后闭合变频器上的正转端子，完成主轴正转的控制。

二、变频器的连接原理图

变频器的连接原理图如图 4-62 所示。

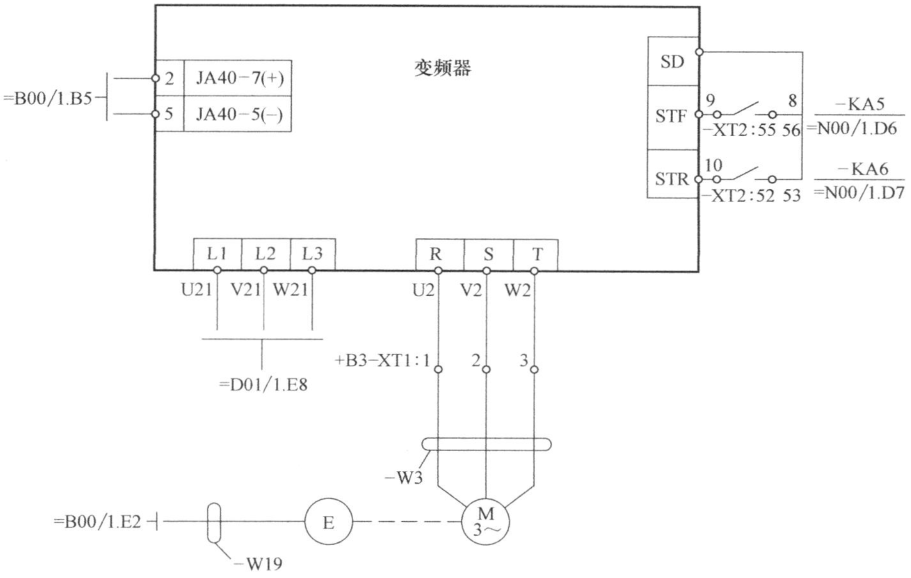

图 4-62　变频器的连接原理图

子任务三　伺服进给功能的故障诊断与排除

任务内容

一台数控机床使用 0i-mate TD 系统，系统开机停止或运行时偶尔出现 SV401 号过载报警。

任务目标

1. 了解数控机床伺服进给的常见故障。
2. 掌握数控机床伺服进给故障的诊断和排除方法。

知识链接

一、伺服系统的概念

数控机床伺服系统是以机械位移为直接控制目标的自动控制系统，也可称为位置随动系统，简称为伺服系统。数控机床伺服系统主要有两种：一种是进给伺服系统，它控制机床坐标轴的切削进给运动，以直线运动为主；另一种是主轴伺服系统，它控制主轴的切削运动，以旋转运动为主。

CNC 装置是数控机床发布命令的“大脑”，而伺服驱动则为数控机床的“四肢”，它是一种“执行机构”，能够准确地执行来自 CNC 装置的运动指令。驱动装置由驱动部件和速度控制单元组成。驱动部件由交流或直流电动机、位置检测元件（如旋转变压器、感应同步器、光栅等）及相关的机械传动和运动部件（如滚珠丝杠副、齿轮副及工作台等）组成。

驱动系统的作用可归纳如下：

1）放大 CNC 装置的控制信号，具有功率输出的能力。

2）根据 CNC 装置发出的控制信号对机床移动部件的位置和速度进行控制。

数控机床的伺服驱动系统作为一种实现切削刀具与工件间运动的进给驱动和执行机构，是数控机床的一个重要组成部分，它在很大程度上决定了数控机床的性能，如数控机床的最高移动速度、跟踪精度、定位精度等一系列重要指标取决于伺服驱动系统性能的优劣。因此，随着数控机床的发展，研究和开发高性能的伺服驱动系统，一直是现代数控机床研究的关键技术之一。

二、对伺服驱动系统的要求

1. 调速范围要宽

调速范围 R_n 是指机械装置要求电动机能提供的最高转速 n_{max} 和最低转速 n_{min} 之比。调速范围 $R_n=n_{max}/n_{min}$，n_{max} 和 n_{min} 一般是指额定负载时的转速，对于少数负载很轻的机械，也可以是实际负载时的转速。在各种数控机床中，由于加工用刀具、被加工材料、主轴转速以及零件加工工艺要求的不同，为保证在任何情况下都能得到最佳切削条件，就要求进给驱动系统必须具有足够宽的无级调速范围（通常大于 1∶10000），不仅要满足低速切削进给的要求，如 5mm/min，还要能满足高速进给的要求，如 10000mm/min。尤其在低速（如 <0.1r/min）时，要仍能平滑运动而无爬行现象。脉冲当量为 1μm/P 的情况下，先进数控机床的进给速度要从 0～240m/min 连续可调。但对于一般的数控机床，要求进给驱动系统在 0～24m/min 进给速度下工作就足够了。

2. 定位精度要高

伺服系统的定位精度是指输出量能复现输入量的精确程度。使用数控机床主要是为了保证加工质量的稳定性、一致性，减少废品率；解决复杂曲面零件的加工问题，解决复杂零件的加工精度问题；缩短制造周期等。数控机床是按预定的程序自动进行加工的，避免了操作者的人为误差，但是，它不可能应付事先没有预料到的情况。也就是说，数控机床不能像普通机床那样，可随时用手动操作来调整和补偿各种因素对加工精度的影响。因此，要求进给驱动系统具有较好的静态特性和较高的刚度，从而达到较高的定位精度，以保证机床具有较小的定位误差与重复定位误差（目前进给伺服系统的分辨率可达 1μm 或 0.1μm，甚至 0.01μm）；同时进给驱动系统还要具有较好的动态性能，以保证机床具有较高的轮廓跟随精度。

伺服系统的位移精度是指指令脉冲要求机床工作台进给的位移量和该指令脉冲经伺服系统转化为工作台实际位移量之间的符合程度。两者误差越小，伺服系统的位移精度越高。通常，插补器或计算机的插补软件每发出一个进给脉冲指令，伺服系统将其转化为一个相应的机床工作台位移量，我们称此位移量为机床的脉冲当量。一般机床的脉冲当量为 0.005 ~ 0.01mm 脉冲，高精度的 CNC 机床其脉冲当量可达 0.001mm 脉冲。脉冲当量越小，机床的位移精度越高。

3. 动态响应快，无超调

为了提高生产率和保证加工质量，除了要求有较高的定位精度外，还要求有良好的快速响应特性，即要求跟踪指令信号的响应要快。一方面，在起动、制动时，要求加、减速的加速度足够大，以缩短进给系统的过渡过程时间，减小轮廓过渡误差。一般电动机的速度从零变到最高转速，或从最高转速降至零的时间在 200ms 以内，甚至小于几十 ms。这就要求进给系统要快速响应，但又不能超调，否则将形成过切，影响加工质量；另一方面，当负载突变时，要求速度的恢复时间也要短，且不能有振荡，这样才能得到光滑的加工表面。要求进给电动机必须具有较小的转动惯量和大的制动转矩，尽可能小的机电时间常数和起动电压，要求电动机具有 $4000r/s^2$ 以上的加速度。

4. 低速大转矩，过载能力强

数控机床要求进给驱动系统有非常宽的调速范围，例如在加工曲线和曲面时，拐角位置某轴的速度会逐渐降至零。这就要求进给驱动系统在低速时保持恒力矩输出，无爬行现象，并且长时间内具有较强的过载能力和频繁的起动、反转、制动能力。一般伺服驱动器具有数分钟甚至半小时内 1.5 倍以上的过载能力，在短时间内可以承受过载 4 ~ 6 倍而不损坏。

5. 可靠性高

数控机床特别是自动生产线上的设备，要求具有长时间连续稳定工作的能力，同时数控机床的维护、维修也较复杂，因此，要求数控机床的进给驱动系统可靠性高、工作稳定性好，具有较强的温度、湿度、振动等环境适应能力，具有很强的抗干扰的能力。

三、伺服驱动系统的组成

开环控制不需要位置检测及反馈，闭环控制需要位置检测及反馈。位置控制的职能是精确地控制机床运动部件的坐标位置，快速而准确地跟踪指令运动。一般开环伺服驱动系统由驱动控制单元、执行元件和机床组成，闭环驱动系统主要由以下几个部分组成。

1. 驱动装置

驱动电路接收 CNC 发出的指令，并将输入信号转换成电压信号，经过功率放大后驱动电动机旋转。转速的大小由指令控制。若要实现恒速控制功能，驱动电路应能接收速度反馈信号，将反馈信号与计算机的输入信号进行比较，将差值信号作为控制信号，使电动机保持恒速转动。

2. 执行元件

执行元件可以是步进电动机、直流电动机，也可以是交流电动机。采用步进电动机通常是开环控制。

3. 传动机构

传动机构包括减速装置和滚珠丝杠等。若采用直线电动机作为执行元件，则传动机构与执行元件为一体。

4. 检测元件及反馈电路

这包括速度反馈和位置反馈，有旋转变压器、光电编码器、光栅等。用于速度反馈的检测元件一般安装在电动机上，用于位置反馈的检测元件则根据闭环的方式不同而安装在电动机或机床上；在半闭环控制时速度反馈和位置反馈的检测元件一般共用电动机上的光电编码器，对于全闭环控制则分别采用各自独立的检测元件。

四、伺服驱动系统的分类

1）按驱动方式分类，可分为液压伺服系统、气压伺服系统和电气伺服系统。

2）按执行元件的类别分类，可分为直流电动机伺服系统、交流电动机伺服系统和步进电动机伺服系统。

3）按有无检测元件和反馈环节分类，可分为开环伺服系统、闭环伺服系统和半闭环伺服系统。

4）按输出被控制量的性质分类，可分为位置伺服系统、速度伺服系统。

五、伺服驱动系统的工作原理

驱动系统分为开环控制和闭环控制两类，开环控制与闭环控制的主要区别为是否采用了位置和速度检测反馈元件组成反馈系统。开环控制结构简单，精度低。闭环控制精度高，但构成较复杂，是进给驱动系统的主要形式。

1. 开环控制进给驱动系统

无位置反馈装置的伺服进给系统称为开环控制系统。采用步进电动机（包括电液脉冲马达）作为伺服驱动元件是其最明显的特点，如图4-63所示。在开环控制系统中，数控装置输出的脉冲，经过步进驱动器的环形分配器或脉冲分配软件的处理，在驱动电路中进行功率放大后控制步进电动机，最终控制了步进电动机的角位移，步进电动机的旋转速度取决于指令脉冲的频率，转角的大小则取决于脉冲数目。步进电动机再经过减速装置（或直接连接）带动了丝杠旋转，通过丝杠将角位移转换为移动部件的直线位移。

由于系统中没有位置和速度反馈控制回路，工作台是否移动到位，取决于步进电动机的步距角精度、齿轮传动间隙、丝杠螺母副精度等，因此，开环系统的精度较差，但由于其结构简单、易于调整，在精度不高的场合仍得到广泛应用。

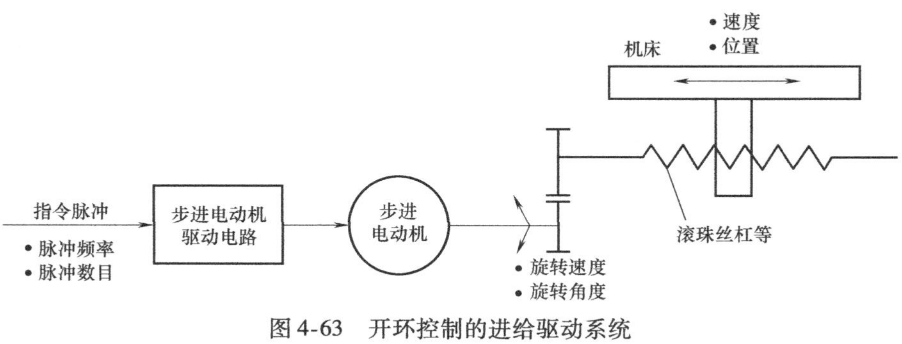

图4-63　开环控制的进给驱动系统

2. 闭环控制进给驱动系统

闭环控制一般采用伺服电动机作为驱动元件，根据位置检测元件在数控机床中所处的位置不同，它可以分为半闭环、全闭环和混合闭环控制三种。半闭环控制一般将检测元件安装在伺服电动机的非输出轴端，伺服电动机角位移通过滚珠丝杠等机械传动机构转换为数控机床工作台的直线位移或角位移。全闭环控制是将位置检测元件安装在机床工作台或某些部件上，以获取工作台的实际位移量。混合闭环控制则采用半闭环控制和全闭环控制结合的方式。如图 4-64 所示为半闭环控制。

半闭环位置检测方式一般将位置检测元件安装在电动机的轴上，用以精确控制电动机的角度，然后通过滚珠丝杠等传动机构，将角度转换成工作台的直线位移，如果滚珠丝杠的精度足够高、间隙小，精度要求一般可以得到满足。由于这种系统抛开了机械传动系统的刚度、间隙、制造误差和摩擦阻尼等非人为因素，所以这种系统调试比较容易，稳定性好。尽管这种系统不反映反馈回路之外的误差，但由于采用高分辨率的检测元件，也可以获得比较满意的精度。而且传动链上有规律的误差（如间隙及螺距误差）可以由数控装置加以补偿，因而可进一步提高精度，因此在精度要求适中的中、小型数控机床半闭环控制方面得到了广泛的应用。

半闭环控制方式的优点是闭环环路短（不包括传动机械），因而系统容易达到较高的位置增益，不发生振荡现象。它的快速性也好，动态精度高，传动机构的非线性因素对系统的影响小。但如果传动机构的误差过大或误差不稳定，则数控系统难以补偿。例如由传动机构的扭曲变形所引起的弹性变形，因其与负载力矩有关，故无法补偿。由制造与安装所引起的重复定位误差，以及由于环境温度与丝杠温度的变化所引起的丝杠螺距误差也不能补偿。因此要进一步提高精度，只有采用全闭环控制方式。

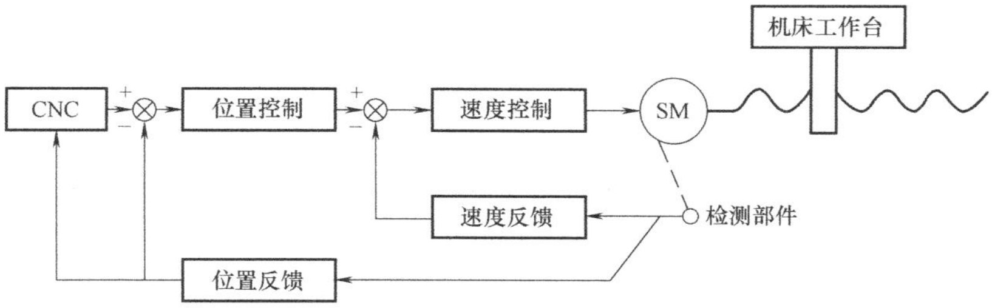

图 4-64 半闭环控制的进给驱动系统

如图 4-65 所示为全闭环控制。它由伺服电动机、检测反馈单元、驱动线路、比较环节等部分组成。检测反馈单元安装在机床工作台上，直接将测量的工作台位移量转换成电信号，反馈给比较环节，与指令信号比较，并将其差值经伺服放大，控制伺服电动机带动工作台移动，直至二者差值为零为止。

全闭环伺服系统消除了进给传动系统的全部误差，所以精度很高（从理论上讲，其精度取决于检测装置的测量精度）。然而，由于各个环节都包括在反馈回路内，所以机械传动系统的刚度、间隙、制造误差和摩擦阻尼等非人为因素都直接影响伺服系统的调制参数。由此可见，闭环伺服系统的结构复杂，其调试、维护都有较高的技术难度，价格也较昂贵，常用于精密数控机床。

全闭环控制方式直接从机床的移动部件上获取位置的实际移动值，因此其检测精度不受机械传动精度的影响。但不能认为全闭环控制方式可以降低对传动机构的要求。因闭环环路包括了机械传动机构，它的闭环动态特性不仅与传动部件的刚性、惯性有关，而且还取决于阻尼、油的黏度、滑动面摩擦系数等因素。这些因素对动态特性的影响在不同条件下还会发生变化，这给位置闭环控制的调整和稳定带来了困难，导致调整闭环环路时必须要降低位置增益，从而对跟随误差与轮廓加工误差产生了不利影响。所以采用全闭环控制方式时必须增大机床的刚性，改善滑动面的摩擦特性，减小传动间隙，这样才有可能提高位置增益。

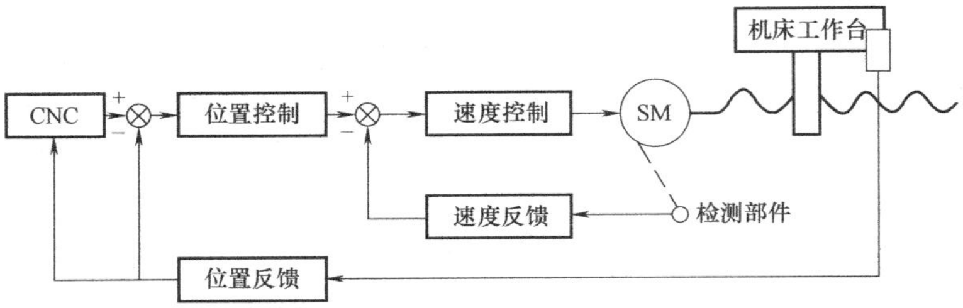

图 4-65　全闭环控制的进给驱动系统

六、伺服驱动系统电动机类型

进给驱动用的伺服电动机有以下几种。

（1）改进型直流电动机　这种电动机在结构上与传统的直流电动机没有区别，只是它设计成转动惯量较小，过载能力较强，且具有较好的换向性能。它的静态特性和动态特性方面较普通直流电动机有所改进。在早期的数控机床上多用这种电动机。

（2）小惯量直流电动机　这类电动机又分为无槽圆柱体电枢结构和带印制绕组的盘形结构两种。因为小惯量直流电动机可以最大限度地减少电枢的转动惯量，所以获得了较好的快速性。在早期的数控机床上应用这类电动机也较多。为了获得电动机的高的角加速度，无论是小惯量直流电动机还是改进型的直流电动机，都设计成具有高的额定转速和低的惯量。因此，一般都要经过中间的机械传动（如齿轮减速器）才能与丝杠相连接。

（3）步进电动机　由于步进电动机制造容易，它所组成的开环进给驱动装置也比较简单易调，在 20 世纪 60 年代至 70 年代初，这种电动机在数控机床上曾应用较多。但到现在，除经济型数控机床外，一般数控机床已不再使用。另外，在某些机床上也有用作补偿刀具磨损运动以及精密角位移的驱动。

（4）永磁直流伺服电动机　由于永磁直流电动机能在较大过载转矩下长期工作以及电动机的转子惯量较大，因此，它能直接与丝杠相连而不需要中间传动装置，而且因为无励磁回路损耗，所以它的外形尺寸比励磁式直流电动机小。它还有一个特点是可在低速下运行，如能在 1r/min 甚至在 0. 1r/min 下平稳运转。因此，这种电动机获得了广泛的应用，从 20 世纪 70 年代到 80 年代中期，在数控机床的进给驱动装置中，它占据着优势地位。至今，许多数控机床上仍使用永磁直流伺服电动机。

（5）无刷直流电动机　无刷直流电动机也称为无换向器直流电动机。它是由同步电动机和逆变器组成的，而逆变器是由装在转子上的转子传感器控制。因此，它实质上是交流调速电动机的一种。由于这种电动机的性能可达到直流电动机的水平，又取消了换向器和电刷部件，使电动机的寿命大约提高了一个数量级。

（6）交流调速电动机　自 20 世纪 80 年代中期开始，以异步电动机和永磁同步电动机为基础的交流进给驱动电动机得到了迅速的发展，已经形成了趋势，是数控机床进给驱动的一个方向。某些国家生产的数控机床已全部采用交流进给驱动。

我国到目前为止，大量的普通机床仍在生产第一线发挥主要作用，为了满足生产技术日益发展的需要，必须对普通机床进行数控化改造，改造的主要形式是采用步进电动机开环伺服驱动系统。因此，由步进电动机构成的开环控制系统在相当长的时间内都是人们应首先关注的伺服驱动系统。

任务实施

一、故障分析流程图

故障分析流程图如图 4-66 所示。

二、报警说明

401 号过载报警原理分析：如图 4-67 所示，其中红色箭头和信号名表示指令，蓝色箭头和信号名表示反馈信号，当 CNC 发出 MCON 指令后，一定时间内没有接收到 DRDY 信号，将发生 401 号过载报警（DRDY OFF）。

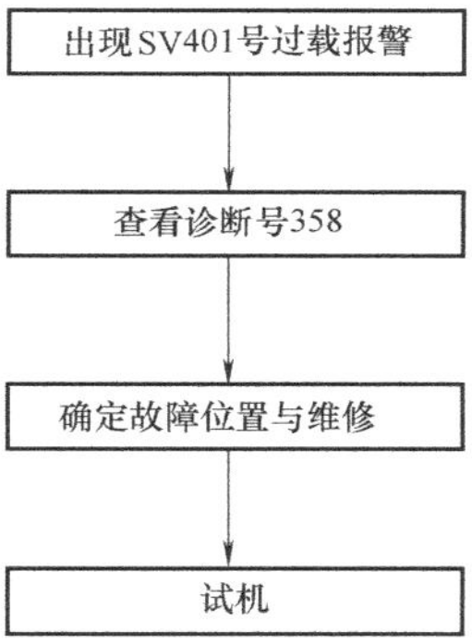

图 4-66　故障分析流程图

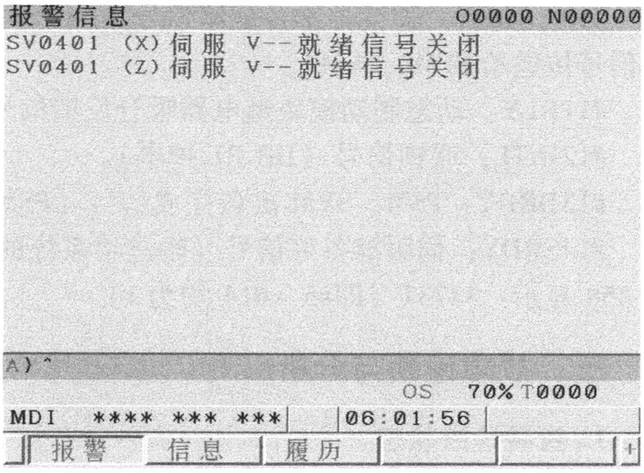

图 4-67　401 号过载报警信息

伺服报警原理示意图如图 4-68 所示。

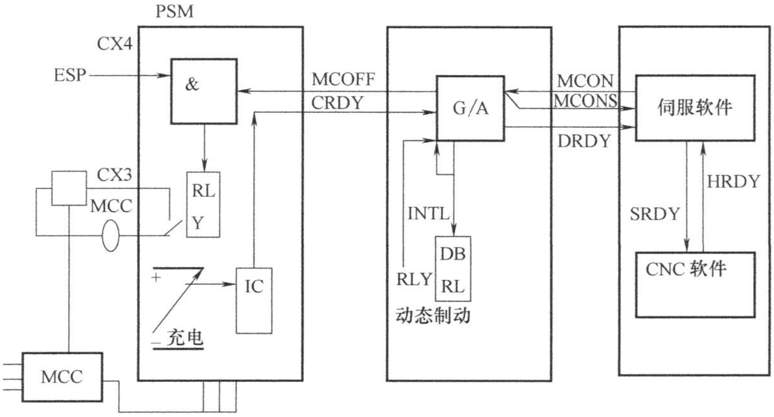

图 4-68　伺服报警原理示意图

图 4-68 中信号的状态在诊断 358 可以查看，如果使用的伺服软件是 90B0/D 以后的版本，可根据诊断内容判断具体是哪个信号断开（红色或蓝色）。诊断号 358 是用一个十进制数表示一个 16 位的二进制数，所以在实际应用中需要换算成二进制。具体信号名称如下所示：

#15	#14	#13	#12	#11	#10	#9	#8
	SRDY	DRDY	INTL	RLY	* CRDY	MCOFF	MCONS
#7	#6	#5	#4	#3	#2	#1	#0
* MCON	* ESP	HRDY					1

#5HRDY：系统监控程序启动。

#6 * ESP：外部急停信号（从 PSM 的 CX4 输入）。

#7 * MCON：MCON 信号（系统给伺服的）。

#8MCONS：MCON 信号（伺服给系统的）。

#9MCOFF：MCC 断开信号（PSM 给 SVM）。

#10 * CRDY：逆变器准备就绪信号（当 PSM 的 DCLINK 电压约为 300V 时起动，PSM 把该信号传递给 SPM、SVM）。

#11RLY：动态制动模块继电器吸合反馈信号（DB RL 给 SVM）。

#12INTL：联锁信号（DB RL 掉电）。

#13DRDY：PSM、SVM 准备完成信号（PSM、SVM 的 LED 均显示“0”）。

#14SRDY：伺服准备好信号（轴进给系统的准备完成信号）。机床正常准备好时，诊断号 358 显示：32737（即#5～#14 均为 1）。

三、故障诊断与分析

1. 查看诊断状态

按“SYSTEM”→“诊断”键，输入“358”进行搜索，如图 4-69 所示。

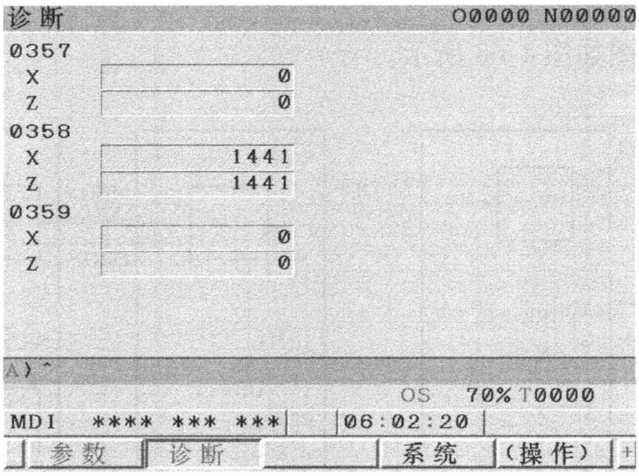

图 4-69 查看诊断状态

2. 确定位置

正常情况下，诊断号 358 应该显示的是“32737”，我们可以把 32737 转换为二进制的

0111111111100001，而本例中显示为“1441”，把 1441 转换为二进制是 0000010110100001，第 6 位 ESP 为“0”，表示无急停信号。经检查是伺服放大器的 CX30 接口的转接端子接触不良，将其修复后，故障排除。

通过系统的自诊断，可以很快地发现故障的位置，所以我们需要掌握识读与分析类似诊断的方法。

任务拓展

SERVO GUIDE 的使用

FANUC SERVO GUIDE 是一个系统调试软件，通过使用这个软件对系统参数进行调整，可以实现两个功能：一是抑制机床振动（增益的调整），通过观察机床频率响应来调整；二是调整加工精度，通过观察机床走圆弧、走四方、走方带 1/4 圆弧来调整。抑制机床振动是基础，如果机床振动，则无法进行工件加工。调整加工精度是进一步发挥机床的性能，调整的时候也是按照这个顺序进行。

打开伺服调整软件后，出现图 4-70 所示的菜单画面。

图 4-70　打开伺服调整软件菜单画面

单击图 4-70 中的“通信设定”按钮，出现图 4-71 所示的菜单。

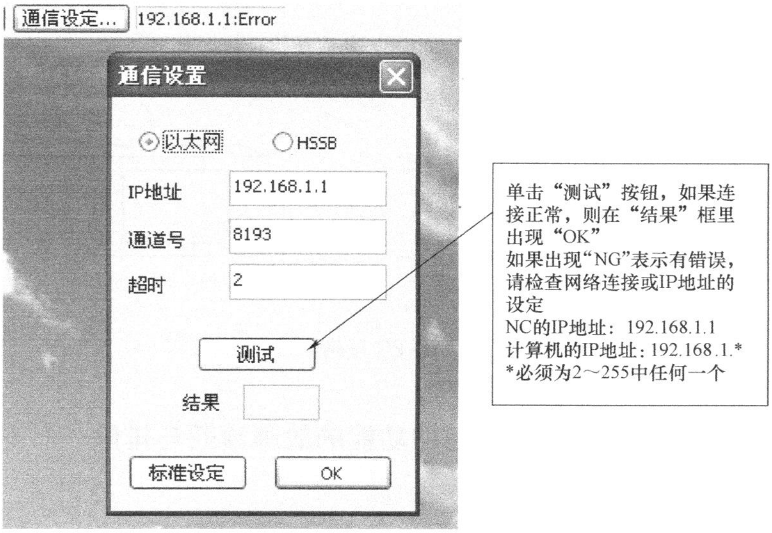

图 4-71　连接测试菜单

CNC 的 IP 地址检查如图 4-72 所示。

PC 的 IP 地址检查如图 4-73 所示。

如果以上设定正确，在测试后还没有显示“OK”，请检查网线连接是否正确。图 4-74 所示为 NC-PC 的正确连接方式。

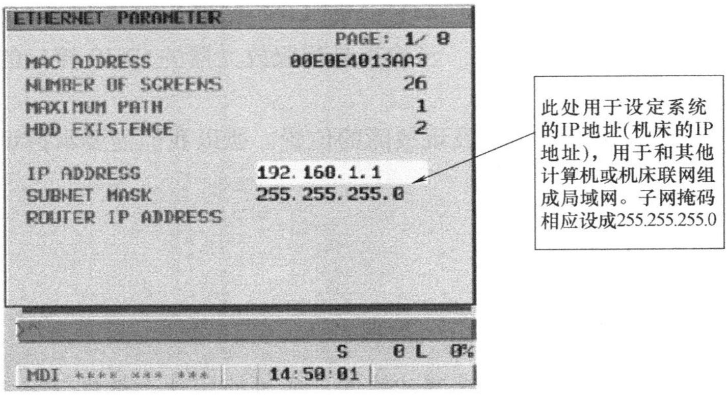

图 4-72　CNC 的 IP 地址检查

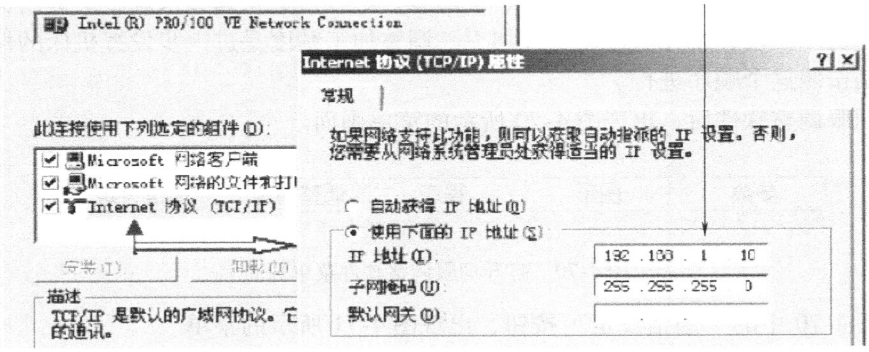

图 4-73　PC 的 IP 地址检查

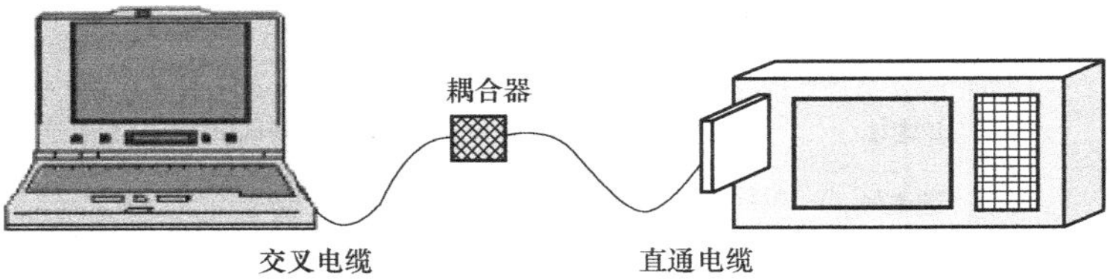

图 4-74　NC-PC 正确连接方式

子任务四　辅助功能的故障诊断与排除

任务内容

一台数控机床在加工过程中，用 M08 指令开启切削液，但是发现冷却功能无法正常运行，冷却泵不工作。

任务目标

1. 了解数控机床辅助功能的常见故障。

2. 掌握数控机床辅助功能的故障诊断与排除。

知识链接

一、液压和气动装置

现代数控机床中，除数控系统外，还需要配备液压和气动等辅助装置。所用的液压和气动装置应结构紧凑、工作可靠、易于控制和调节。虽然液压和气动装置的工作原理类似，但适用范围不同。

液压传动装置由于使用工作压力高的油性介质，因此机构输出力大、机械结构紧凑、动作平稳可靠、易于调节、噪声较小，但要配置液压泵和油箱，当油液渗漏时会污染环境。气动装置的气源容易获得，机床可以不必再单独配置动力源，装置结构简单，工作介质不污染环境，工作速度快且动作频率高，适于完成频繁起动的辅助工作。

液压和气动装置在机床中能实现和完成如下辅助功能：

1）自动换刀所需的动作。如机械手的伸缩、回转和摆动及刀柄的松开和拉紧动作。

2）机床运动部件的平衡。如机床主轴箱的重力平衡、刀库机械手的平衡装置等。

3）机床运动部件的制动和离合器的控制，如齿轮拨叉挂档等。

4）机床的润滑和冷却。

5）机床防护罩、防护门的自动开关。

6）工作台的松开夹紧、交换工作台的自动交换动作。

7）夹具的自动松开、夹紧。

8）工件、刀具定位面和交换工作台的自动吹屑清理等。

二、排屑装置

数控机床在单位时间内的金属切削量远高于普通机床。工件在加工过程中会产生大量的切屑，这些切屑占据一定的加工区域，如果不及时排除，就会覆盖或缠绕在工件或刀具上，阻碍机械加工的顺利进行。并且炽热的切屑会引起机床或工件热变形，影响加工的精度。因此，在数控机床上必须配备排屑装置，它是数控机床必备的附属装置。排屑装置的作用就是快速地将切屑从加工区域排到数控机床之外。在数控车床和磨床上的切屑中往往混合着切削液，排屑装置从其中分离出切屑，并将它们送入切屑收集箱（车）内，而切削液则被回收到切削液箱中。数控铣床、加工中心和数控铣镗床的工件安装在工作台面上，切屑不能直接落入排屑装置，往往需要采用大流量切削液冲刷或压缩空气吹扫等方法使切屑进入排屑槽，然后再回收切削液并排出切屑。

排屑装置是一种具有独立功能的附件，它的工作可靠性和自动化程度随着数控机床技术的发展而不断提高。目前各主要工业国家都已研究开发了各种类型的排屑装置，并广泛应用在各类数控机床上。这些装置已逐步标准化和系列化，并由专业工厂生产。数控机床排屑装置的结构和工作形式应根据机床的种类、规格、加工工艺特点、工件的材质和使用的切削液种类等来选择。

排屑装置的安装位置一般都尽可能靠近刀具切削区域。如车床的排屑装置装在回转工件下方，数控铣床和加工中心的排屑装置装在床身的回液槽上或工作台边侧位置，以利于简化机床或排屑装置结构，减小机床占地面积，提高排屑效率。排出的切屑一般都落入切屑收集箱或小车中，有的则直接排入车间的集中排屑系统。

任务实施

一、故障现象——冷却泵不能运转

二、故障测试方法

检测“XT5：13”与“KM1：#4”接口，如图4-75所示。确定故障点位置：4-4。

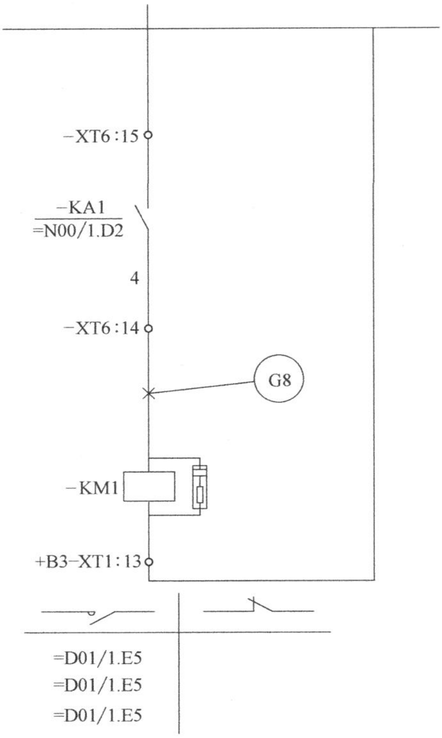

图4-75　故障检测

任务拓展

数控机床除了有上述液压和气动装置、自动排屑装置外，还有自动润滑系统、冷却装置、刀具破损检测装置、精度检测装置和监控装置等。读者可以查找一些相关资料学习。

思考与练习

1. 如何在系统中查看PMC的信号状态？
2. 串行主轴和模拟主轴有什么区别？
3. 伺服系统故障对数控机床有什么影响？

项目评价

项目评价	序号	评 价 内 容	配分	学生自评	教师评分
任务链接	1	常用工具的使用	10		
	2	数控机床电气装调	10		
	3	刀架功能的故障诊断	8		
	4	主轴功能的故障诊断	8		
	5	伺服进给功能的故障诊断	8		
	6	辅助功能的故障诊断	8		
任务实施	7	常用工具的使用	8		
	8	数控机床电气装调	8		
	9	刀架功能的故障排除	8		
	10	主轴功能的故障排除	8		
	11	伺服进给功能的故障排除	8		
	12	辅助功能的故障排除	8		
综合得分			100		

项目五

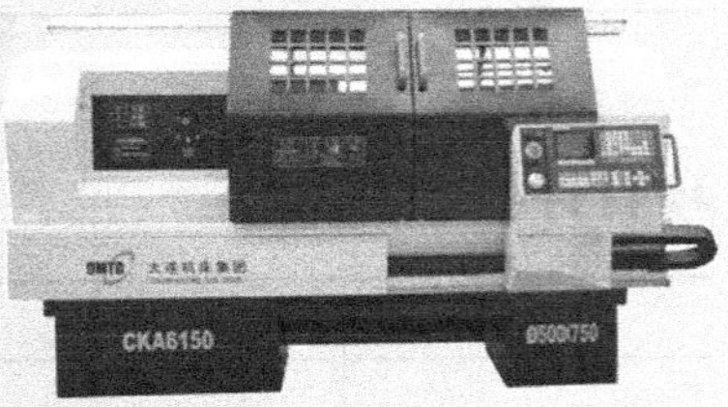

数控机床机械装调与精度检测

项目描述

在数控机床上加工工件时，影响工件加工质量的因素有很多，如工件的装夹方法、刀具的几何参数、切削用量等，其中机床的精度是最重要的因素之一，包括机床的几何精度、传动精度、定位精度以及工作精度等。为保证加工工件的质量，必须定期对数控机床的精度进行检测与调整。

本项目以典型数控车床的主要几何精度检测项目为载体，引导学生通过几个学习任务的完成，初步掌握数控机床机械装调与精度检测的主要方法。

项目重点

1. 了解数控车床主要部件结构。
2. 能认识数控机床机械装调常用工具和检测量具，并会正确使用。
3. 能对数控车床的主要几何精度进行检测与调整。

任务一　认识数控机床机械装调常用工具与检测量具

任务目标

1. 能正确认识数控机床机械装调常用工具与检测量具。
2. 知道各常用工具与检测量具的适用场合，并能合理选用。

任务描述

在对数控机床进行机械装调与精度检测时，常用到各种工具与量具，如扳手、钳子、螺钉旋具、水平仪、百分表等。通过本任务的学习，熟悉常用机械装调工具与检测量具，掌握它们的正确使用方法。

知识链接

数控机床由许多零件和部件组合而成，在机床的装调过程中，要对设备或部件根据需要进行装拆和调整，并同时通过测量来判断机床的定位精度、重复定位精度、加工精度等。若在装调过程中使用工具不合理，则可能使机床的精度降低，甚至损坏机床零部件。如果检测量具选择不当，也会影响装配的质量，从而影响机床的精度和工作性能。

下面就让我们来认识数控机床机械装调常用工具与检测量具。

一、数控机床装调常用工具

数控机床装调常用工具见表 5-1。

表 5-1　数控机床装调常用工具

类别	名称	图　例	用　途	说　明
钳子	钢丝钳	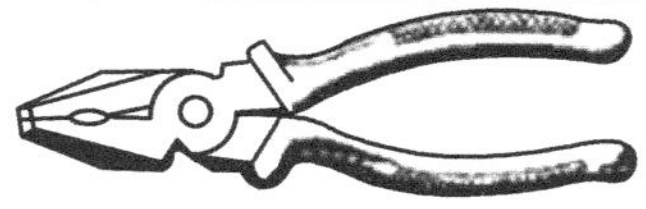	用于夹持零件或弯折薄片形、圆柱形金属件及金属丝，带刃可切断金属丝	根据工作需要选择合适的类型和规格；夹持工件用力恰当，防止工件变形或表面夹毛；用挡圈钳时，要防止挡圈弹出伤人；不能当锤子或其他工具使用
	尖嘴钳	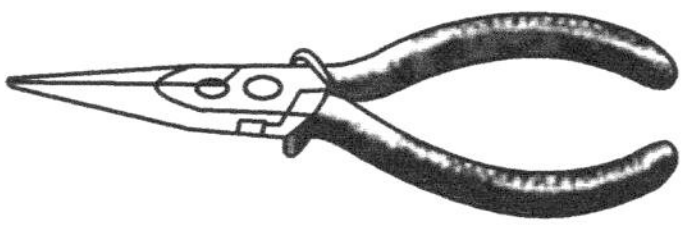		
	扁嘴钳	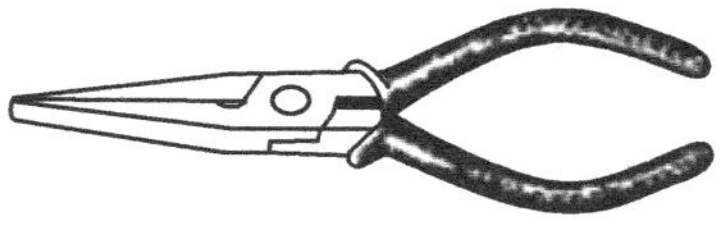	可装拆销、弹簧等零件	
	挡圈钳	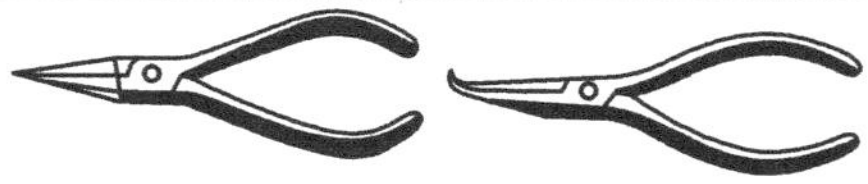 a) 直嘴用挡圈钳　b) 弯嘴用挡圈钳	专门用于装拆弹性挡圈	
扳手	呆扳手		用于紧固或拆卸六角头或方头螺钉或螺母。梅花扳手特别适用于空间狭小，其他扳手无法使用的场合	根据被操作对象选择合适的类型和规格；活扳手的扳口大小应调整合适（不松旷），扳口厚的一边应置于受力大的一侧扳手上，施力的方向要与螺纹联接件的轴线垂直。不能随意在扳手柄部装长套筒或用锤子敲击以加大旋转力矩
	梅花扳手			
	两用扳手			
	活扳手	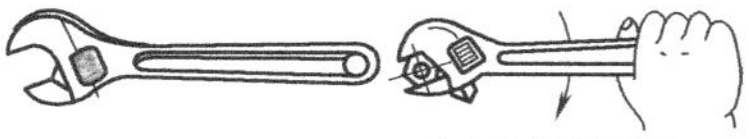 正确使用活扳手	适用于一定尺寸范围的六角头或方头螺钉或螺母，使用方便，应用广泛	
	内六角扳手	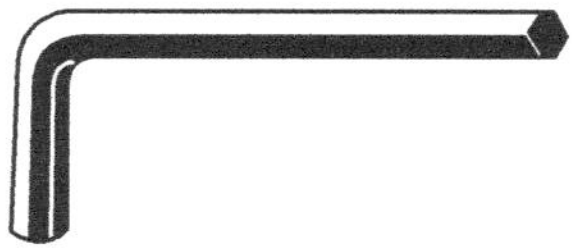	内六角扳手用于拆装内六角头螺钉，它也是成套使用，可拆装 M4 ~ M30 内六角头螺钉	
	套筒扳手	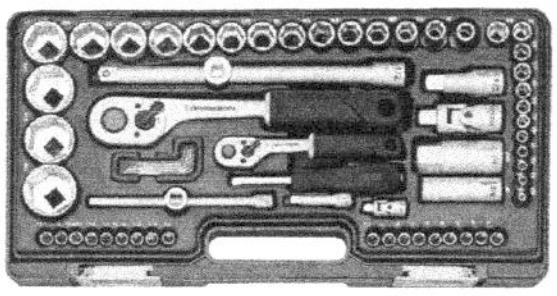	用于普通扳手无法使用的场合，而且弓形手柄能连续旋转，从而提高工作效率	
	钩形扳手		用于扳动在外圆柱面上有槽的圆螺母	

（续）

类别	名称	图例	用途	说明
螺钉旋具	一字形	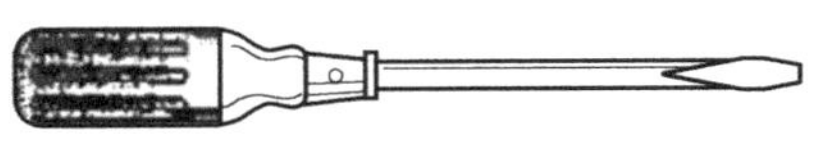	用于紧固或拆卸头部带槽的螺钉	根据螺钉槽的种类和规格选择合适的螺钉旋具，工作部分必须与槽型、槽口相配；不能把螺钉旋具当錾子、撬杠等工具使用
	十字形	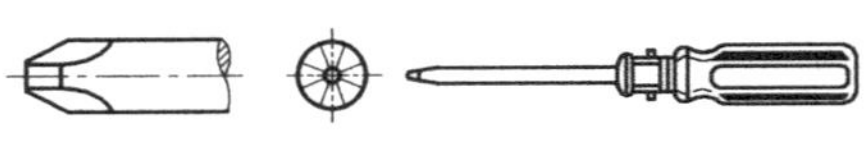		
锤子	圆头锤		用于手工施加敲击力	根据工作需要选择合适的锤子；一般不能用圆头锤直接敲击工件；用锤时注意安全
	安装锤		适用于拆装较小的零件	
	木锤		适用于拆装较大的零件	
铜棒	铜棒		用于敲击不允许直接锤击的工件表面	手握铜棒，用其一端敲击工件；使用时注意安全
拉卸工具	拔销器		适用于拆卸带内螺纹的圆柱销、圆锥销或销轴	针对不同内螺纹的销，更换相匹配的快速接头
	拉马	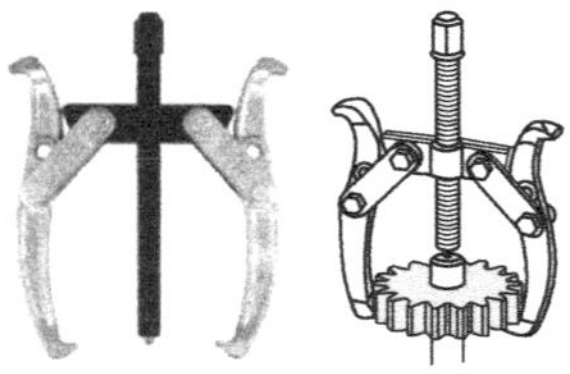	拆卸在轴上的滚动轴承、带轮式联轴器等零件，常分为螺杆式及液压式两类，螺杆式拉卸工具分两爪、三爪和铰链式，左图为螺杆两爪拉马	根据紧固件的大小和所要拉的设备性质来选择合适的拉马及拉钩形式，注意拉的速度不能太快
装轴承工具	装轴承套筒	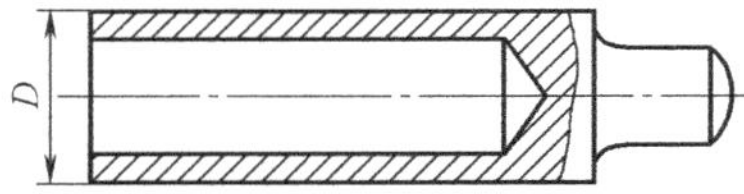	适用于压装滚动轴承内、外圈	根据滚动轴承直径的大小选择相应的直径规格

二、数控机床装调常用检测量具

数控机床装调常用检测量具见表 5-2。

表 5-2　数控机床装调常用检测量具

类别	名称	图例	用途	说明
尺类	游标卡尺	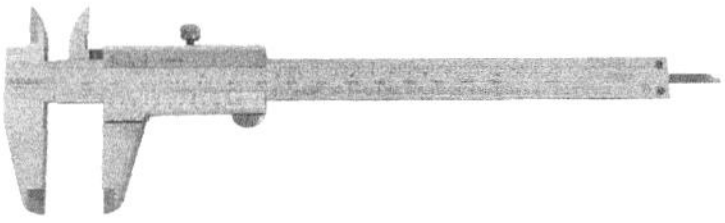	各种游标卡尺用于一般零件或位置的检测，其测量精度通常为 0.02mm	根据被测零件的精度检测要求与形状合理选择量具，量具应轻拿轻放

（续）

<table>
<tr><th>类别</th><th>名称</th><th>图　　例</th><th>用　　途</th><th>说　　明</th></tr>
<tr><td rowspan="5">尺类</td><td>千分尺</td><td>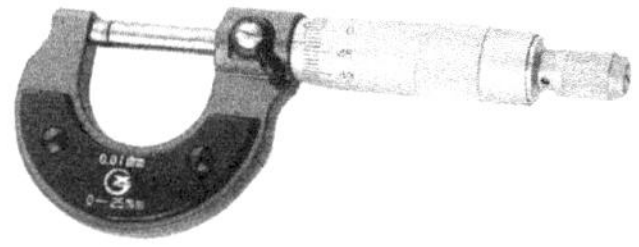</td><td>各种千分尺用于精度较高零件的检测，其测量精度一般为0.01mm</td><td rowspan="5">根据被测零件的精度检测要求与形状合理选择量具，量具应轻拿轻放</td></tr>
<tr><td>游标万能角度尺</td><td></td><td>适用于测量零件的内、外角</td></tr>
<tr><td>平尺</td><td></td><td>适用于检测零件的平面度和直线度</td></tr>
<tr><td>直角尺</td><td>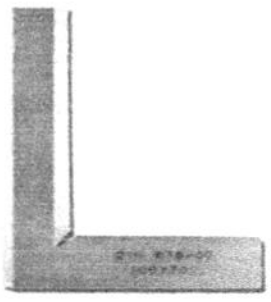</td><td>适用于检测零件或位置的垂直度</td></tr>
<tr><td>塞尺</td><td></td><td>由一组薄钢片组成，其厚度一般为0.01～0.3mm，用来检查两贴合面之间缝隙大小</td></tr>
<tr><td rowspan="2">百分表（千分表）</td><td>钟式百分表</td><td></td><td>用于测量零件相互之间的平行度、轴线与导轨的平行度、导轨的直线度、工作台台面的平面度以及主轴的轴向圆跳动、径向圆跳动和轴向窜动，测量精度为0.01(0.001)mm</td><td rowspan="2">使用时安装在磁性表座上，测量时钟式百分表测杆轴线与测量面垂直；杠杆百分表测杆轴线与测量面成15°左右的夹角；测杆不能受撞击</td></tr>
<tr><td>杠杆百分表</td><td>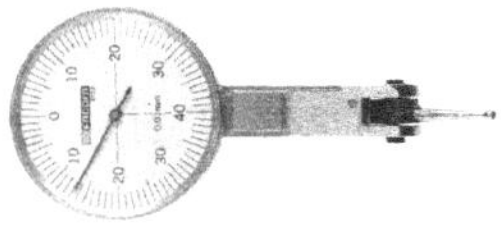</td><td>用于受空间限制的工件，如内孔跳动、键槽等，测量精度为0.01(0.001)mm</td></tr>
<tr><td rowspan="2">检验棒</td><td>长检验棒</td><td>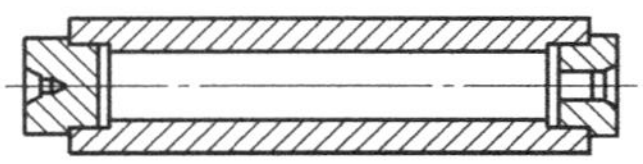</td><td>适用于检测较长距离的两顶尖等高度和平行度</td><td rowspan="2">使用时要将表面擦拭干净</td></tr>
<tr><td>中等长度检验棒</td><td>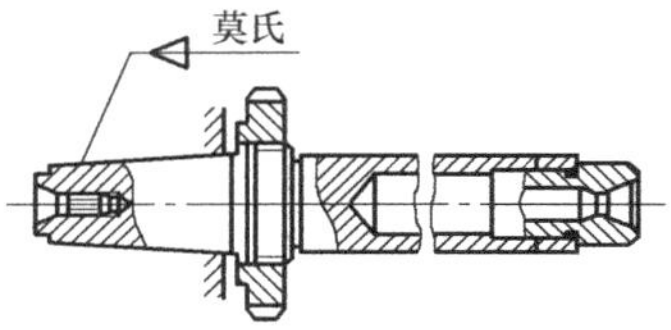</td><td>适用于检测机床主轴与导轨的平行度</td></tr>
</table>

（续）

类别	名称	图　　例	用　　途	说　　明
检验棒	短检验棒	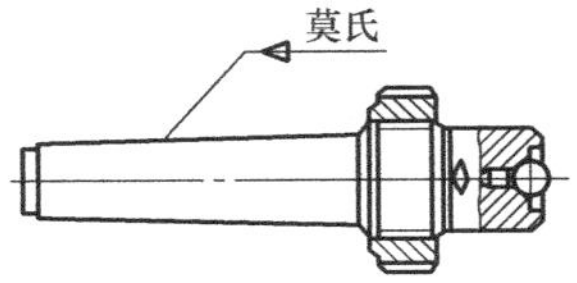	适用于检测轴向窜动	使用时要将表面擦拭干净
水平仪	条式水平仪	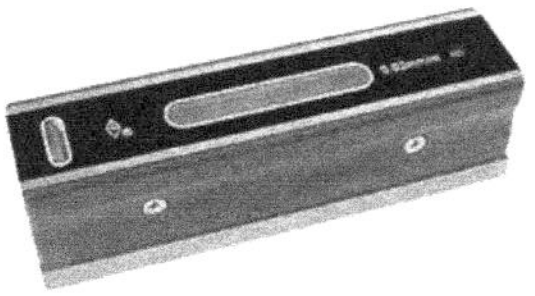	用于检测机床的水平或垂直位置精度	根据机床精度检测要求选择相应的水平仪，轻拿轻放
	框式水平仪			
	合像水平仪	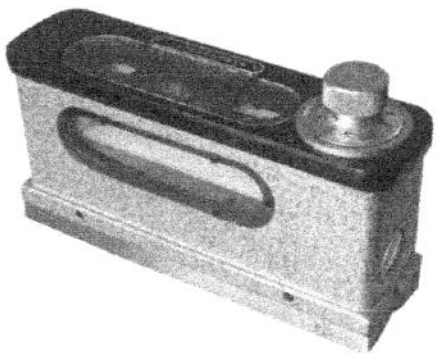		
水平仪垫铁	水平仪垫铁	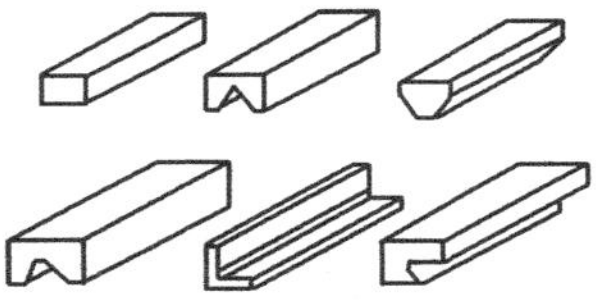	适用于用水平仪测量各种不同形状的导轨时的衬垫，便于水平仪在不同形状的导轨面上进行测量	根据导轨的不同形状选择对应的垫铁

任务实施

一、准备数控机床装调常用工具、量具

根据表 5-1 和表 5-2，结合学校实际情况准备 10 件左右工具、量具，编上编号，做好标记。

二、认识数控机床装调常用工具、量具

根据外观，请将认识的工具、量具名称填入表 5-3 中。

表 5-3　数控机床装调常用工具、量具记录表

编号	1	2	3	4	5	6	7	8	9	10
工具、量具名称										

知识拓展

激光干涉仪

激光干涉仪是以激光波长为已知长度，利用迈克尔逊干涉系统测量位移的通用长度测量工具。激光干涉仪有单频和双频两种。单频激光干涉仪是在 20 世纪 60 年代中期出现的，最初用于检定基准线纹尺，后又用于在计量室中精密测量长度。双频激光干涉仪是在单频激光干涉仪的基础上发展的一种外差式干涉仪，它适于在车间中使用。

激光干涉仪一般由激光器、三脚架、环境补偿装置、线性测量镜组、镜组安装组件等及配套软件构成，如图 5-1 所示。

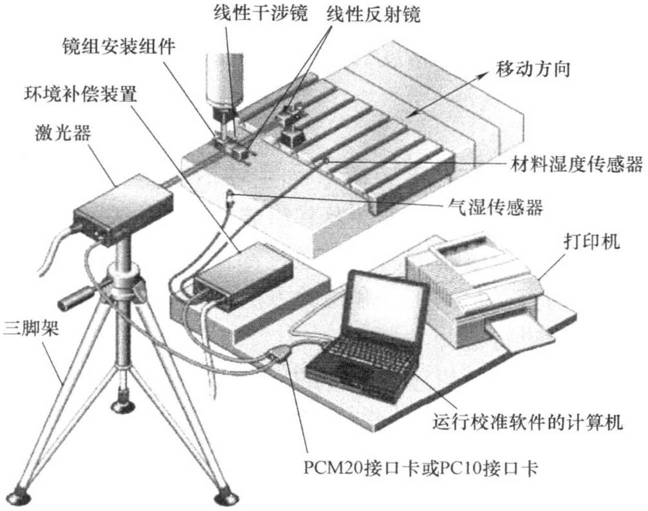

图 5-1　激光干涉仪构成示意图

激光干涉仪可对机床、三坐标测量机及各种定位装置进行高精度的位置和几何精度校正，可完成各项参数的测量，如线性定位精度、重复定位精度、角度、直线度、垂直度、平行度及平面度等的测量。同时，它还具有一些选择功能，如自动螺距误差补偿（适用于大多数数控系统）、机床动态特性测量与评估、回转坐标分度精度标定、触发脉冲输入输出等功能，因此常用于高精度机床的测量与定位，如图 5-2 所示。另外，激光干涉仪还具有对光栅、磁栅、线纹尺、感应同步器等精密测量元件的检测和刻划功能。

图 5-2　用激光干涉仪检测机床

任务二　数控机床导轨部分装调与精度检测

任务目标

1. 了解机床导轨的种类及精度要求。
2. 掌握机床导轨的安装与间隙调整方法。
3. 能正确使用水平仪对机床导轨进行水平调整。

任务描述

调整机床导轨水平，为后面机床精度的检测做准备。

知识链接

数控机床的几何精度是指机床在不运动（如主轴不转，工作台不移动）或运动速度较低时的精度，它综合反映机床各关键零部件及其组装后的综合几何形状和位置误差，包括部件自身精度和部件之间的相互位置精度。一般通过部件单项静态精度检测工作来进行验收。数控机床几何精度的检测内容、检测工具和检验方法均与普通机床相似，通常按机床所附检验报告或有关精度检测标准进行检测。

机床调平的目的不是为了取得机床零部件的理想水平或垂直位置，而是为了得到机床的静态稳定性，以利于其后的精度检测，特别是那些与零部件直线度有关的检测。导轨副是数控机床的重要执行部件，导轨的制造精度及其精度保持性对机床加工精度有着重要的影响，因此，机床的调平和导轨直线度或横向床鞍运动的直线度检验一般是同时进行的。

一、机床导轨

1. 导轨的功用和种类

机床导轨的功用是承载和导向，即用来支承和引导运动部件沿着一定的轨迹运动，并保证有关部件之间的正确相对位置。数控机床常用的导轨有滑动导轨（包括一般滑动导轨、液体动压导轨、液体静压导轨、塑料导轨及混合摩擦导轨等）和滚动导轨两种。为了保证机床导轨具有良好的导向性、稳定性和承载能力，通常机床导轨都由两条导轨组成。

（1）滑动导轨　数控机床常用直线运动滑动导轨的截面形状的组合形式主要有：三角形—矩形，如图 5-3 所示，其中图 5-3a 所示为开式，没有压板，不能承受较大的翻转力矩，图 5-3b 所示为闭式，有压板，可以承受翻转力矩；矩形—矩形，如图 5-4 所示，由两条导轨的内侧导向，宽式导轨由于侧向间隙较大，因而导向性不如窄式的好。这两种导轨的刚度高，承载能力强，加工、检验和维修方便。

（2）滚动导轨　滚动导轨的特点是：摩擦系数小，起动阻力小，不易产生冲击，低速运动稳定性好；定位精度高，运动平稳，微量移动准确；磨损小，精度保持性好，寿命长；但是抗振性差，防护要求较高。

现代数控机床常采用的滚动导轨有滚动导轨块和直线滚动导轨两种。

1）滚动导轨块。滚动导轨块是一种滚动体做循环运动的滚动导轨，其结构如图 5-5 所

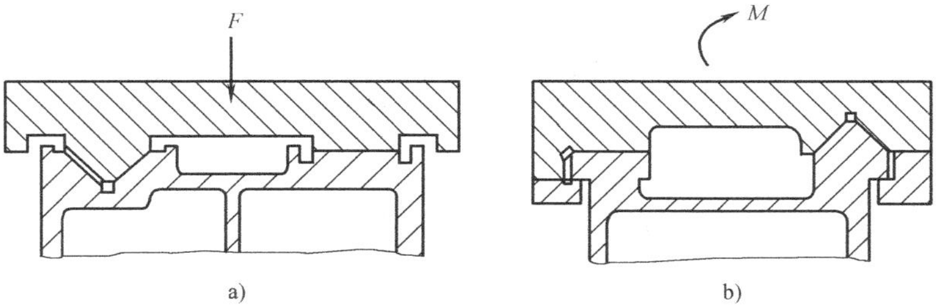

图 5-3　常用导轨形式

a）开式　b）闭式

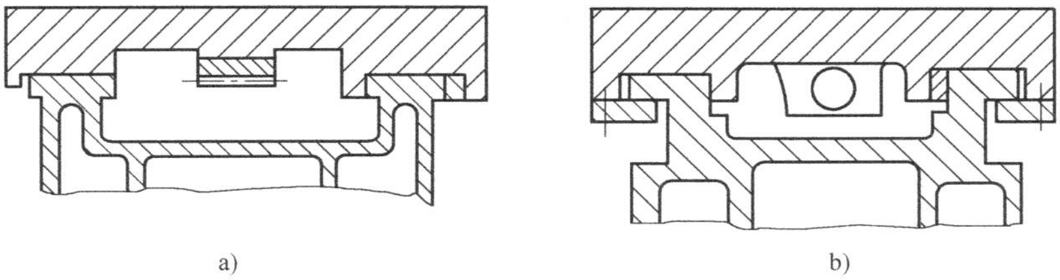

图 5-4　宽式和窄式导轨

a）开式窄导轨　b）闭式宽导轨

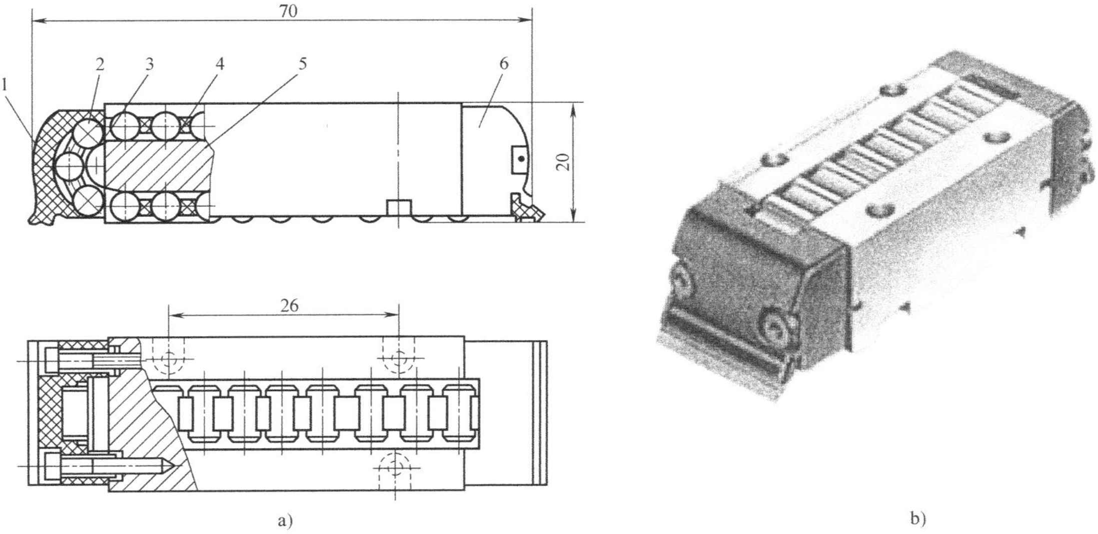

图 5-5　滚动导轨块

a）结构图　b）实物图

1—端盖　2—滚珠　3—导向片　4—保护器　5—本体　6—防护板

示。在使用时，滚动导轨块安装在运动部件的导轨面上，每一导轨至少用两块，导轨块的数目与导轨的长度和负载的大小有关，与之相配的导轨多用嵌钢淬火导轨。

2）直线滚动导轨。直线滚动导轨的结构如图 5-6 所示，主要由导轨体 1、滑块 7、滚珠

4、保持器3、端盖6等组成。由于它将支承导轨和运动导轨组合在一起，作为独立的标准导轨副部件由专门的生产厂家制造，故又称单元式直线滚动导轨。

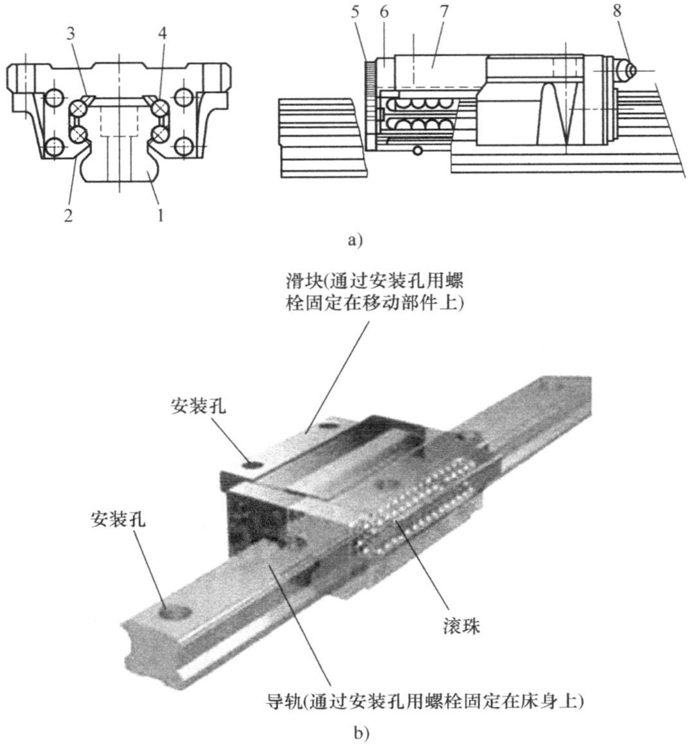

图5-6 直线滚动导轨的结构

a）结构图 b）实物图

1—导轨体 2—侧面密封垫 3—保持器 4—滚珠 5—端部密封垫 6—端盖 7—滑块 8—润滑油杯

2. 导轨精度的要求

导轨的几何精度包括导轨本身的几何精度以及导轨与导轨之间或导轨与其他接合面之间的相互位置精度，即导轨之间的平行度和垂直度。

直线运动导轨的几何精度一般包括：

1）垂直平面内导轨面的直线度（简称A项精度），如图5-7a所示。

2）水平面内导轨面的直线度（简称B项精度），如图5-7b所示。

3）两导轨面间的平行度（简称C项精度），如图5-7c所示。

在A、B两项精度中，都规定了导轨在每米长度上的直线度和导轨全长上的直线度。图5-7a、b中的值是全长上的直线度。在C项精度中，规定了导轨在每米长度上和导轨全长上，两导轨面间在横向每米长度上的平行度的范围。上述A、B、C三项精度的公差值可参考有关机床精度检验标准。

3. 导轨的安装与间隙调整

（1）滚动导轨的安装 在实际使用中，通常是两根导轨成对使用，其中一条为基准导轨，通过对基准导轨的正确安装来保证运动部件相对于支承元件的正确导向。

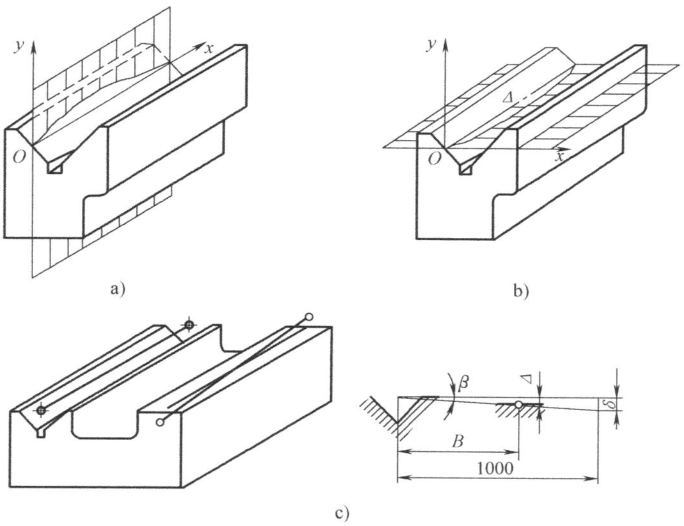

图 5-7　机床导轨的几何精度

安装前必须检查导轨是无有合格证，有无碰伤或锈蚀；然后用防锈油清洗干净，清除装配表面的毛刺、撞击突起物及污物等；检查装配连接部位的螺纹孔是否吻合，如果发生错位而强行拧入螺钉，将会降低运行精度。

1）直线滚动导轨安装步骤。

① 将导轨基准面紧靠机床装配表面的基准侧面，对准螺纹孔，将导轨轻轻地用螺钉予以固定。

② 紧固导轨侧面的顶紧装置，使导轨基准侧面紧紧靠贴床身的侧面。

③ 按表 5-4 的参考值，用力矩扳手拧紧导轨的安装螺钉。注意从中间开始按交叉顺序向两端拧紧。

表 5-4　推荐的拧紧力矩

螺钉规格	M3	M4	M5	M6	M8	M10	M12	M14
拧紧力矩/N · m	1.6	3.8	7.8	11.7	28	60	100	150

非基准侧的导轨轴与基准侧的安装次序相同，只是侧面只需轻轻靠上，不要顶紧，否则反而引起过定位，影响运行的灵敏性和精度。

2）安装后精度的测定。安装后的精度测定可以按两个步骤进行：

① 不装工作台，用千分表分别对基准侧和非基准侧的导轨副进行直线度测定。

② 装上工作台，用千分表进行直线度和平行度的测定。

（2）间隙调整　导轨副维护是很重要的一项工作，是保证导轨面之间具有合理间隙的手段之一。间隙过小，则摩擦阻力大，导轨磨损加剧；间隙过大，则运动失去准确性和平稳性，失去导向精度。间隙调整的方法有：

1）压板调整间隙。图 5-8 所示为矩形导轨上常用的几种压板装置。压板用螺钉固定在动导轨上，常用钳工配合刮研及选用调整垫片、平镶条等机构，使导轨面与支承面之间的间隙均匀，达到规定的接触点数。对图 5-8a 所示的压板结构，如间隙过大应修磨或刮研 *B* 面；

间隙过小或压板与导轨压得太紧，则可刮研或修磨 A 面。

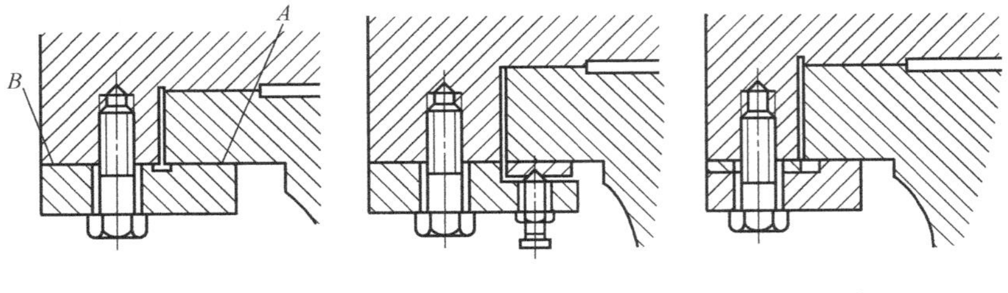

a)　　b)　　c)

图 5-8　压板调整间隙

a）修复刮研式　b）镶条式　c）垫片式

2）镶条调整间隙。图 5-9a 是一种全长厚度相等、横截面为平行四边形（用于燕尾形导轨）或矩形的平镶条，通过侧面的螺钉调节和螺母锁紧，以其横向位移来调整间隙。由于收紧力不均匀，故在螺钉的着力点有挠曲。图 5-9b 是一种全长厚度变化的斜镶条及三种用于斜镶条的调节螺钉，以斜镶条的纵向位移来调整间隙。斜镶条在全长上支承，其斜度为 1∶40 或 1∶100，由于楔形的增压作用会产生过大的横向压力，因此调整时应细心。

3）压板镶条调整间隙。如图 5-10 所示，T 形压板用螺钉固定在运动部件上，运动部件内侧和 T 形压板之间放置斜镶条，镶条在高度方向倾斜。调整时，借助压板上几个推拉螺钉，使镶条上下移动，从而调整间隙。

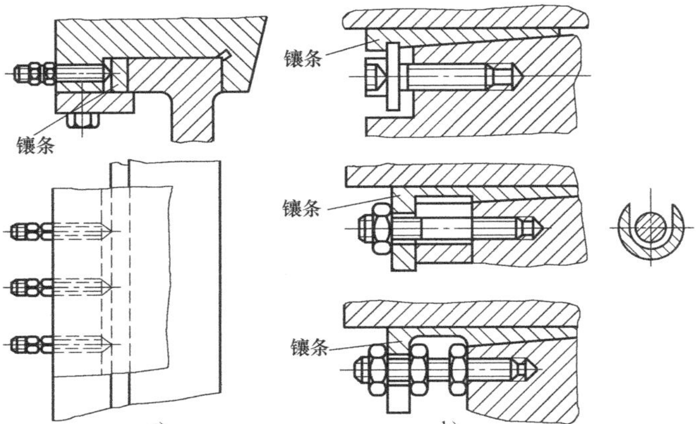

a)　　b)

图 5-9　镶条调整间隙

a）等厚度镶条　b）斜镶条

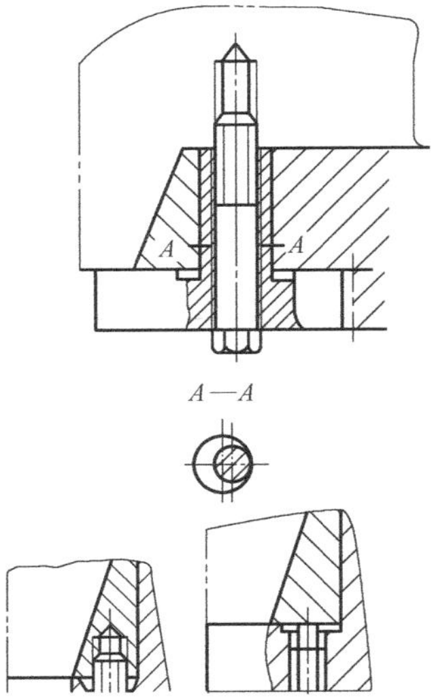

图 5-10　压板镶条调整间隙

二、水平仪

水平仪是用来检测机床水平或垂直位置精度的常用量具。

1. 水平原理

水平仪是以水准器作为测量和读数元件的一种量具，水准器是水平仪的主要工作元件，它是一个封闭的弧形玻璃管，管内装有流动性好的液体，如乙醚、乙醇或两者的混合液，并留有一定的空气，形成气泡，通常称为水准气泡。水准器如图 5-11 所示，玻璃管的外壁刻有供读数用的标尺标记，标尺间隔为 2mm。不论水准器如何倾斜，水准气泡的液体表面总是处在水平位置，而气泡总是停留在玻璃管的最高点，由此，可根据气泡偏离中间位置的大小来确定水准器下平面偏离水平的角度。

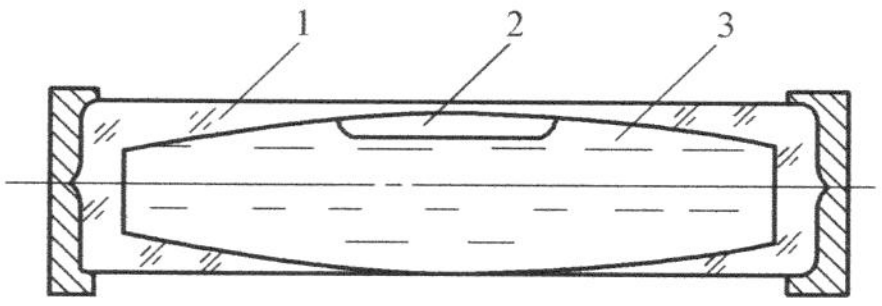

图 5-11　水准器

1—玻璃管　2—水准气泡　3—液体

2. 水平仪的分类

水平仪的分类见表 5-5。

表 5-5　水平仪的分类

分　　类	种　　类	图　　示	特　　点
机械式水平仪（简称水平仪，以水准气泡示值）	条式水平仪	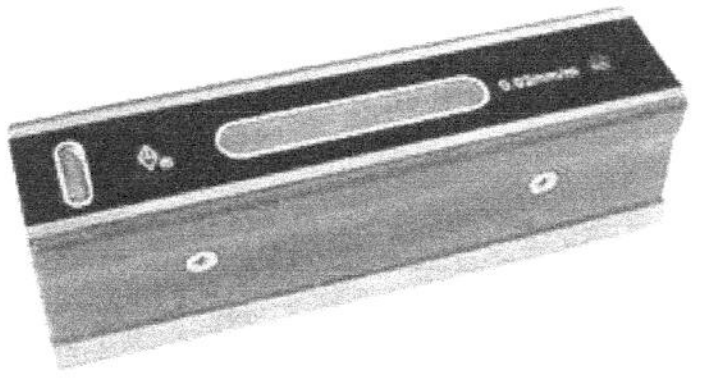	具有一个基座测量面，且水准气泡固定或可相对基座测量面进行调整的矩形水准器式仪器
	框式水平仪		具有一个基座测量面及两个垂直测量面，且水准气泡固定或可相对基座测量面进行调整的框形水准器式仪器
	合像水平仪	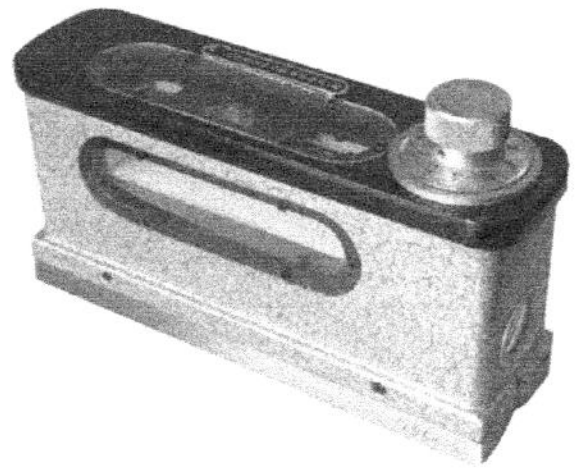	具有一个基座测量面，以测微螺旋副相对基座测量面调整的水准器式仪器，以光学原理合像读数
电子式水平仪	指针式电子水平仪		具有一个基座测量面，以电容摆的平衡原理测量被测面相对水平面微小倾角的仪器

（续）

分　类	种　类	图　示	特　点
电子式水平仪	数显式电子水平仪		具有一个基座测量面，以电容摆的平衡原理测量被测面相对水平面微小倾角的仪器

3. 框式水平仪

（1）结构　框式水平仪的外形如图5-12所示。框式水平仪的主体由铸铁制成，其形状为四方框形扁体。框式水平仪的上下及两侧面均为工作面，其中底部和一个侧面开有V形槽，其作用是用来测量圆形工件或置于工艺圆棒上进行测量。各工作面为刮削或精磨制成。水平仪上的横水准器为辅助装置，精度低，其作用是调整水平仪的横向水平位置。框式水平仪主体上方安装有绝热手柄，以便在使用时隔绝手的热量。主水准器的上方装有玻璃盖板，起到保护水准器的作用。为了保证水平仪零位的正确性，其水准器的安装均设置有零位调整装置，以实现对其零位的调整。

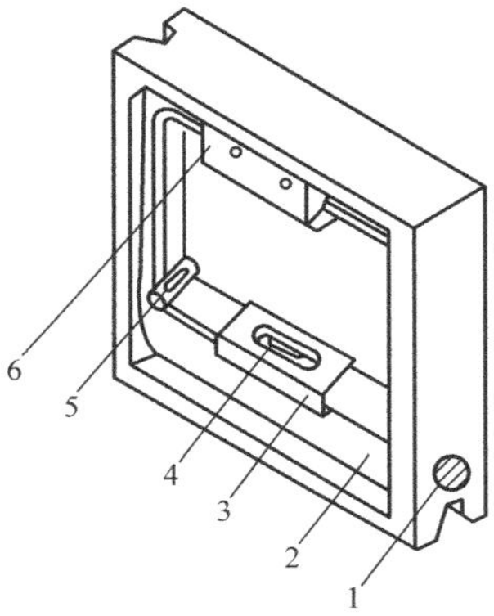

图5-12　框式水平仪
1—零位调整装置　2—主体　3—盖板　4—主水准器　5—横水准器　6—绝热手柄

（2）零位的调整　框式水平仪的零位必须满足以下三点：

1）平板工作面处于水平位置，即自然水平面。

2）水准气泡的轴线与水平仪底面平行，即水平仪的底面也处于水平位置。

3）气泡静止后两端刚好与两长的标尺标记相切，如图5-13所示。

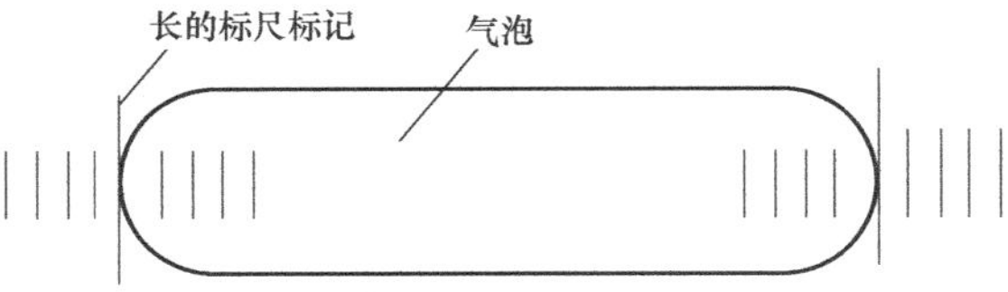

图5-13　水平仪零位

在使用水平仪的过程中，如果发现气泡对中心位置的偏差超过分度值的1/4（即水平仪调转180°时，前后两次读数之差超过分度值的1/2），则水平仪零位超差，需要对零位进行调整。

零位调整的方法如下：水平仪零位调整通常在平板上进行，以零位调整装置的数量及所在部位分类，大致归为以下三种方法，见表5-6。

表 5-6　零位调整的方法

分类	零位调整方法
两侧均有固定螺钉	先把零位调整装置(图 5-12)的盖板取下,用螺钉旋具松开螺钉,用专用扳手旋转两头的开口处,使气泡向要求方向移动,待零位误差达到要求后,旋上固定螺钉
一侧有小圆孔	一般水平仪一侧上会注有“调零”字样,可在开口孔处用螺钉旋具旋转可调螺钉调整零位
水平仪角尺面上有一套螺钉调整装置	先用扳手松开调整装置的锁紧螺母,然后转动调整螺钉,把水平仪的零位调整到公差范围内,再锁紧螺母

4. 水平仪的读数方法

水平仪的分度值，是以气泡偏移 1 格，工作表面在 1m 长度上倾斜的高度来表示的。例如，分度值 $K=0.02\text{mm}/1000\text{mm}$ 的水平仪，其气泡移动 1 格，相当于被测平面在 1m 长度上两端的高度差为 0.02mm，如图 5-14 所示。如需测量长度为 L 的两端高度差，则可通过下式进行计算

$$\text{水平仪对应的高度差}=\text{水平仪分度值}\times\text{测量长度}(L)$$

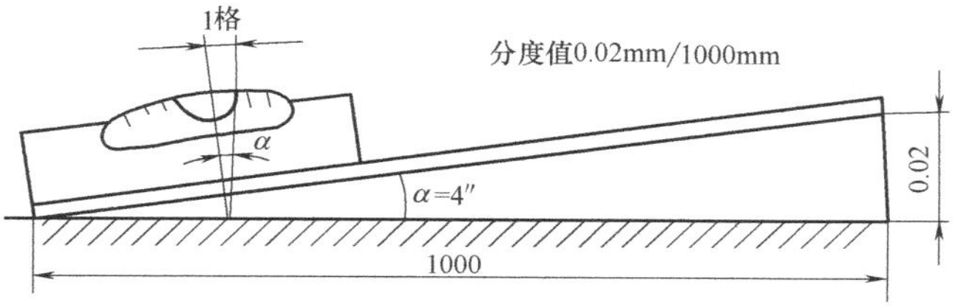

图 5-14　水平仪的分度值

使用水平仪测量时，应该了解水平仪读数值的正负和被测面倾斜方向之间的关系，待气泡完全静止后选定基准线进行读数。

(1) 读数值正负的确定　水平仪读数值的正负根据气泡移动方向和水平仪移动方向来确定。如两者方向一致，读数为正值，表示被测表面向上倾斜（图 5-15）；如两者方向相反，读数为负值，表示被测表面向下倾斜。

(2) 框式水平仪的读数方法　框式水平仪读数通常可以用“数格法”读取。

一是按绝对水平读数，以零位线为基准，数气泡任一端离开零位线的格数作为水平仪的读数值，这时的读数值表示被测面在一定长度上对自然水平面倾斜的高度差（水平仪必须做好零位检定调整），也是被测面对自然水平面

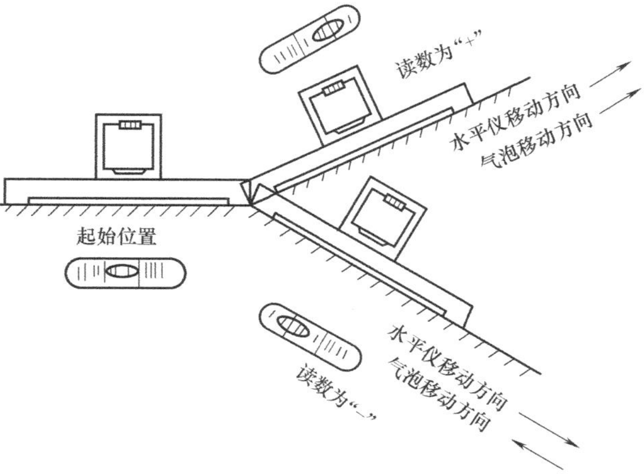

图 5-15　水平仪的读数

所倾斜的夹角。

二是按相对水平读数，以气泡任意一端起始位置所在标尺标记或气泡任一端起始位置接近一标尺标记为基准，数气泡该端离开基准标尺标记的格数，为水平仪读数值。这时的读数值表示在一定长度上对所选基准方向倾斜的高度差，或是被测面所选基准线方向倾斜的夹角。

框式水平仪读数示例见表 5-7。

表 5-7　框式水平仪读数示例

水平仪移动方向 气泡移向位置/格	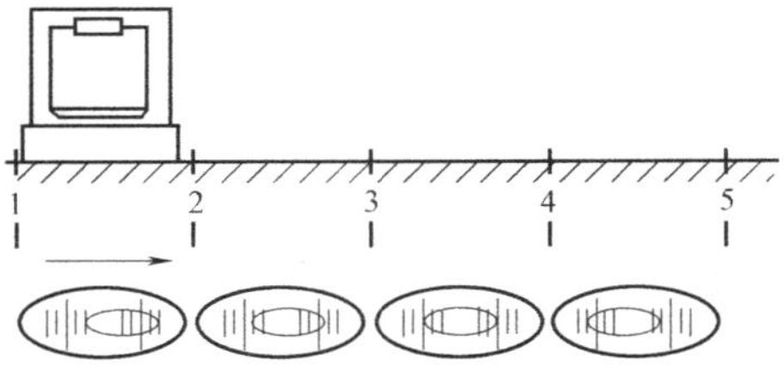			
①按气泡左端零位线为基准读数	→ +2	→ +1	0	← -1
②按气泡右端零位线为基准读数	→ +2	→ +1	0	← -1
③按气泡左端起始位置为基准读数	0	← -1	← -2	← -3
④按气泡右端起始位置为基准读数	0	← -1	← -2	← -3
⑤按气泡左端起始位置接近一标尺标记为基准读数	→ +1	0	← -1	← -2
⑥按气泡右端起始位置接近一标尺标记为基准读数	→ +1	0	← -1	← -2

三、导轨在垂直平面内的直线度检验

将导轨分成段（每段数值最好等于水平仪的规格），将水平仪纵向放在滑板上，如图 5-16中 *A* 所示，并靠近前导轨处，从主轴箱一端极限位置开始，自左向右依次移动滑板，每隔一段记录一次水平仪的读数。把水平仪的读数依次排列，画出导轨在垂直平面内的直线度曲线。画图时，以导轨长度为横坐标，水平仪的读数为纵坐标，滑板在开始位置上的水平仪读数作为第一条线段，从坐标原点开始画起，其余各读数以前一读数线段的终点为下一段起点，画出相应的线段。由各线段组成的曲线，即为导轨在垂直平面内的直线度曲线。做曲线起点和终点两端点

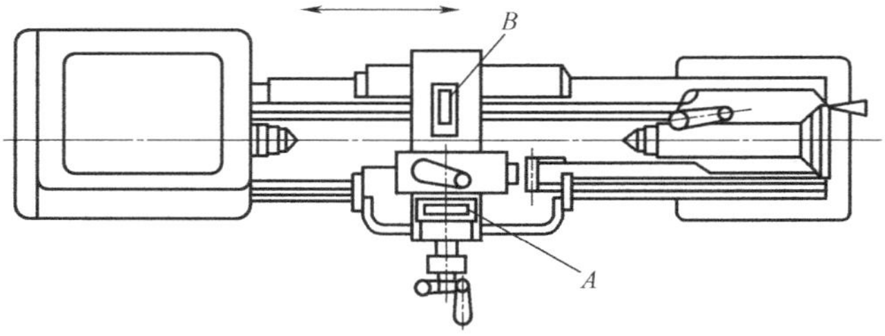

图 5-16　导轨在垂直平面内的直线度检验

的连线，找出曲线上各线段端点至该连线的最大坐标值，即为导轨在全长上的直线度误差。

【例】 某卧式车床的最大工件长度为 1600mm，使用 200mm × 200mm，分度值为 0.02mm/1000mm 的框式水平仪，滑板每移动 200mm 测量一次，滑板在各个测量位置时水平仪的读数依次为 +1、+2、+1、0、−1、−1、0、−0.5（单位：格），试根据这些读数画出导轨在垂直平面内的直线度误差曲线。

解 1）按读数做出导轨直线度误差曲线图。横坐标为导轨长度，按测量分段长度 200mm 分度；纵坐标为读数的逐段累加值。将每测量段所对应坐标值（表 5-8）点在坐标图上，按顺序将这些点连成线，所得曲线即为机床导轨直线度误差曲线，如图 5-17 所示。

表 5-8　测量段对应坐标值

横坐标	0	200	400	600	800	1000	1200	1400	1600
读数值		+1	+2	+1	0	−1	−1	0	−0.5
纵坐标	0	+1	1+2=3	3+1=4	4+0=4	4−1=3	3−1=2	2+0=2	2−0.5=1.5

2）连接首尾两点做一直线 PP。

3）计算在首尾连线两侧，距离首尾连线最远的点到首尾连线的纵向距离的绝对值之和。在这个例子中，在首尾连线下方没有点，只计算上方点的距离为 3.5 格。

4）计算导轨在垂直面的直线度误差。

$$\begin{aligned}\text{水平仪每格对应的高度差} &= \text{水平仪分度值} \times \text{每段长度}\\ &= (0.02/1000)\times 200\text{mm}\\ &= 0.004\text{mm}\end{aligned}$$

导轨在垂直面的直线度误差 $=0.004\times 3.5\text{mm}=0.014\text{mm}$

计算结果表明：被测 1600mm 车床导轨的直线度误差值为 0.014mm。

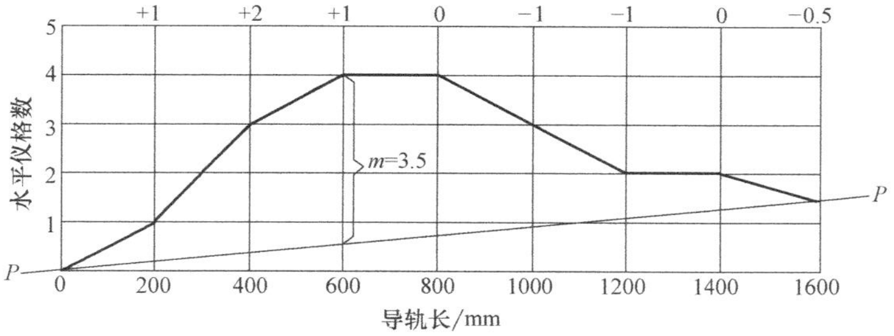

图 5-17　导轨在垂直面的直线度误差曲线

任务实施

一、准备检测工具、量具

10in 活扳手，分度值为 0.02mm/1000mm 的框式水平仪。

二、检测与调整机床水平

1）将导轨和滑板表面擦拭干净。

2）用三点调整法，即用水平仪分别在机床导轨的两端和中间位置，测量和调整导轨横向和纵向的水平状态，要求全长水平误差在 2 格之内，即 0.04mm。

调整方法：先调整横向水平，再调整纵向水平。

1）将水平仪放在导轨平面上距离主轴最近的位置，水平仪平稳横向放在滑板上，并靠近前导轨处，水平仪的方向与导轨长度方向成90°，如图5-16中*B*所示。调整水平仪中的气泡位置，气泡向哪边移动，说明哪边导轨平面高，远离哪边就说明哪边低。在高的那边向外调节垫铁，同时在低的那边向内调节垫铁，如图5-18所示，使气泡回到或接近零位线，尽量使其在中间的位置，如图5-19所示。待其平稳后，记录下气泡一端的位置，此位置为水平仪的零位线。

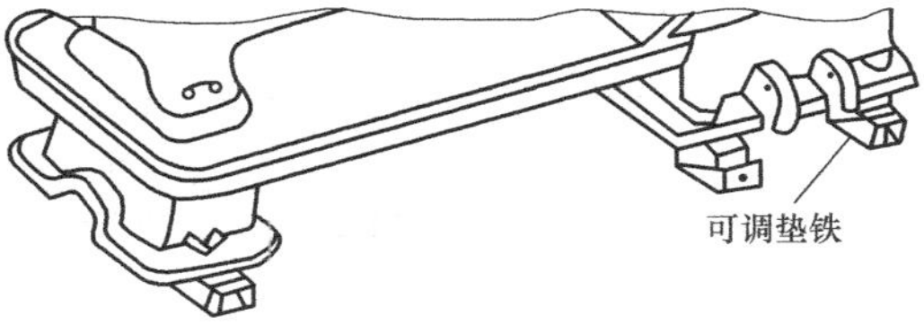

图5-18　机床可调垫铁

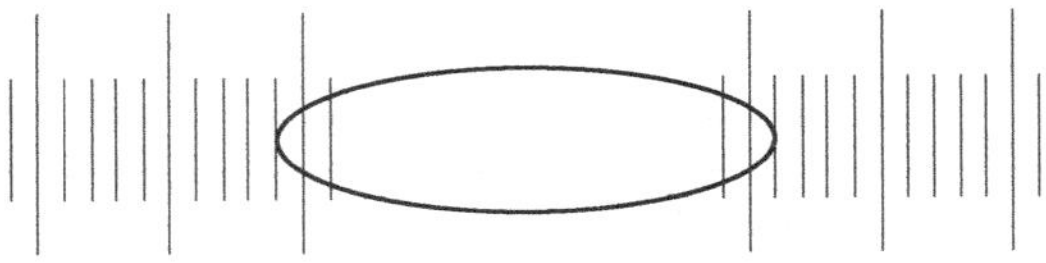

图5-19　气泡位置

2）将水平仪移到导轨的中间位置，待气泡静止后，记录气泡位置。通过调节垫铁，使气泡回到或接近零位线。

3）将水平仪移到导轨的尾部位置，同步骤2）的操作，使气泡在或接近零位线。重复步骤1）~3），通过调节垫铁，控制气泡在三个位置的移动范围在2格之内。

4）纵向水平的调整和横向水平的调整原理是一样的，但水平仪的方向要和导轨长度方向一致，如图5-16中*A*所示。调节垫铁时要同时拧紧横向方向上的垫铁，直到气泡在导轨两端和中间三个位置的移动范围在2格之内为止，此时水平调整结束。

三、分段测量

将导轨分成段（每段数值最好等于水平仪的规格），按导轨在垂直平面内的直线度检验的方法，如图5-16中*A*所示，从左至右，逐次移动一个水平仪边长，待气泡静止后，记录每段气泡移动格数，并填入表5-9中，直至走完导轨全长。

表5-9　测量数据记录表

测量段									
读数值									

四、数据处理（参照例题）

1）画误差曲线图。根据上面所测每段读数绘制误差曲线图。

2）计算导轨直线度误差。

知识拓展

数控铣床水平精度检测与调整

一、检测工具、量具

精密水平仪、扳手。

二、检测与调整方法

数控铣床水平精度检测与调整方法见表5-10。

表5-10　数控铣床水平精度检测与调整方法

序号	检测与调整方法
1	将工作台表面擦拭干净
2	将工作台移置导轨 *X* 和 *Y* 行程的中间位置，将两个水平仪分别沿 *X* 和 *Y* 轴置于工作台中央，如图5-20所示，调整机床垫铁高度，使水平仪气泡处于读数中间位置
3	移动 *Y* 轴测量前后两点，待水平仪气泡静止后，观察两个水平仪气泡的位置并据此调节垫铁，使气泡在（或接近）零位线
4	将 *Y* 轴移至行程中间位置，两个水平仪的气泡应在读数中间位置
5	移动 *Y* 轴测前、中、后三点，观察水平仪读数的变化，通过调节垫铁，保证水平仪读数的变化范围在2格之内
6	移动 *X* 轴测前、中、后三点，观察水平仪读数的变化，通过调节垫铁，保证水平仪读数的变化范围在2格之内

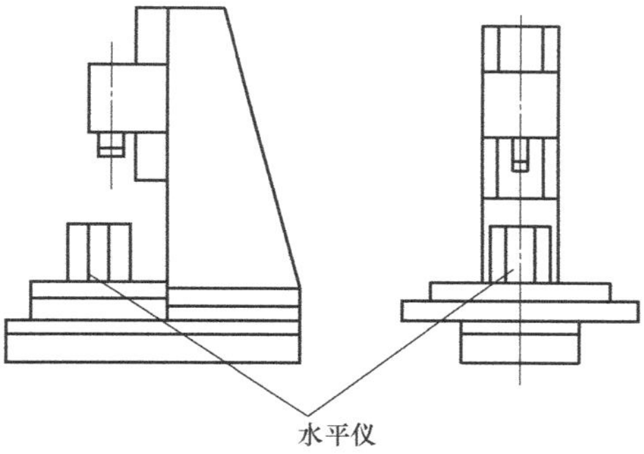

图5-20　数控铣床水平精度的调整

任务三　数控机床主轴部分装调与精度检测

任务目标

1. 掌握滚动轴承预紧的方法。
2. 会正确使用主轴检测工具。
3. 掌握机床主轴检测的方法。
4. 了解影响主轴精度的因素和调整环节。

任务描述

检测数控车床主轴主要几何精度，并根据检测结果进行必要的调整。

知识链接

一、车床主轴结构

图 5-21 所示为 CK7815 型数控车床主轴部件结构，该主轴前端采用三个角接触球轴承，通过前支承套支承，由螺母 5 预紧；后端采用圆柱滚子轴承支承，径向间隙由螺母 1 和螺母 2 调整。螺母 3 和螺母 4 分别用来锁紧螺母 2 和螺母 5，防止螺母 2 和螺母 5 的回松。带轮直接安装在主轴上（不卸荷）。同步带轮安装在主轴后端支承与带轮之间，通过同步带和安装在主轴脉冲发生器轴上的另一同步带轮，带动主轴脉冲发生器和主轴同步运动。在主轴前端，安装有液压卡盘或其他夹具。

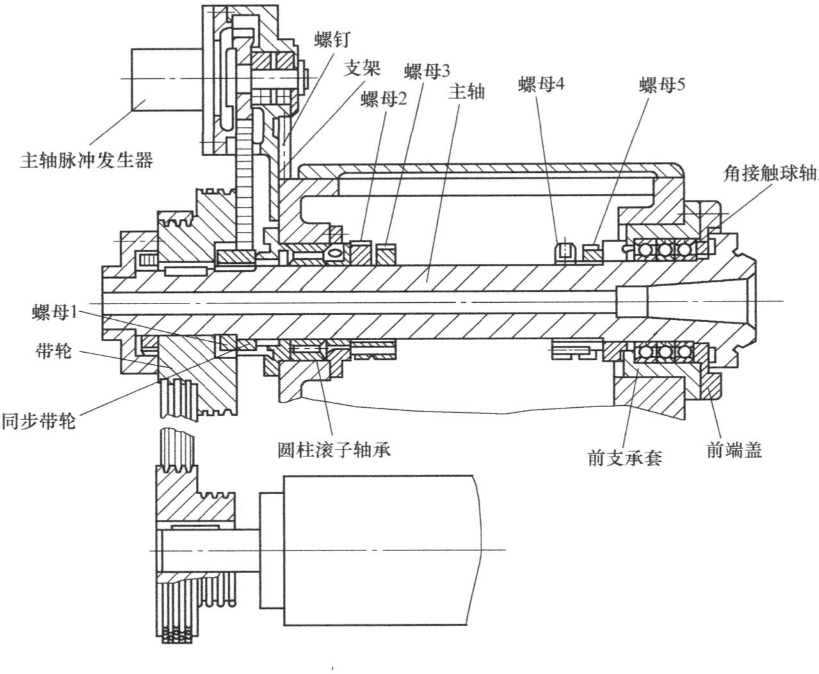

图 5-21　CK7815 型数控车床主轴部件结构

该主轴部件装配时的调整，应注意以下几个部位：

1）前端三个角接触球轴承，应注意前面两个大口向外，朝向主轴前端，后一个大口向里（与前面两个相反方向）。预紧螺母 5 的预紧量应适当（查阅制造厂家说明书），预紧后一定要注意用螺母 4 锁紧，以防止回松。

2）后端圆柱滚子轴承的径向间隙由螺母 1 和螺母 2 调整。调整后通过螺母 3 锁紧，以防止回松。

3）为保证主轴脉冲发生器与主轴转动的同步精度，同步带的张紧力应合理。调整时先略松开支架上的螺钉，然后调整螺钉，使之张紧同步带。同步带张紧后，再旋紧支架上的紧固螺钉。

4）液压卡盘装配调整时，应充分清洗卡盘内锥面和主轴前端外短锥面，保证卡盘与主轴短锥面的良好接触。卡盘与主轴连接螺钉旋紧时应对角均匀施力，以保证卡盘的工作定心精度。

5）液压卡盘驱动液压缸（图 5-21 中未画出）安装时，应调好卡盘拉杆长度，保证驱动液压缸有足够、合理的夹紧行程储备量。

二、主轴部件的支承

机床主轴带着刀具或夹具在支承中做回转运动，应能传递切削转矩，承受切削抗力，并保证必要的旋转精度。机床主轴多采用滚动轴承作为支承，对于精度要求高的主轴，则采用动压或静压滑动轴承作为支承。

1. 主轴部件常用滚动轴承的类型

表 5-11 为主轴常用的滚动轴承。

表 5-11　主轴常用的滚动轴承

名　　称	图　　例	说　　明
锥孔双列圆柱滚子轴承	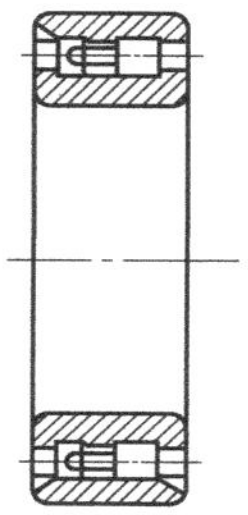	滚子数目多，两列滚子交错排列，因而承载能力大，刚性好，允许转速高。它的内、外圈均较薄，因此，要求主轴颈与箱体孔均有较高的制造精度，以免轴颈与箱体孔的形状误差使轴承滚道发生畸变而影响主轴的旋转精度。该轴承只能承受径向载荷
单列角接触球轴承	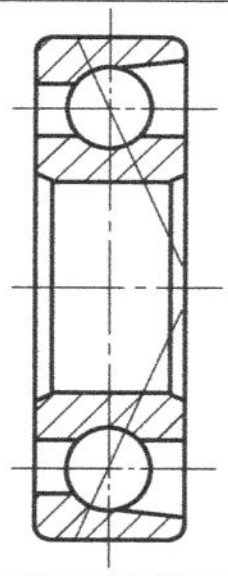	这类轴承的接触角有 15°、25°、40°三种，只能承受一个方向的轴向载荷，在承受径向载荷时，会引起附加轴向力，必须施加相应的反向载荷，因此，该种轴承一般都成对使用
双列推力角接触球轴承	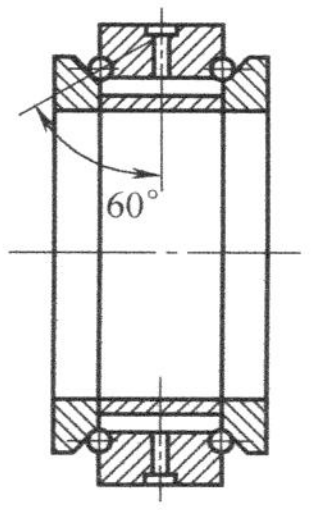	接触角为 60°，球径小，数目多，能承受双向轴向载荷。磨薄中间隔套可以调整间隙或控制预紧量，轴向刚度较高，允许转速高。该轴承一般与双列圆柱滚子轴承配套用作主轴的前支承，并将其外圈外径做成负偏差，保证只承受轴向载荷
双列圆锥滚子轴承	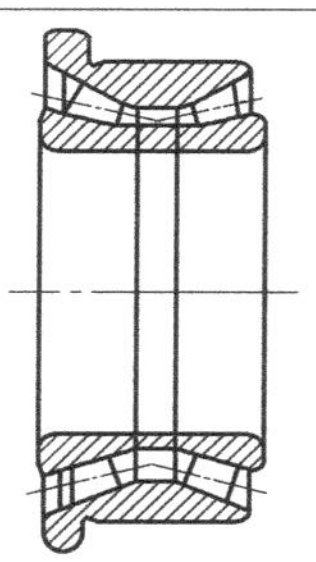	有一个公用外圈和两个内圈，由外圈的凸肩在箱体上进行轴向定位。磨薄中间隔套可以调整间隙或控制预紧量。这种轴承能同时承受径向和轴向载荷，通常用作主轴的前支承

（续）

名　　称	图　　例	说　　明
带凸肩的双列圆柱滚子轴承	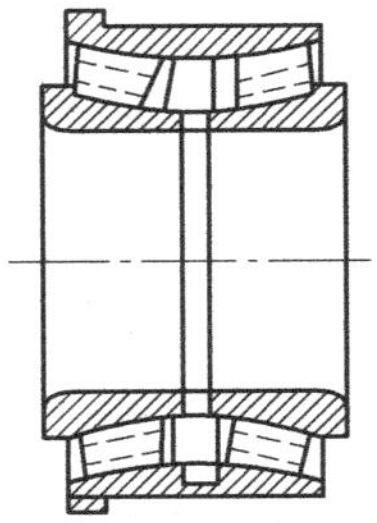	滚子做成空心的，保持架为整体结构，充满滚子之间的间隙，可用作主轴前支承
带预紧弹簧的圆锥滚子轴承	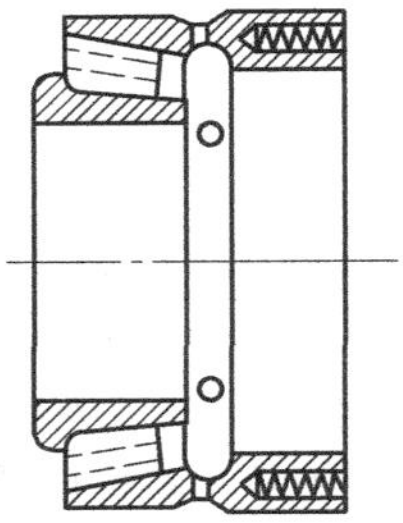	弹簧数量为 16～20 根，均匀增减弹簧可以改变预加载荷的大小

2. 主轴滚动轴承的预紧

所谓轴承预紧，就是使轴承滚道预先承受一定的载荷，不仅能消除间隙，而且使滚动体与滚道之间发生一定的变形，从而使接触面积增大，轴承受力时变形减少，抵抗变形的能力增大。因此，对主轴滚动轴承进行预紧和合理选择预紧量，可以提高主轴部件的旋转精度、刚度和抗振性。

滚动轴承间隙的调整或预紧，通常是使轴承内、外圈相对轴向移动来实现的。常用的方法有以下几种：

（1）轴承内圈移动　如图 5-22 所示，这种方法适用于锥孔双列圆柱滚子轴承。用螺母通过套筒推动内圈在锥形轴颈上做轴向移动，使内圈变形胀大，在滚道上产生过盈，从而达到预紧的目的。

图 5-22a 的结构简单，但预紧量不易控制，常用于轻载机床主轴部件。

图 5-22b 用右端螺母限制内圈的移动量，易于控制预紧量。

图 5-22c 在主轴凸缘上均布数个螺钉以调整内圈的移动量，调整方便，但是用几个螺钉调整，易使垫圈歪斜。

图 5-22d 将紧靠轴承右端的垫圈做成两个半环，可以径向取出，修磨其厚度可控制预紧量的大小，调整精度较高，调整螺母一般采用细牙螺纹，便于微量调整，而且在调好后要能锁紧防松。

（2）修磨座圈　图 5-23a 为轴承外圈宽边相对（背对背）安装，这时修磨轴承内圈的内侧。

图 5-23b 为轴承外圈窄边相对（面对面）安装，这时修磨轴承外圈的窄边。在安装时按图示的相对关系装配，并用螺母或法兰盖将两个轴承轴向压拢，使两个修磨过的端面贴紧，这样在两个轴承的滚道之间产生预紧。

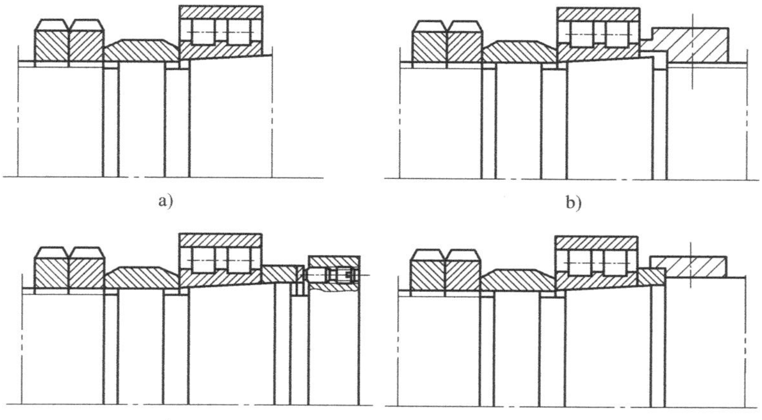

图 5-22　轴承内圈移动

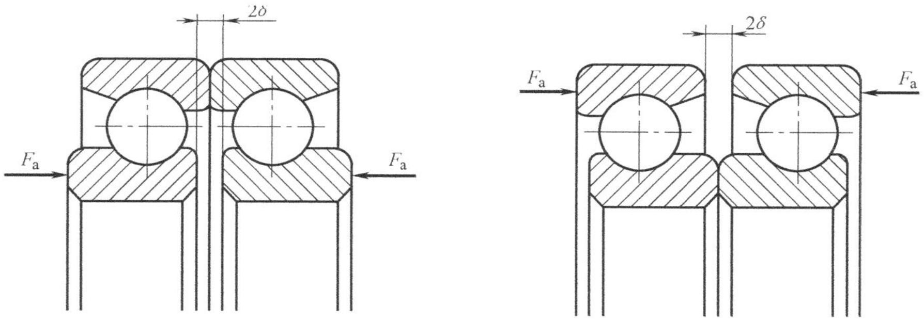

图 5-23　修磨座圈

（3）采用隔套　将两个厚度不同的隔套放在两轴承内、外圈之间，同样将两个轴承轴向相对压紧，使滚道之间产生预紧，如图 5-24a、b 所示。

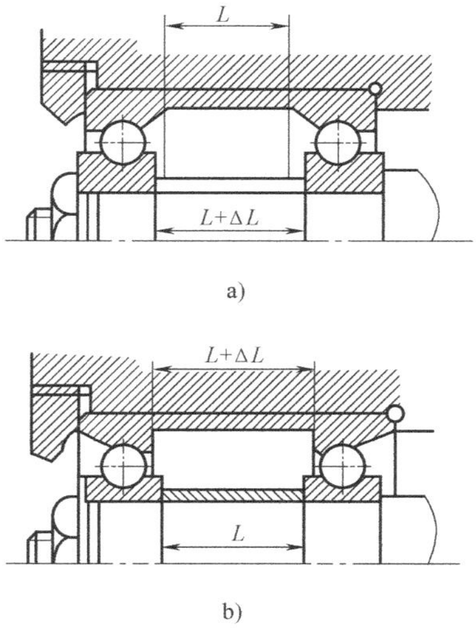

图 5-24　采用隔套

三、主轴几何精度检测工具、量具

主轴几何精度检测主要工具、量具为百分表和精密检验棒。

1. 百分表

百分表是一种精度较高的比较量具，可分为钟式百分表和杠杆百分表，使用时必须装夹在表架上，如图5-25所示。常用于工件安装时的精密找正和检验工件的形状和位置误差，其中杠杆百分表的球面测杆可以上下扳动改变方向，使用方便，对凹槽或小孔等工件表面，可起到其他量具无法测量的独特作用。百分表只能测出相对数值，分度值为 0.01mm（即每格读数值为 0.01mm）。

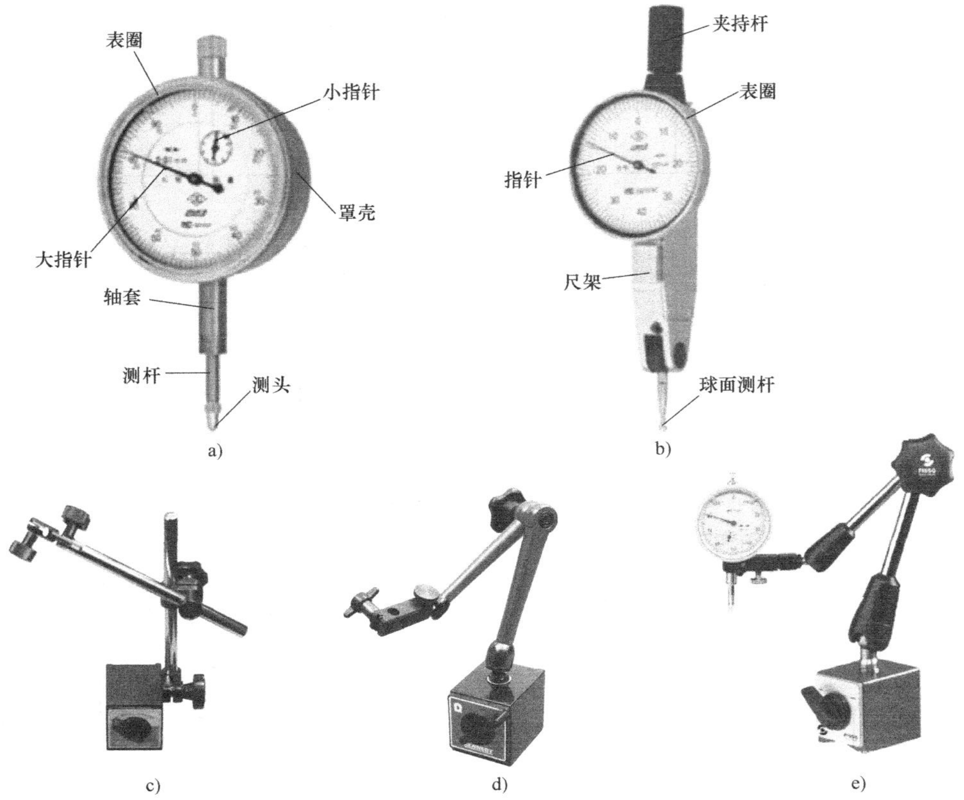

图 5-25　百分表及表座

a）钟式百分表　b）杠杆百分表　c）普通表座　d）万向表座　e）装夹

（1）百分表的安装　百分表的安装要点见表 5-12。

表 5-12　百分表的安装要点

序号	安装要点	图　示
1	安装百分表时，左手扶住表杆，右手紧固夹紧螺母。百分表安装在磁力表架上，装夹可靠，具有调节装置，通过调整，可使百分表处于任何方向和任何位置，便于在不同的情况下进行测量。磁力表架有吸力，可固定在任何空间位置的平面上，使用方便	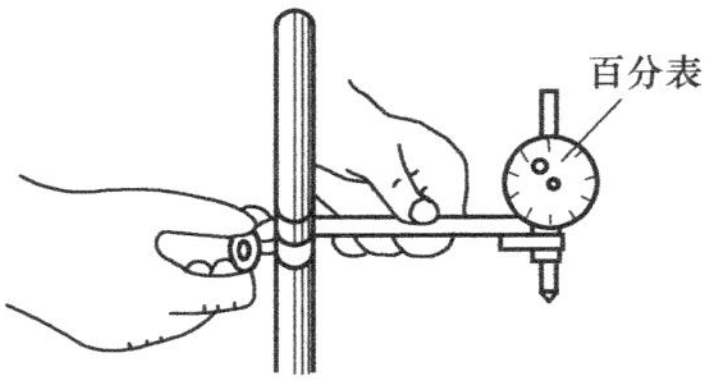 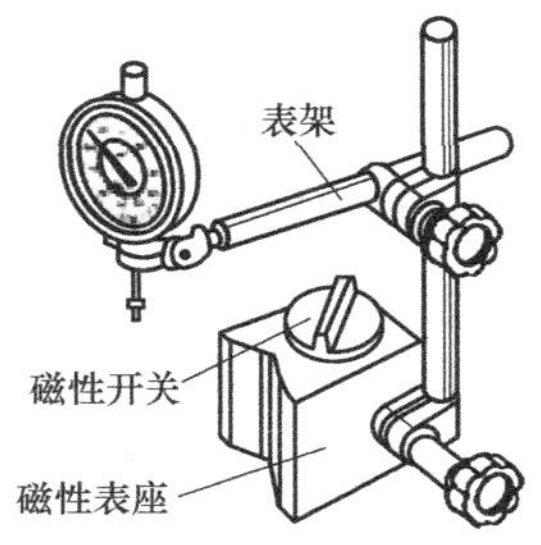

（续）

序号	安装要点	图　　示
2	安装钟式百分表时，测杆应垂直于被测表面	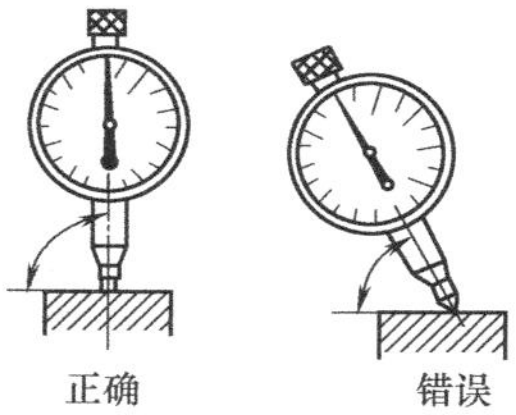
3	装夹杠杆百分表时，齿杆轴线最好平行于被测表面，如需要倾斜角度时，倾斜的角度越小，测量越精确	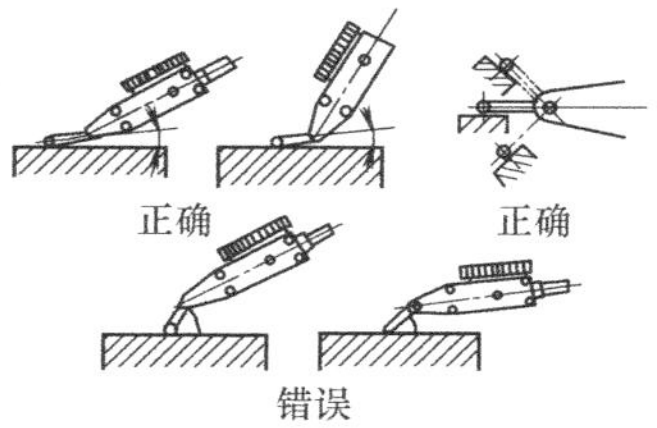

（2）百分表的读数　以钟式百分表为例，读数方法见表 5-13。

表 5-13　百分表的读数方法

读　数　方　法	示　　例
1）读小指针转过的标尺标记，即毫米整数部分 2）读大指针对应的标尺标记，并将标记值乘以 0.01，即为小数部分 3）将两者相加，即得到所测量的数值 测量值 = 小指针转过的整数标尺标记 + 大指针对应的标尺标记 ×0.01mm	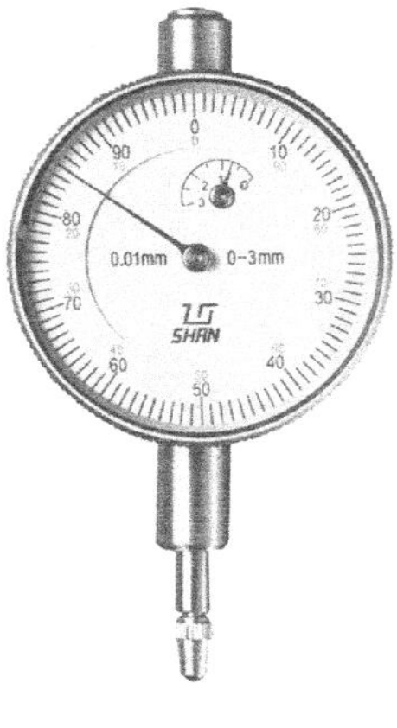 测量值 = 0 + 85 ×0.01mm = 0.85mm

对于没有小指针的杠杆百分表，只要直接读出指针对应的标记值 ×0.01mm 即可。

（3）百分表的使用　百分表使用要点见表 5-14。

用百分表测量工件的圆跳动。测量时，将工件用两顶尖顶住，将百分表的测头与被测工件外圆表面接触，测头对外圆表面有 0.3 ~0.5mm 的压入量。转动工件，观察表针的变动量，表针所指的最大与最小范围的数值，即为圆跳动的误差值，如图 5-27 所示。

表 5-14　百分表使用要点

用前检查	正确使用
①检查相互作用：轻轻移动测杆，表针应有较大位移，指针与表盘应无摩擦，测杆、指针无卡阻或跳动 ②检查测头：测头应为光洁圆弧面 ③检查稳定性：轻轻拨动几次测头，松开后指针均应回到原位 ④沿测杆安装轴的轴线方向拨动测杆，测杆无明显晃动，指针位移应不大于 0.5 个标尺间隔	①将表固定在表座或表架上，稳定可靠 ②调整表的测杆轴线垂直于被测尺寸线。对于平面工件，测杆轴线应平行于被测平面；对于圆柱形工件，测杆的轴线要与过被测母线的相切面平行，否则会产生很大的误差 ③测量前调零位。比较测量用对比物（量块）做零位基准。几何误差测量用工件做零位基准。调零位时，先使测头与基准面接触，压测头到量程的中间位置（压入 0.3～0.5mm，使指针转过半圈左右），转动表圈，使表盘的零线对准指针。轻轻地拉动活动测杆的圆头，拉起和放松几次，检查指针所指的零位有无改变，如图 5-26 所示，如不齐则重调 ④测量时，用手轻轻抬起测杆，将工件放入测头下测量，当指针顺时针方向摆动时，说明工件偏高，逆时针方向摆动时，说明工件偏低

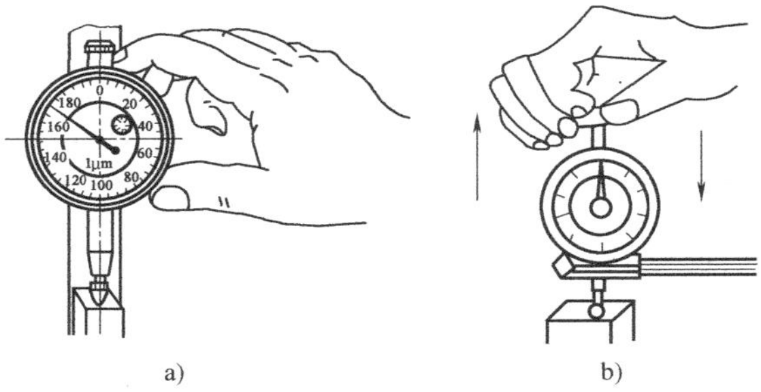

图 5-26　百分表的使用

a）调整百分表零位　b）轻轻拉起和放下活动测杆

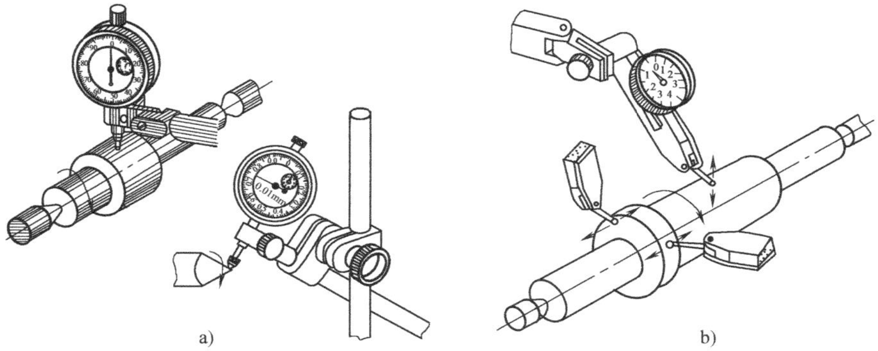

图 5-27　百分表测量圆跳动

a）钟式百分表测量圆跳动　b）杠杆百分表测量圆跳动

2. 检验棒

检验棒一般用工具钢经热处理及精密加工而成，有锥柄检验棒和圆柱检验棒两种，如图 5-28 所示，主要用来检查主轴、套筒类零件的径向跳动、轴向窜动、相互间同轴度、平行度及轴与导轨的平行度等。

机床主轴锥孔都是按标准锥度制造的，检验棒的锥柄必须与机床主轴锥孔精密配合，接触良好。莫氏锥柄检验棒属于过盈配合，以精确定位。由于锥度小，通过摩擦力可以传递一定的转矩，又因为是锥度配合，所以可以方便地拆卸，在数控车床上用于主轴、尾座锥孔的检测。

图 5-28　检验棒

检验棒使用后应擦拭干净，涂上凡士林，置于清洁干燥处存放，防止因生锈而影响其精度。

四、数控车床主轴主要几何精度检测项目

数控车床主轴几何精度检测主要有以下几个项目，见表 5-15。

表 5-15　数控车床主轴主要几何精度检测项目

序号	检测项目		公差/mm
1	主轴的轴向窜动	如果轴向窜动量过大，则加工平面时将直接影响加工表面的平面度，加工螺纹时将影响螺纹的螺距误差	0.01
2	主轴轴肩支承面的跳动	这项精度就是检验主轴轴肩对主轴轴线的垂直度，它反映主轴端面的跳动，此外它的误差大小也反映出主轴后轴承装配精度是否在公差范围之内。由于端面跳动量包含主轴轴向窜动量，因此该项精度的检查应在主轴轴向窜动检验之后进行	0.02
3	主轴定心轴颈径向圆跳动	主轴定心轴颈与主轴锥孔一样都是主轴的定位表面。因此，主轴定心轴颈的径向圆跳动也包含了几何偏心和回转轴线本身两方面的径向圆跳动	0.01
4	主轴锥孔轴线的径向圆跳动	此项精度一般包含两个方面：一是主轴锥孔轴线相对于主轴回转轴线的几何偏心引起的径向圆跳动；二是主轴回转轴线本身的径向圆跳动	近端 0.01，远端 0.02
5	主轴轴线对床鞍移动的平行度	该精度包括水平面内平行度误差和垂直面内平行度误差，其中水平面内的误差较垂直面内的误差对工件加工精度的影响更大	在垂直平面内（只许向上偏），300mm 测量长度上 0.02 在水平面内（只许向前偏，即向操作者方向偏），300mm 测量长度上 0.015
6	主轴顶尖的径向圆跳动	若跳动过大，在用两顶尖支承工件车削外圆时，会影响工件的圆度以及多次装夹时加工出的各表面同轴度及工件表面粗糙度值	0.015

任务实施

一、准备检测工具、量具

卡盘扳手、钩头扳手、百分表、表座、塞尺、检验棒。

二、检测机床主轴主要几何精度

1. 主轴的轴向窜动检测与调整

1）检测。操作步骤见表5-16。

表5-16　主轴的轴向窜动检测与调整

序号	步　骤	示意图
1	对于带有锥孔的主轴，可将带锥度的芯棒插入锥孔内，在芯棒端面中心孔放一钢球，用黄油粘住	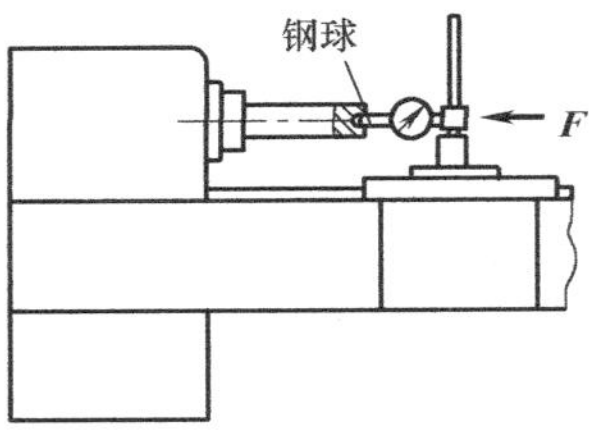
2	将百分表固定在床鞍上，使其测头触及检验棒端部中心孔内的钢球	
3	在测量方向上沿主轴轴线加力 **F**（大小按制造厂规定），用手缓慢而均匀地旋转主轴2圈以上，在钢球上用表测量，其指针摆动的最大差值即为主轴轴向窜动量	
4	调整	①通过调整螺母调整主轴轴承间隙，至拧紧时，转动主轴灵活，无卡滞现象为止 ②检查主轴轴承的磨损情况及现有的精度，如发现磨损或超差，应予以更换

2）将检测结果填入表5-17。

表5-17　主轴的轴向窜动检测记录表

最大窜动		公差≤0.01mm	是否合格	

2. 主轴轴肩支承面的跳动检测与调整

1）检测。操作步骤见表5-18。

表5-18　主轴轴肩支承面的跳动检测与调整

序号	步　骤	示意图
1	将百分表固定在床鞍上，使其测头触及主轴轴肩支承面靠近边缘处	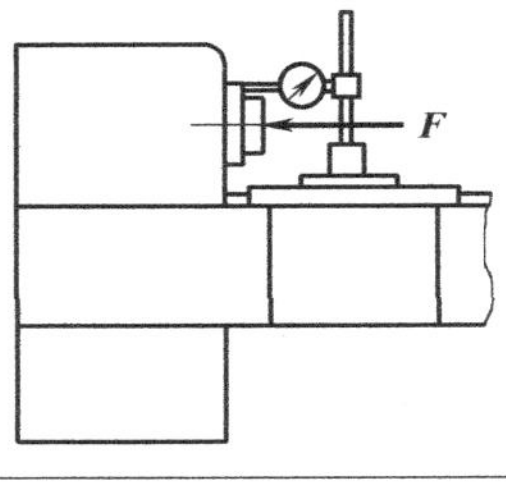
2	沿主轴轴线加力 **F**，缓慢而均匀地用手旋转主轴2圈以上，百分表指针摆动的最大差值就是主轴轴肩支承面的跳动误差	
3	调整	①通过调整螺母调整主轴轴承间隙，至拧紧时，转动主轴灵活，无卡滞现象为止 ②检查主轴轴承的磨损情况及现有的精度，如发现磨损或超差，应给予更换

2）将检测结果填入表5-19。

表 5-19　主轴轴肩支承面的跳动检测记录表

最大跳动		公差≤0.02mm	是否合格	

3. 主轴定心轴颈径向圆跳动检测与调整

1）检测。操作步骤见表 5-20。

表 5-20　主轴定心轴颈径向圆跳动检测与调整

序号	步　　骤		示意图
1	将百分表固定在床鞍上，使测头垂直触及定心轴颈表面		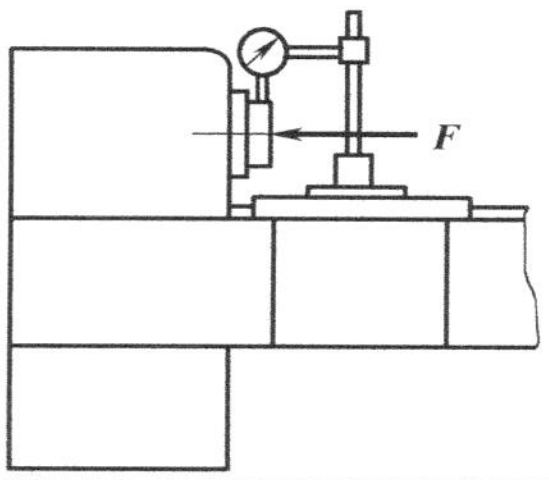
2	在测量方向上沿主轴轴线加力 *F*，用手缓慢而均匀地旋转主轴，百分表指针摆动的最大差值即为径向圆跳动误差值		
3	调整	可对主轴定心轴颈进行修复（但修复后的定心轴颈尺寸不能改变）或更换新主轴	

2）将检测结果填入表 5-21。

表 5-21　主轴定心轴颈径向圆跳动检测记录表

最大跳动		公差≤0.01mm	是否合格	

4. 主轴锥孔轴线的径向圆跳动检测与调整

1）检测。操作步骤见表 5-22。

表 5-22　主轴锥孔轴线的径向圆跳动检测与调整

序号	步　　骤		示意图
1	将带有锥柄的检验棒插入主轴锥孔，将百分表固定在床鞍上，使其测头垂直触及检验棒靠近主轴端面的 *a* 处表面，然后用手缓慢而均匀地旋转主轴，记录百分表的最大读数差值		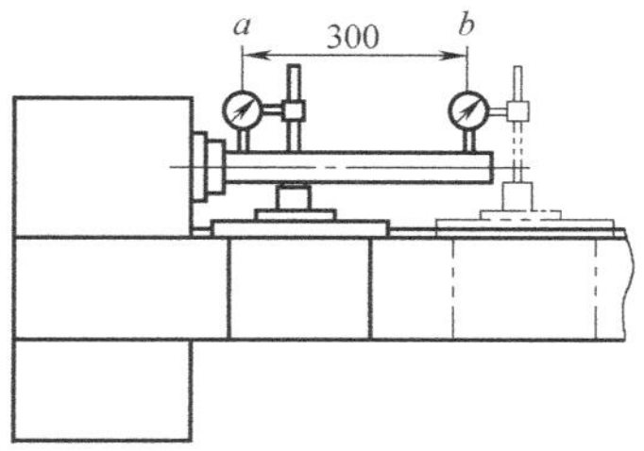
2	距点 *a*300mm 处，选定一点 *b*，用同样的方法检验 *b* 处百分表的最大读数差值		
3	标记检验棒与主轴的圆周方向的相对位置		
4	取下检验棒，同向分别旋转检验棒 90°、180°、270°后重新插入主轴锥孔检验，如此检验 4 次		
5	计算 4 次测量结果的平均值就是径向圆跳动误差值（*a*、*b* 点分别计算）		
6	调整	若前面项目均合格，而本项精度超差，一般是主轴后轴承松动或磨损引起的，此时可对轴承 E3182115 进行预紧，如预紧无效，则需更换新轴承	

2）将检测结果填入表 5-23。

表 5-23　主轴锥孔轴线的径向圆跳动检测记录表

测量位置	最大跳动				平均值	公差	是否合格
	0°	90°	180°	270°			
a						≤0.01mm	
b						≤0.02mm	

5. 主轴轴线对床鞍移动的平行度检测与调整

1）检测。操作步骤见表5-24。

表5-24　主轴轴线对床鞍移动的平行度检测与调整

序号	步　　骤		示意图
1	在主轴锥孔中插入检验棒，将百分表固定在床鞍上，使测头垂直触及检验棒侧素线 a 和上素线 b 处		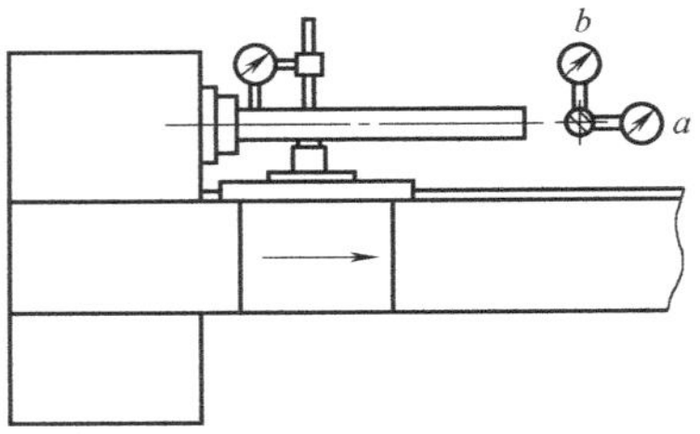
2	移动床鞍带动百分表移动300mm，在 a、b 两处分别测取百分表指针摆动的最大差值		
3	将主轴旋转180°再测取一次读数		
4	计算两次读数的代数和之半，就是主轴轴线对床鞍移动在水平与垂直两个方向的平行度误差（a、b 点分别计算）		
5	调整	当发现在垂直平面内的平行度超差时，可修刮床身与主轴箱的连接面	

2）将检测结果填入表5-25。

表5-25　主轴轴线对床鞍移动的平行度检测记录表

测量位置	平行度误差		代数和之半	公差	是否合格
a	a(0°) =	a(180°) =		≤0.015mm (只许向前偏)	
b	b(0°) =	b(180°) =		≤0.02mm (只许向上偏)	

6. 主轴顶尖的径向圆跳动检测与调整

1）检测。操作步骤见表5-26。

表5-26　主轴顶尖的径向圆跳动检测与调整

序号	步　　骤		示　意　图
1	把专用顶尖插入主轴锥孔内，将百分表固定在床鞍上，使测头垂直触及顶尖锥面		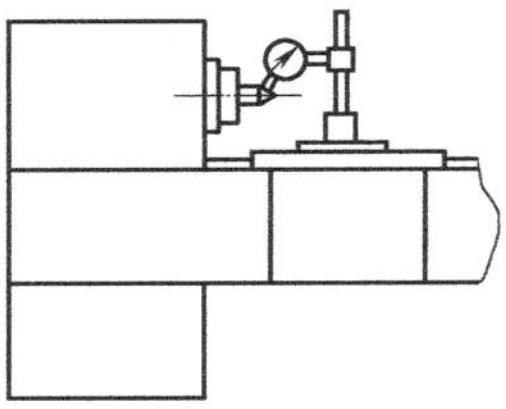
2	用手缓慢而均匀地转动主轴，读取百分表指针摆动的最大差值，并乘以 $\cos\theta/2$ 就是顶尖的斜向圆跳动误差值（θ 为顶尖锥角，一般为60°）		
3	调整	将顶尖拔出后相对主轴旋转180°再插入主轴锥孔内，重新测量。如果此时百分表示值的最高点仍位于主轴的某一固定位置，说明顶尖锥面相对莫氏锥中心线的同轴度是不合格的。此时可用莫氏锥度铰刀修整主轴莫氏锥孔，直至达到要求为止	

2）将检测结果填入表5-27。

表5-27　主轴顶尖的径向圆跳动检测记录表

百分表 读数值		圆跳动 计算值		公差≤0.01mm	是否合格	

知识拓展

数控铣床主轴精度检测

一、检测工具、量具

10″活扳手、钩头扳手、百分表、塞尺、检验棒。

二、检测方法

数控铣床主轴精度检测见表5-28。

表5-28　数控铣床主轴精度检测

序号	检验项目	公差	检验方法	示意图	调整
1	主轴轴肩支承面的轴向圆跳动	0.016mm	将千分表固定在机床工作台上，使其测头触及主轴轴肩支承面端面靠近边缘的a和b处，旋转主轴分别检验，千分表指针摆动的最大差值即为轴向圆跳动误差值	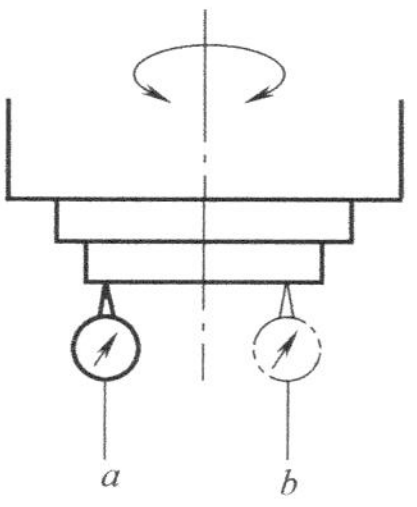	调整轴承间隙
2	主轴的轴向窜动	0.008mm	将千分表固定在机床工作台上，使测头触及插入主轴锥孔的专用检验棒端面的中心处，中心处粘一钢球，旋转主轴进行检测，千分表读数的最大差值就是主轴轴向窜动量	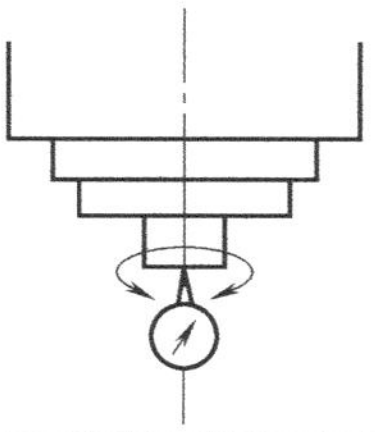	调整轴承间隙
3	主轴定心轴颈的径向圆跳动	0.008mm	将千分表固定在机床工作台上，使测头触及定心轴颈表面，旋转主轴检测，千分表读数的最大差值就是主轴定心轴颈的径向圆跳动量	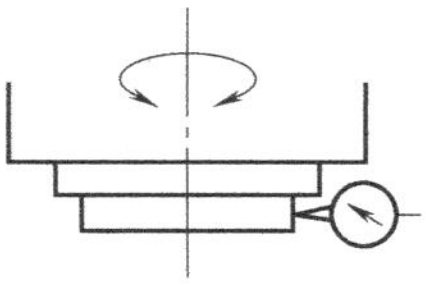	调整前轴承
4	主轴锥孔轴线的径向圆跳动	a）靠近主轴端部，0.007mm b）距主轴端部300mm处，0.015mm	在主轴锥孔中插入检验棒，千分表固定在机床上，使其测头触及检验棒表面（a点靠近主轴端面，b点距主轴端面300mm），旋转主轴进行检验。为提高测量精度，应拔出检验棒，相对主轴旋转90°，重新插入主轴孔中，再依次检测3次。a、b的误差分别计算，4次测量结果的算术平均值即为a、b处的径向圆跳动量	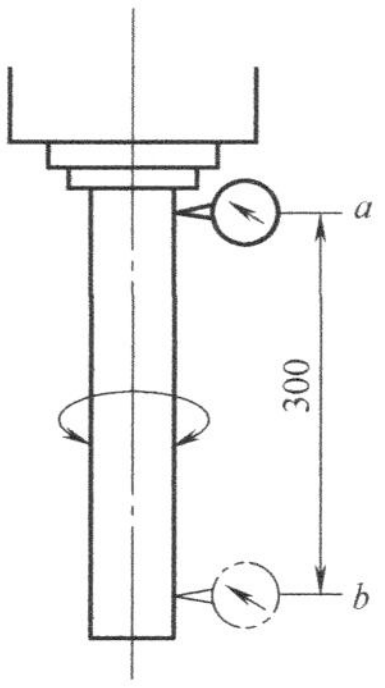	调整后轴承

任务四　数控机床尾座的装调与精度检测

任务目标

1. 了解数控车床尾座的工作过程及典型结构。
2. 掌握数控机床尾座中心位置的检查方法。
3. 了解尾座中心位置调整要点。

任务描述

检测数控车床尾座主要几何精度，并根据检测结果进行必要的调整。

知识链接

一、认识尾座

与普通车床类似，数控车床尾座是安装在床身导轨上的，如图 5-29 所示，它由尾座体和尾座套筒两部分组成，尾座套筒前端安装顶尖，用以支持较长工件的一端，或安装钻头、铰刀等工具以加工孔。套筒可以自动伸出和缩回，尾座体可在床身上移动和固定，一般有手动尾座和液压尾座两种。

1. 手动尾座

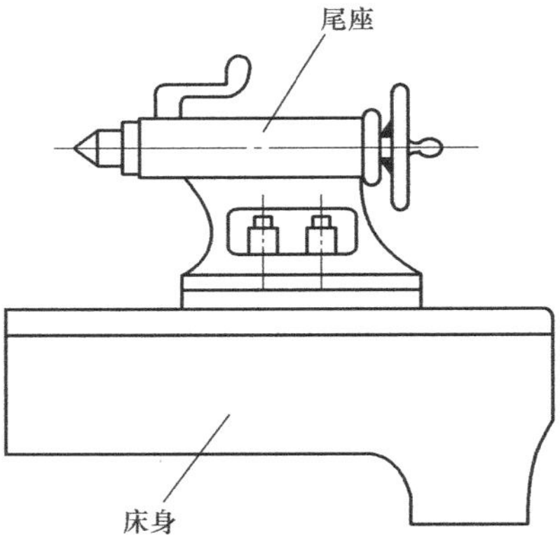

图 5-29　尾座与床身

数控车床手动尾座的结构和普通车床的尾座类似，结构如图 5-30、图 5-31 所示。尾座装在床身的尾座导轨 *C* 及 *D* 上，它可以根据工件的长短调整纵向位置。位置调整妥当后可推动快速紧固手柄 8，通过偏心轴及拉杆 11，将尾座夹紧在床身导轨上。有时为了使尾座紧固得更牢固可靠些，可拧紧六角头螺母 10，使其通过 T 形螺栓 13 用压板 14 将尾座牢固地夹紧在床身上。后顶尖 1 安装在尾座套筒 3 的锥孔中。尾座套筒装在尾座体 2 的孔中，并由导向键 17 导向，所以它只能轴向移动，不能转动。摇动手轮 9，可使尾座套筒 3 纵向移动。当尾座套筒移至所需位置后，可用手柄 4 转动螺杆 18 以拉紧套筒 19 和 20，从而将尾座套筒 3 夹紧。如需要卸下顶尖，应先将锁紧手柄 4 旋松，再转动手轮 9，使尾座套筒 3 后退，直至螺杆 5 的左端顶住后顶尖，将后顶尖从锥孔中顶出。

调整螺钉 21 和 23 用于调整尾座体 2 的横向位置，也就是调整后顶尖中心线在水平面内的位置，使它与主轴轴线重合，或用以车削锥度较小的锥面（工件由前后顶尖支承）。

2. 液压尾座

图 5-32 所示为数控车床 MJ-50 液压尾座结构简图。

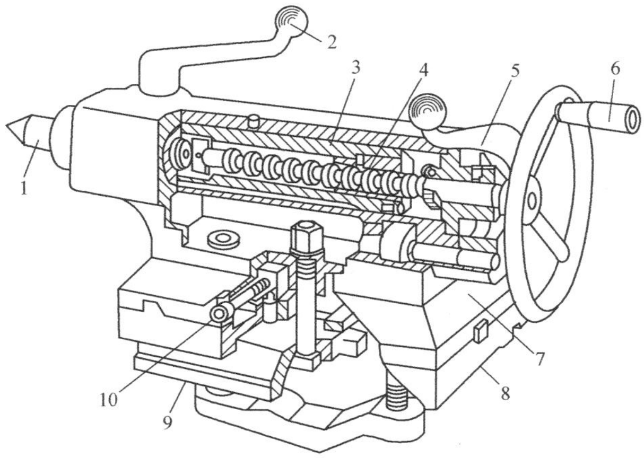

图 5-30　手动尾座结构

1—顶尖　2、5—手柄　3—套筒　4—螺杆　6—手轮

7—尾座体　8—尾座　9—压板　10—螺钉

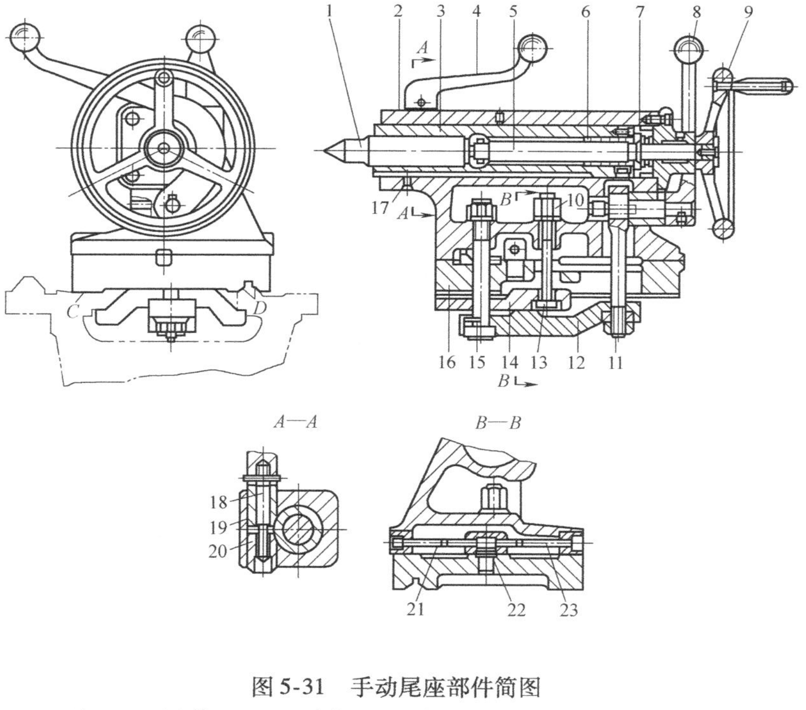

图 5-31　手动尾座部件简图

1—后顶尖　2—尾座体　3—尾座套筒　4—手柄　5、18—螺杆　6—螺母　7—支承盖

8—快速紧固手柄　9—手轮　10—六角头螺母　11—拉杆　12—杠杆　13—T 形螺栓　14—压板

15—螺栓　16—尾座底板　17—导向键　19、20—套筒　21、23—调整螺钉　22—T 形螺母

尾座体由滑板带动移动，移动到位置后，通过手动拧紧螺栓，用压板将尾座牢固地夹紧在床身上。顶尖 1 与尾座套筒 2 由锥孔连接，尾座套筒可带动顶尖一起移动。在机床自动工作循环中，可通过加工程序由数控系统控制尾座套筒移动。当数控系统发出尾座套筒伸出的

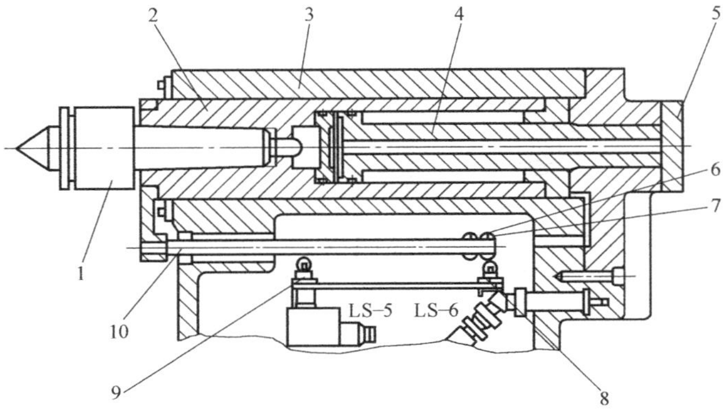

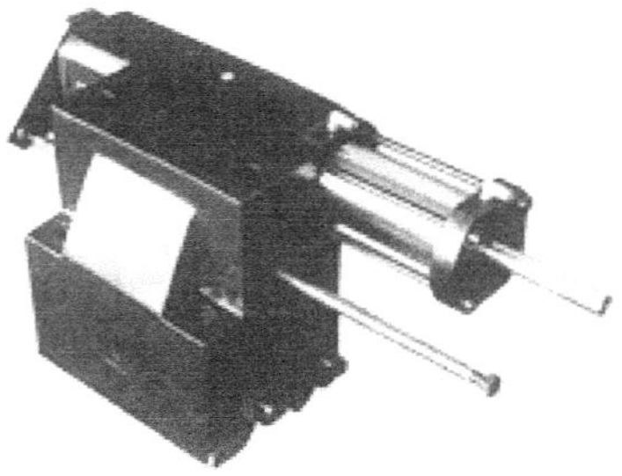

图 5-32　数控车床 MJ-50 液压尾座结构简图

1—顶尖　2—尾座套筒　3—尾座体　4—活塞杆　5—端盖

6—移动挡块　7—固定挡块　8、9—确认开关　10—行程杆

指令后，液压电磁阀动作，液压油通过活塞杆 4 的内孔进入套筒液压缸的左腔，推动尾座套筒 2 伸出。当数控系统指令其退回时，液压油进入套筒液压缸的右腔，从而使尾座套筒退回。尾座套筒移动的行程是靠调整套筒外部连接的行程杆 10 上面的移动挡块 6 来完成的。当套筒伸出到位时，行程杆上的移动挡块 6 压下确认开关 9，向数控系统发出尾座套筒到位信号。当套筒退回时，行程杆上的固定挡块 7 压下确认开关 8，向数控系统发出套筒退回的确认信号。在调整机床时，可以通过数控车床操作面板上的按钮，手动控制尾座套筒伸出、退回。

二、数控车床尾座主要几何精度检测项目

数控车床尾座几何精度直接影响到用尾座顶尖顶固工件或钻孔、铰孔时的定位位置，该检测主要有以下几个项目，见表 5-29。

表 5-29　数控车床尾座主要几何精度检测项目

序号	检测项目		公差/mm
1	尾座套筒轴线对床鞍移动的平行度	在垂直平面内（只许向上偏）	100mm 测量长度上 0.015
		在水平面内（只许向前偏）	100mm 测量长度上 0.02
2	尾座套筒锥孔轴线对床鞍移动的平行度	在垂直平面内（只许向上偏）	300mm 测量长度上 0.025
		在水平面内（只许向前偏）	300mm 测量长度上 0.025
3	床鞍运动对主轴和尾座两顶尖之间轴线的平行度	在垂直平面内（只许尾座高）	0.01
		在水平面内（只许向前偏）	0.02

任务实施

一、准备检测工具、量具

10″活扳手、1 套内六角扳手、螺钉旋具、百分表、表座、检验棒。

二、检测机床尾座主要几何精度

1. 尾座套筒轴线对床鞍移动的平行度检测与调整

1）检测。操作步骤见表5-30。

表5-30　尾座套筒轴线对床鞍移动的平行度检测与调整

<table>
<tr><th>序号</th><th colspan="2">步　　骤</th><th>示 意 图</th></tr>
<tr><td>1</td><td colspan="2">将尾座紧固在检验位置，尾座顶尖套伸出约为最大伸出长度的一半后锁紧</td><td rowspan="3">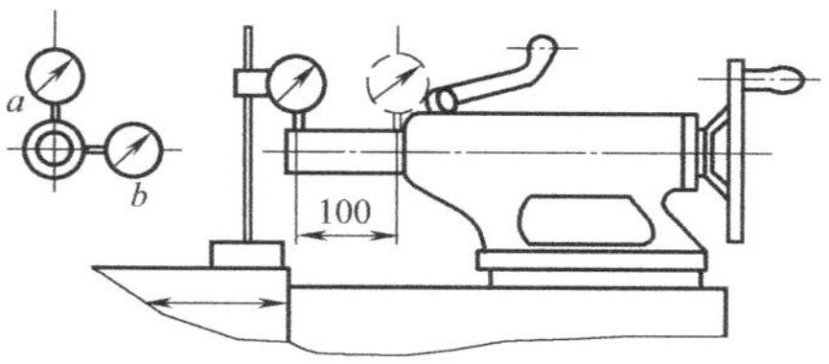
</td></tr>
<tr><td>2</td><td colspan="2">将百分表固定在床鞍上，使其测头触及尾座套筒表面 a、b 处（a 在垂直平面内，b 在水平面内）</td></tr>
<tr><td>3</td><td colspan="2">移动床鞍在100mm距离检验，百分表指针摆动的最大差值即为平行度误差值（a、b 的误差应分别计算）</td></tr>
<tr><td>4</td><td>调整</td><td colspan="2">①当垂直平面内（a 处）平行度超差时，可修刮尾座底板与床身导轨的滑动面
②当水平面内（b 处）平行度超差时，可修刮尾座体与尾座底板连接面的定位侧面，修刮合格后再相应刮低连接面，消除定位侧面的配合间隙</td></tr>
</table>

2）将检测结果填入表5-31。

表5-31　尾座套筒轴线对床鞍移动的平行度检测记录表

测量位置	平行度	公差	是否合格
a		≤0.015mm	
b		≤0.02mm	

2. 尾座套筒锥孔轴线对床鞍移动的平行度检测与调整

1）检测。操作步骤见表5-32。

表5-32　尾座套筒锥孔轴线对床鞍移动的平行度检测与调整

<table>
<tr><th>序号</th><th colspan="2">步　　骤</th><th>示 意 图</th></tr>
<tr><td>1</td><td colspan="2">检验时尾座紧固在检验位置，将顶尖套筒送入尾座孔内，并锁紧</td><td rowspan="5">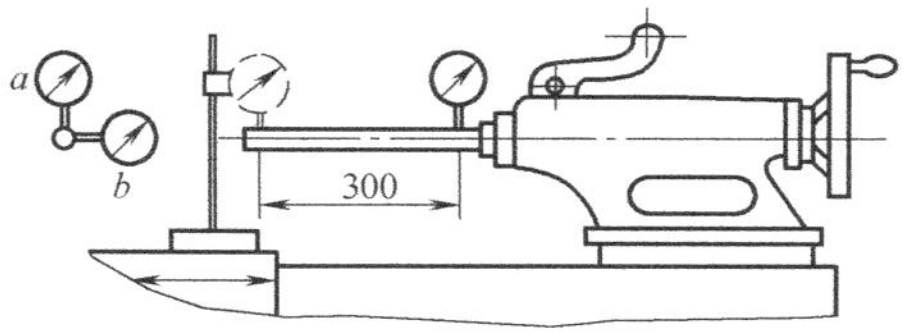
</td></tr>
<tr><td>2</td><td colspan="2">在尾座套筒锥孔中插入检验棒（测量长度300mm），百分表固定在床鞍上，使其测头触及靠近尾座处检验棒表面 a、b 处（a 在垂直平面内，b 在水平面内）</td></tr>
<tr><td>3</td><td colspan="2">按测量长度移动床鞍检验，百分表指针摆动的最大差值即为平行度误差值</td></tr>
<tr><td>4</td><td colspan="2">拔出检验棒，旋转180°后再插入尾座顶尖套锥孔中，重新检验一次</td></tr>
<tr><td>5</td><td colspan="2">两次测量结果代数和的平均值就是平行度误差值（a、b 的误差应分别计算）</td></tr>
<tr><td>6</td><td>调整</td><td colspan="2">若此项精度超差，而尾座套筒轴线对床鞍移动的平行度合格时，可断定是尾座套筒制造精度超差，需修磨</td></tr>
</table>

2）将检测结果填入表5-33。

表 5-33　尾座套筒锥孔轴线对床鞍移动的平行度检测记录表

测量位置	平行度误差		代数和之半	公差	是否合格
a	*a*(0°) =	*a*(180°) =		≤0.025mm （只许向上偏）	
b	*b*(0°) =	*b*(180°) =		≤0.025mm （只许向前偏）	

3. 床鞍运动对主轴和尾座两顶尖之间轴线的平行度检测与调整

1）检测。操作步骤见表 5-34。

表 5-34　床鞍运动对主轴和尾座两顶尖之间轴线的平行度检测与调整

序号	步　　骤		示意图
1	在主轴锥孔内和尾座各装入顶尖		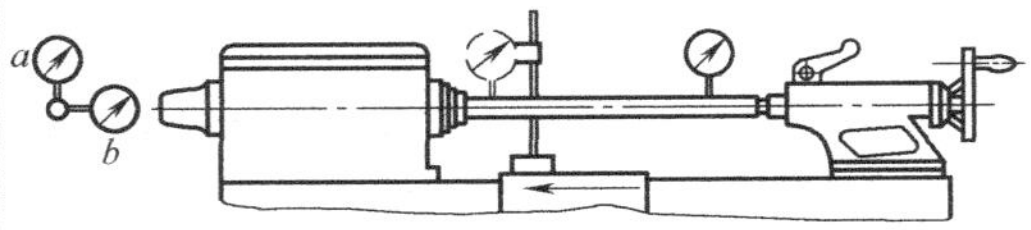
2	在主轴与尾座顶尖间装入检验棒，将尾座顶尖套退入尾座孔内，并锁紧		
3	将百分表固定在床鞍上，使其测头触及靠近尾座处检验棒表面 *a*、*b* 处（*a* 在垂直平面内，*b* 在水平面内）		
4	移动床鞍在检验棒的两极限位置上检验，百分表指针摆动的最大差值即为平行度误差值		
5	调整	垂直方向： ①调整尾座体前后端的调整垫 ②主轴箱偏高时，修刮床身与主轴箱的连接面；尾座偏高，可修刮尾座底板与床身导轨的滑动面 水平方向：调整安装在尾座体前、后两侧的调整螺钉，松开一侧螺钉，拧动另一侧螺钉进行调整	

2）将检测结果填入表 5-35。

表 5-35　床鞍运动对主轴和尾座两顶尖之间轴线的平行度检测记录表

测量位置	平行度	公差	是否合格
a		≤0.01mm	
b		≤0.02mm	

知识拓展

一、小滑板移动对主轴轴线的平行度检测与调整

1. 检测工具、量具

10″活扳手、卡盘扳手、百分表、检验棒。

2. 检测

操作步骤见表 5-36。

二、中滑板横向移动对主轴轴线的垂直度检测与调整

1. 检测工量具

10″活扳手、卡盘扳手、百分表、检验棒。

表 5-36　小滑板移动对主轴轴线的平行度检测与调整

序号	步　　骤	示意图
1	把检验棒插入主轴锥孔内，将百分表固定在小滑板上，使其测头在水平面内触及检验棒	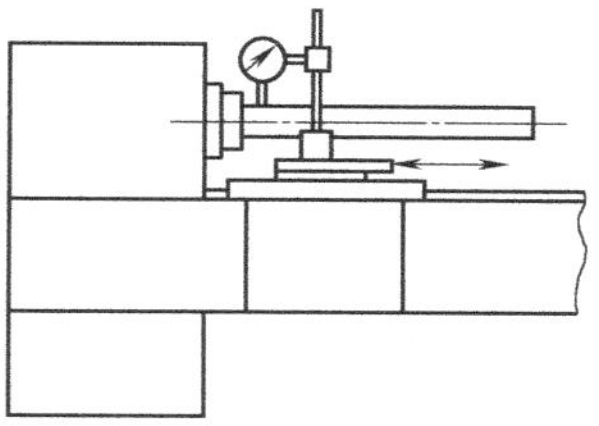
2	调整小滑板，使百分表在检验棒两端的读数相等	
3	将百分表测头在竖直平面内触及检验棒，移动小滑板检验	
4	将主轴旋转 180°，再同样检验一次	
5	两次测量结果代数和的平均值即为平行度误差值	
6	调整　该项精度如果超差，可修刮小滑板底座与中滑板连接的回转面，直至合格为止	

2. 检测

操作步骤见表 5-37。

表 5-37　中滑板横向移动对主轴轴线的垂直度检测与调整

序号	步　　骤	示意图
1	把平面圆盘固定在主轴上，将百分表固定在中滑板上，使其测头触及圆盘平面	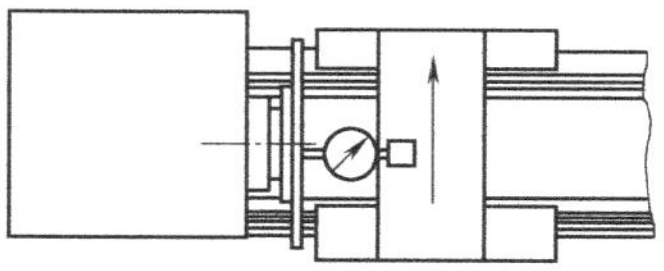
2	移动中滑板进行检验	
3	将主轴旋转 180°，再同样检验一次	
4	两次测量结果代数和的平均值即为垂直度误差值	
5	调整　若超差则修刮床鞍上方的燕尾导轨侧面，并根据修刮量调整或重新配作镶条	

思考与练习

1. 机床的几何精度是指什么？它的检测依据是什么？
2. 简述数控机床导轨的功用与种类。
3. 简述滚动导轨安装要点。
4. 导轨副间隙调整的方法有哪几种？
5. 水平仪有哪几种？其中框式水平仪是如何读数的？
6. 简述用框式水平仪调整机床水平的过程。
7. 百分表如何读数？其使用要点是什么？
8. 简述滚动轴承预紧的作用及方法。
9. 试分析数控车床主轴的轴向窜动会使加工零件产生哪些误差。
10. 试分析数控车床主轴的径向圆跳动会使加工零件产生哪些误差。
11. 试分析床鞍运动对主轴和尾座两顶尖之间轴线的平行度误差会对零件加工产生什么影响。

项目评价

数控机床精度检测与调整项目评价表见表 5-38。

表 5-38　数控机床精度检测与调整项目评价表

序号	评价内容	配分/分	评价标准	学生自评（10%）	小组互评（30%）	教师评价（60%）
1	学习态度(行为规范、纪律)	10	酌情扣分			
2	工量具使用正确	10	酌情扣分			
3	精度检测过程正确	30	不正确每次扣 5 分			
4	检测读数正确	20	1 处不正确扣 1 分			
5	数据处理正确	20	1 处不正确扣 2 分			
6	安全文明生产(7S)	10	酌情扣分,严重违反全扣			

项目六

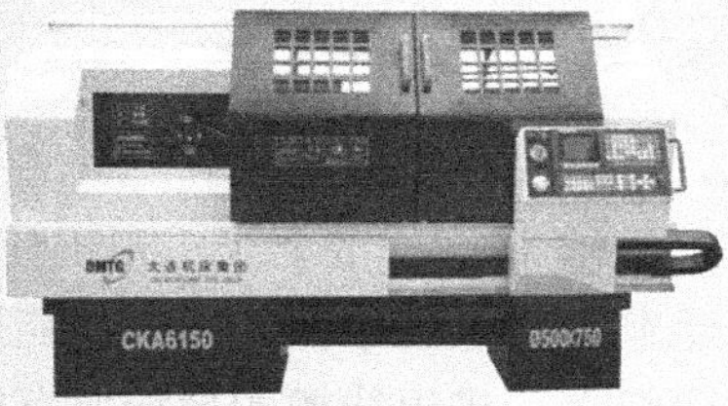

数控机床装调维修技术综合训练

项目描述

本项目主要由五个任务完成，即数控机床电气线路的安装与调试、数控机床硬件电路的故障诊断与排除、数控机床参数设置与备份、数控机床精度检测与调整、工件试切加工等综合训练与考核。通过先分后合的学习过程，最终使学生达到数控机床装调工（电气维修）中级水平。

项目重点

1. 数控机床电气线路的安装与调试。
2. 数控机床硬件电路的故障诊断与排除。
3. 数控机床参数设置与备份。
4. 数控机床精度检测与调整。
5. 工件试切加工。

任务一　数控机床电气线路的安装与调试

任务内容

本任务主要完成对数控机床电气线路中的基本单元电路的安装与调试。

任务目标

1. 能正确识读原理图，并能按图样要求准确、规范接线。
2. 规范安装工艺、掌握调试方法。

任务实施

一、安装三相异步电动机的点动控制电路，并通电调试

1）本题分值：100 分。
2）考试时间：45 分钟。
3）考核形式：实操。

4）具体要求：

① 按图样的要求，正确使用工具和仪表；布线要规范，导线要进线槽；接线美观，无毛刺；接点要牢固，露铜不能过长，不损伤导线绝缘层和线芯；电源和电动机配线要接到端子排上，进出线槽的导线要有端子标号；会接电动机的点动控制线路。

② 通电试车时操作顺序要正确，按下按钮 SB 时电动机点动，松开按钮 SB 时电动机停止。

5）安全文明操作。

6）否定项：若考生发生下列情况之一，则应及时终止考试，该考生试题成绩记为零分。

① 安装时由于操作不当损坏元器件。

② 带电安装电气控制线路。

③ 通电调试时，由于操作失误出现短路、触电等电气安全事故。

④ 通电调试时，由于操作失误引起仪器、仪表、设备等的损坏。

7）原理图。三相异步电动机的点动控制电路原理图如图 6-1 所示。

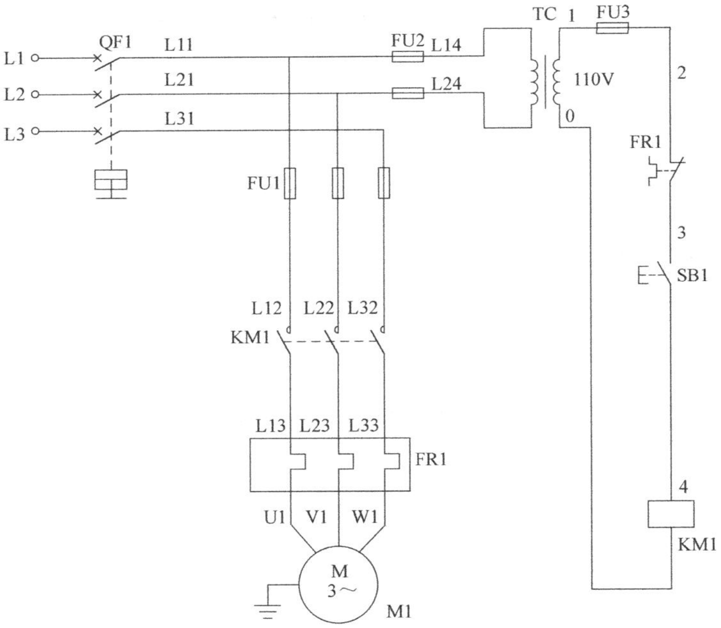

图 6-1　三相异步电动机的点动控制电路原理图

二、安装三相异步电动机的正转控制电路，并通电调试

1）本题分值：100 分。

2）考试时间：60 分钟。

3）考核形式：实操。

4）具体要求：

① 按图样的要求，正确使用工具和仪表；布线要规范，导线要进线槽；接线美观，无毛刺；接点要牢固，露铜不能过长，不损伤导线绝缘层和线芯；电源和电动机配线要接到端子排上，进出线槽的导线要有端子标号；会接电动机的常动控制线路。

② 通电试车时操作顺序要正确，按下启动按钮 SB1 时电动机正转运行，松开 SB1 时电动机保持正转运行，按下停止按钮 SB2 时电动机立即停止。

5）安全文明操作。

6）否定项：若考生发生下列情况之一，则应及时终止考试，该考生试题成绩记为零分。

① 安装时由于操作不当损坏元器件。

② 带电安装电气控制线路。

③ 通电调试时，由于操作失误出现短路、触电等电气安全事故。

④ 通电调试时，由于操作失误引起仪器、仪表、设备等的损坏。

7）原理图。三相异步电动机的正转控制电路原理图如图 6-2 所示。

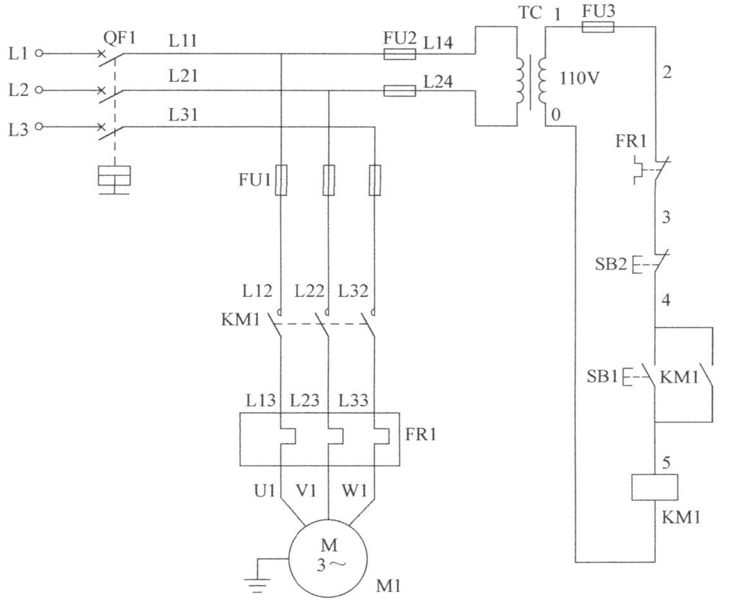

图 6-2 三相异步电动机的正转控制电路原理图

三、评分表

序号	考核内容	考核要求	配分/分	评分标准	扣分	得分
1	装前检查	各元器件质量检查	10	漏检或未检，每处扣 2 分		
2	布线	1）正确选用工具，工具使用完毕要整齐摆放回原位 2）布线规范，导线进线槽，接线美观、无毛刺 3）接点牢固，不损伤导线绝缘层或线芯 4）电源和电动机配线要接到端子排上，进出线槽的导线要有端子标号 5）会接电动机的点动及正转控制线路	30	1）选错工具，每次扣 1 分，工具未整齐摆放回原位，每次扣 1 分 2）布线工艺不规范，导线不进线槽，接线不符合要求，每处扣 1 分 3）接点松动、露铜过长、反圈、压绝缘层，损伤导线绝缘层或线芯，每处扣 1 分 4）不接到端子排上、标记线号不清楚、遗漏或误标每处扣 1 分 5）不会接电动机的点动及正转控制线路，扣 30 分		

（续）

序号	考核内容	考核要求	配分/分	评分标准	扣分	得分
3	通电试车	1）操作顺序正确 2）电动机点动及正转调试	50	1）操作顺序错误，每次扣10分 2）1次试车不成功扣25分；2次试车不成功扣40分；3次试车不成功扣50分		
4	职业素养	安全文明操作	10	1）工具、量具的规范使用得2分 2）劳动保护用品的准确使用得3分 3）安全文明操作得5分		
合计			100			

否定项：若考生发生下列情况之一，则应及时终止考试，该考生试题成绩记为零分
①安装时由于操作不当损坏元器件
②带电安装电气控制线路
③通电调试时，由于操作失误出现短路、触电等电气安全事故
④通电调试时，由于操作失误引起仪器、仪表、设备等的损坏

评分人：　　年　月　日　　　核分人：　　年　月　日

任务二　数控机床硬件电路的故障诊断与排除

任务内容

本任务主要对数控机床中系统上电回路、主轴控制电路、伺服进给电路、刀架控制电路和其他辅助电路等进行故障诊断与排除。通过故障判断、故障分析、故障排除等操作过程培养学生对数控机床硬件电路的维修能力。

任务目标

1. 掌握仪表的正确使用方法，会利用仪表检测故障。
2. 学会判断故障和分析故障的方法。
3. 熟练使用电工常用工具，准确、可靠地排除故障。

任务实施

一、综合练习

习题一	故障诊断与排除	配分	100分
考核时间	30分钟	考核形式	实操
具体要求			
1）根据故障现象检查出电气控制线路里的故障点，并排除故障 2）正确使用工具和仪表，安全文明操作 3）否定项：若考生发生下列情况之一，则应及时终止考试，该考生试题成绩记为零分 ①触电、短路等电气事故 ②由于操作不当引起的设备损坏 故障现象： 1）按下起动按钮，系统无法正常上电 2）执行换刀指令时，四工位刀架一直旋转不停，无法完成换刀任务（需要排除故障） 3）手动方式下按下主轴正转、主轴反转按键，自动方式及MDI方式下执行M03/M04指令时，主轴电动机均不运转			

（续）

习题二	故障诊断与排除	配分	100 分
考核时间	30 分钟	考核形式	实操
具体要求			
1)根据故障现象检查出电气控制线路里的故障点,并排除故障 2)正确使用工具和仪表,安全文明操作 3)否定项:若考生发生下列情况之一,则应及时终止考试,该考生试题成绩记为零分 ①触电、短路等电气事故 ②由于操作不当引起的设备损坏 故障现象: 1)按下起动按钮,系统无法正常上电 2)手动方式下按 X 轴正向点动键,电动机沿-X 方向运行 3)手动方式下按下机床面板上的冷却按键,自动方式及 MDI 方式下执行 M07/M08 指令时,冷却电动机均不运转			

习题三	故障诊断与排除	配分	100 分
考核时间	30 分钟	考核形式	实操
具体要求			
1)根据故障现象检查出电气控制线路里的故障点,并排除故障 2)正确使用工具和仪表,安全文明操作 3)否定项:若考生发生下列情况之一,则应及时终止考试,该考生试题成绩记为零分 ①触电、短路等电气事故 ②由于操作不当引起的设备损坏 故障现象: 1)按下起动按钮,系统无法正常上电 2)执行主轴正转、反转指令时,主轴都沿同一个方向运行 3)执行换刀指令时,机床刀架无法锁紧			

习题四	故障诊断与排除	配分	100 分
考核时间	30 分钟	考核形式	实操
具体要求			
1)根据故障现象检查出电气控制线路里的故障点,并排除故障 2)正确使用工具和仪表,安全文明操作 3)否定项:若考生发生下列情况之一,则应及时终止考试,该考生试题成绩记为零分 ①触电、短路等电气事故 ②由于操作不当引起的设备损坏 故障现象: 1)按下起动按钮,系统无法正常上电 2)系统出现 500、501 号报警,诊断并排除故障 3)手动方式下按 +Z 键,Z 轴向负方向运行			

习题五	故障诊断与排除	配分	100 分
考核时间	30 分钟	考核形式	实操
具体要求			
1)根据故障现象检查出电气控制线路里的故障点,并排除故障 2)正确使用工具和仪表,安全文明操作 3)否定项:若考生发生下列情况之一,则应及时终止考试,该考生试题成绩记为零分 ①触电、短路等电气事故 ②由于操作不当引起的设备损坏 故障现象: 1)急停按钮未按下,但系统处于急停状态 2)执行换刀指令时,刀架旋转,但无法换刀到 4 号刀位 3)按下机床照明灯按钮时,照明灯不能发亮			

二、答题纸

题目序号	故障排除过程	故障点
(1)		
(2)		
(3)		

三、评分表

序号	考核内容	考核要点	配分/分	评分标准	扣分	得分
1	数控电气控制电路中任选三条回路排除故障	1)检查电气控制线路里存在的故障,思路正确 2)正确使用工具和仪表,找出故障点并排除故障	80	1)故障的检查与排除占60分,查错或未查出,扣掉相应分值(每个故障点20分,共3个故障点) 2)故障的分析与排除方法占20分,以答题纸分析为准(每题7分,共3题)		
2	职业素养	安全文明操作	20	1)工具、量具的规范使用得5分 2)劳动保护用品的准确使用得5分 3)安全文明操作得10分		
合计			100			

否定项:若考生发生下列情况之一,则应及时终止考试,该考生试题成绩记为零分
①触电、短路等电气事故
②由于操作不当引起的设备损坏

评分人:　　　　　年　月　日　　　　　核分人:　　　　　年　月　日

任务三　数控机床参数设置与备份

任务内容

通过本任务的学习与训练，巩固数控机床相关参数设置与系统备份。分别对系统进行基本轴参数设置、伺服参数初始化及手轮参数的设定等，并进行必要的参数设置正确性验证。

任务目标

1. 完成相关参数的设定。
2. 完成参数设置正确性验证。
3. 完成数控系统参数、梯形图、加工程序的备份。

任务实施

一、综合练习

习题一	参数设置与备份	配分	100 分
考核时间	20 分钟	考核形式	实操
具体要求			

数控车床有关数据如下，请根据要求完成相关机床参数及变频器参数的设置

1) X 轴行程 200mm，Z 轴行程 500mm；X、Z 轴负方向软限位坐标值 -5mm
2) 主轴电动机与主轴 1∶1 连接，主轴编码器 1024 线，与主轴电动机 1∶1 连接
3) 手动方式下，实现主轴正、反转及停止
4) 数据备份：在计算机上建立文件夹“D:\数据备份”；以文本格式备份机床参数至上述文件夹

习题二	参数设置与备份	配分	100 分
考核时间	20 分钟	考核形式	实操
具体要求			

数控车床有关数据如下，请根据要求完成相关机床参数及变频器参数的设置

1) 进给轴最大速度 4000mm/min，点动速度 2000mm/min，点动快速 4000mm/min
2) 主轴电动机额定频率 50Hz，额定转速 1400r/min，点动速度 1000r/min，最高转速 1600r/min
3) 手动方式下，换刀至 2 号刀位
4) 数据备份：在计算机上建立文件夹“D:\数据备份”；以文本格式备份加工测试程序至上述文件夹

习题三	参数设置与备份	配分	100 分
考核时间	20 分钟	考核形式	实操
具体要求			

数控车床有关数据如下，请根据要求完成相关机床参数及变频器参数的设置

1) 各轴沿坐标轴正向返回参考点，反向寻找零脉冲。寻找减速开关速度 60mm/min，寻找零脉冲速度 130mm/min，参考点定位速度 40mm/min。零脉冲与参考点之间的距离 3mm，寻找零脉冲的最大距离 9mm
2) 双极性主轴，PLC 输出信号 Q0.0、Q0.1 分别控制主轴正、反转
3) 手动数据输入（MDI）方式下，实现主轴正、反转及停止
4) 数据备份：在计算机上建立文件夹“D:\数据备份”；以梯形图格式备份 PLC 程序至上述文件夹

习题四	参数设置与备份	配分	100 分
考核时间	20 分钟	考核形式	实操
具体要求			

数控车床有关数据如下，请根据要求完成相关机床参数及变频器参数的设置

1) 回到参考点后，X 轴显示坐标值“150”，Z 轴显示坐标值“450”
2) X 轴反向间隙 0.01mm，Z 轴反向间隙 0.02mm
3) 手动数据输入（MDI）方式下，执行 G91 G0 Z100
4) 数据备份：在计算机上建立文件夹“D:\数据备份”；以文本格式备份机床参数至上述文件夹

（续）

习题五	参数设置与备份	配分	100 分
考核时间	20 分钟	考核形式	实操
具体要求			
数控车床有关数据如下，请根据要求完成相关机床参数及变频器参数的设置 1）*X*、*Z* 轴均使用东元 300W 电动机，工作电压 220V，电动机额定转速为 1500r/min，编码器线数为 2500 线 2）丝杠螺距 10mm，电动机与丝杠经联轴器直连；机床分辨率 1μm 3）MDI 方式下输入指令，使 *Z* 轴以 0.1mm/r 的速度沿正向运行 40mm 4）数据备份：在计算机上建立文件夹“D:\数据备份”；以梯形图格式备份 PLC 程序至上述文件夹			

二、答题纸

参数设置

序号	参数号	数值	序号	参数号	数值
1			7		
2			8		
3			9		
4			10		
5			11		
6			12		

三、评分表

序号	考核内容	考核要点	配分/分	评分标准	扣分	得分
1	参数设置及调试	1）进给轴参数设置 2）主轴的相关参数设置 3）系统基本操作	60	1）参数设置错误，每处扣 10 分，最多扣 50 分，扣完为止 2）系统基本操作不正确扣 10 分		
2	数据备份	以文本格式备份机床参数、梯形图、加工程序等	20	不能按要求以文本格式备份机床参数、梯形图、加工程序，不得分		
3	职业素养	安全文明操作	20	1）劳动保护用品的准确使用得 10 分 2）安全文明操作得 10 分		
合计			100			

否定项：若考生发生下列情况之一，则应及时终止考试，该考生试题成绩记为零分

①参数修改错误引起设备或元器件等的损坏

②调试时，由于操作不当引起设备或元器件等的损坏

③调试时，由于操作不当出现短路、触电等电气安全事故

评分人：　　　　年　月　日　　　　核分人：　　　　年　月　日

任务四　数控机床精度检测与调整

任务内容

本任务主要根据 GB/T 16462.1—2007《数控车床和车削中心检验条件第 1 部分：卧式机床几何精度检验》和 GB/T 16462.4—2007《数控车床和车削中心检验条件第 4 部分：线性和回转轴线的定位精度及重复定位精度检验》有关条文对检验标准的理解，掌握几何精度的检测与调整方法。

任务目标

1. 熟练掌握数控机床几何精度的检测方法。
2. 熟练掌握数控机床几何精度的调整方法。

任务实施

一、综合练习

习题一	数控机床精度检测与调整	配分	100 分
考核时间	30 分钟	考核形式	实操
具体要求			

根据精度检验单对各项精度进行检测与调整，并将调整后的最佳精度填写到表中：

序号	检测项目	误差范围	结果	是否合格
1	床身导轨的直线度	0.012mm		
2	尾座套筒轴线对主轴架溜板移动的平行度	0.012mm/300mm		

习题二	数控机床精度检测与调整	配分	100 分
考核时间	30 分钟	考核形式	实操
具体要求			

根据精度检验单对各项精度进行检测与调整，并将调整后的最佳精度填写到表中：

序号	检测项目	误差范围	结果	是否合格
1	顶尖轴线对主刀架溜板移动的平行度	0.012mm		
2	主轴端部的跳动	0.008mm		

（续）

习题三	数控机床精度检测与调整	配分	100 分
考核时间	30 分钟	考核形式	实操
具体要求			

根据精度检验单对各项精度进行检测与调整，并将调整后的最佳精度填写到表中：

序号	检测项目	误差范围	结果	是否合格
1	主轴轴端的卡盘定位锥面的径向圆跳动	0.008mm		
2	横刀架纵向移动对主轴轴线的平行度	0.012mm/300mm		

习题四	数控机床精度检测与调整	配分	100 分
考核时间	30 分钟	考核形式	实操
具体要求			

根据精度检验单对各项精度进行检测与调整，并将调整后的最佳精度填写到表中：

序号	检测项目	误差范围	结果	是否合格
1	主轴锥孔轴线的径向圆跳动	0.008mm		
2	横刀架横向移动对主轴轴线的垂直度	0.008/100mm		

习题五	数控机床精度检测与调整	配分	100 分
考核时间	30 分钟	考核形式	实操
具体要求			

根据精度检验单对各项精度进行检测与调整，并将调整后的最佳精度填写到表中：

序号	检测项目	误差范围	结果	是否合格
1	主轴顶尖的跳动	0.012mm		
2	尾座移动对主刀架溜板移动的平行度	0.024mm		

二、答题纸

检测项目	工具、量具	工艺过程记录	最终测量精度

三、评分表

序号	考核内容	考核要点	配分/分	评分标准	扣分	得分
1	几何精度的检测	1)检测仪表的使用 2)几何精度的检测方法	40	1)仪表的正确使用,错误扣5分/次 2)工具、量具的正确摆放,摆放不当扣5分/次 3)几何精度检测方法正确,错误扣10分/项		
2	几何精度的调整	掌握几何精度调整的方法与原理	40	1)仪表的正确使用,错误扣5分/次 2)工具、量具的正确摆放,摆放不当扣5分/次 3)几何精度调整到精度范围内,未达到扣10分/项(由于机床原因无法调整到精度范围内,若能正确分析调整原理,并记录在答题纸上不扣分)		
3	职业素养	安全文明操作	20	1)劳动保护用品的准确使用得10分 2)安全文明操作得10分		
合计			100			

否定项:若考生发生下列情况之一,则应及时终止考试,该考生试题成绩记为零分
①检测时,由于操作不当引起仪表的严重损坏
②调整时,由于操作不当出现设备损坏或造成安全事故

评分人:　　　　　年　月　日　　　　　核分人:　　　　　年　月　日

任务五　工件试切加工

任务内容

本任务主要使学生一方面巩固轴类零件的编程，另一方面检查机床的几何精度，要求学生能根据加工零件图，采用合理的加工工艺，满足图样加工要求，并要求采用自动运行加工。

任务目标

1. 熟练完成零件图的编程，并完成加工。
2. 正确使用检具，准确测量与读数。
3. 学会分析加工零件误差产生的原因。

任务实施

一、综合练习

习题一	工件试切加工	配分	100 分
考核时间	60 分钟	考核形式	实操
具体要求			

编制如图所示零件的加工程序，输入数控系统并加工。毛坯为 ϕ45mm × 60mm 的铝棒，加工完需要将程序写在答题纸上

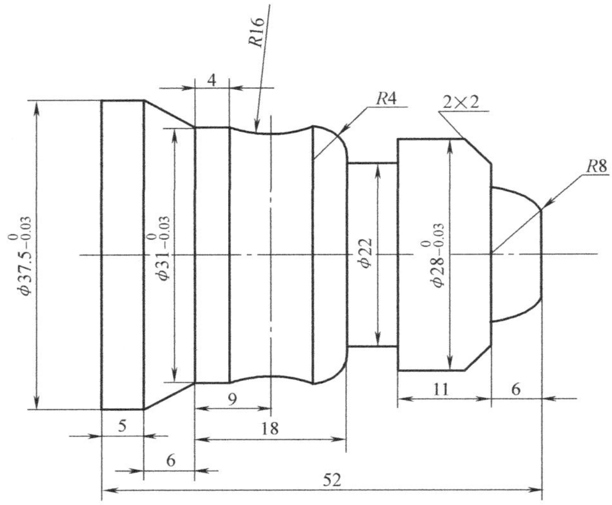

习题二	工件试切加工	配分	100 分
考核时间	60 分钟	考核形式	实操
具体要求			

编制如图所示零件的加工程序，输入数控系统并加工。毛坯为 ϕ45mm × 50mm 的铝棒，加工完需要将程序写在答题纸上

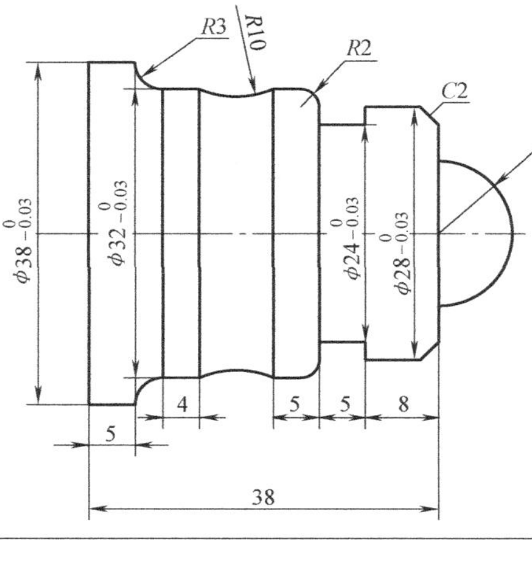

（续）

习题三	工件试切加工	配分	100 分
考核时间	60 分钟	考核形式	实操
具体要求			
编制如图所示零件的加工程序，输入数控系统并加工。毛坯为 ϕ45mm×60mm 的铝棒，加工完需要将程序写在答题纸上			

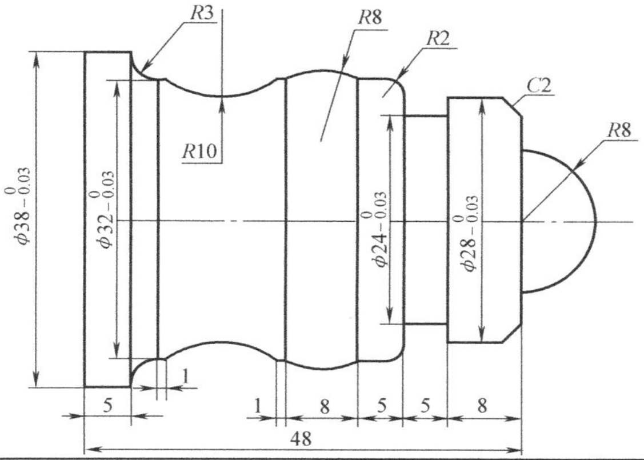

二、答题纸

加工测试程序

三、评分表

序号	考核内容	考核要求	配分/分	评分标准	检测结果	扣分	得分
1	外圆	见图样	20	超差扣完			
2	长度	见图样	25				
3	槽	见图样	10				
4	圆弧	见图样	25	不符扣完			
5	倒角去毛刺	见图样	5				
6	表面粗糙度值	Ra3.2μm	5	降级扣完			
7	职业素养	安全文明操作	10	1）劳动保护用品的准确使用得 5 分 2）安全文明操作得 5 分			
合计			100				

否定项：若考生发生下列情况之一，则应及时终止考试，该考生试题成绩记为零分

①因操作不当引起设备损坏

②因操作失误引起人身伤害

评分人：　　　　年　月　日　　　　核分人：　　　　年　月　日

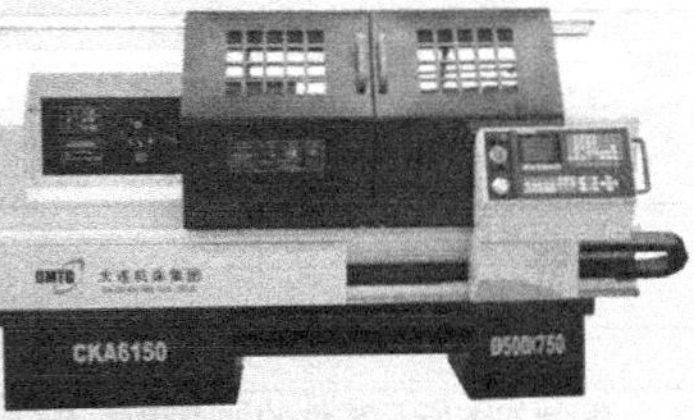

附　　录

附录 A　《数控机床装调维修工》国家职业标准

一、职业概况

1. 职业名称

数控机床装调维修工。

2. 职业定义

使用相关工具、工装、仪器，对数控机床进行装配、调试和维修的人员。

3. 职业等级

本职业共设四个等级，分别为中级（国家职业资格四级）、高级（国家职业资格三级）、技师（国家职业资格二级）、高级技师（国家职业资格一级）。

4. 职业环境

室内，常温。

5. 职业能力特征

具有较强的学习、理解、计算能力；具有较强的空间感、形体知觉、听觉和色觉，手指、手臂灵活、形体动作协调性好。

6. 职业文化程度

高中毕业（或同等学力）。

7. 培训要求

（1）培训期限　全日制职业学校教育，根据其培养目标和教学计划确定。晋级培训期限：中级不少于400 标准学时；高级不少于300 标准学时；技师不少于300 标准学时；高级技师不少于200 标准学时。

（2）培训教师　培训中级、高级数控机床装调维修工的教师应具有本职业技师及以上职业资格证书或本专业（相关专业）中级及以上专业技术职务任职资格；培训技师的教师应具有本职业高级技师职业资格证书或本专业（相关专业）高级专业技术职务任职资格；培训高级技师的教师应具有本职业高级技师职业资格证书 2 年以上或本专业（相关专业）高级专业技术职务任职资格。

（3）培训场地设备　满足教学需要的标准教室和完成本职业相关数控机床及相关零部件总成（包括配电柜）、工具、量具等。实际操作培训可在车间装配现场进行。

8. 鉴定要求

（1）适用对象　从事或准备从事本职业的人员。

（2）申报条件

1）中级（具备以下条件之一者）：

① 取得装配钳工、机修钳工、车工、磨工、铣工、镗工等职业初级职业资格证书后，连续从事本职业工作 2 年以上，经本职业中级正规培训达规定标准学时数，并取得结业证书。

② 取得装配钳工、机修钳工、车工、磨工、铣工、镗工等职业初级职业资格证书后，连续从事本职业工作 4 年以上。

③ 连续从事相关职业工作 7 年以上。

④ 取得经劳动保障行政部门审核认定的、以中级技能为培养目标的中等以上职业学校本职业（专业）毕业证书。

2）高级（具备以下条件之一者）：

① 取得本职业中级职业资格证书后，连续从事本职业工作 4 年以上，经本职业高级正规培训达规定标准学时数，并取得结业证书。

② 取得本职业中级职业资格证书后，连续从事本职业工作 7 年以上。

③ 取得高级技工学校或经劳动保障行政部门审核认定的、以高级技能为培养目标的高等职业学校本职业（专业）毕业证书。

3）技师（具备以下条件之一者）：

① 取得本职业高级职业资格证书后，连续从事本职业工作 5 年以上，经本职业技师正规培训达规定标准学时数，并取得结业证书。

② 取得本职业高级职业资格证书后，连续从事本职业工作 8 年以上。

③ 取得本职业高级职业资格证书的高级技工学校本职业（专业）毕业生，连续从事本职业工作 2 年以上。

4）高级技师（具备以下条件之一者）：

① 取得本职业技师职业资格证书后，连续从事本职业工作 3 年以上，经本职业高级技师正规培训达规定标准学时数，并取得结业证书。

② 取得本职业技师职业资格证书后，连续从事本职业工作 5 年以上。

（3）鉴定方式　分为理论知识考试和技能操作考核。理论知识考试采用闭卷笔试方式，技能操作考核采用实际操作或模拟操作方式。理论知识考试和技能操作考核均实行百分制，成绩皆达 60 分及以上者为合格。技师和高级技师还须进行综合评审。

（4）考评人员与考生配比　理论知识考试考评员与考生配比为 1:15，每个标准教室不少于 2 名考评员；技能操作考核考评员与考生配比为 1:5，且不少于 3 名考评员；综合评审委员不少于 5 人。

（5）鉴定时间　理论知识考试不少于 120min；技能操作考核时间为：中级不少于 180min，高级、技师、高级技师均不少于 240min；综合评审不少于 30min。

（6）鉴定场所、设备　理论知识考试在标准教室进行；技能操作考核在具备必备设备、工具、夹具、量具的场所或现场进行。

二、基本要求

1. 职业道德

（1）职业道德基本知识

（2）职业守则

1）遵守法律、法规和有关规定。

2）爱岗敬业，具有高度的责任心。

3）严格执行工作程序、工作规范、工艺文件和安全操作规程。

4）工作认真负责，团结合作。

5）爱护设备及工具、夹具、刀具、量具。

6）着装整洁，符合规定。保持工作环境清洁有序，文明生产。

2. 基础知识

（1）基础理论知识

1）机械识图知识。

2）电气识图知识。

3）公差配合与几何公差。

4）金属材料及热处理基础知识。

5）机床电气基础知识。

6）金属切削刀具基础知识。

7）液压与气动基础知识。

8）测量与误差分析基础知识。

9）计算机基础知识。

（2）机械装调基础知识

1）钳工操作基础知识。

2）数控机床机械结构基础知识。

3）数控机床机械装配工艺基础知识。

（3）电气装调基础知识

1）电工操作基础知识。

2）数控机床电气结构基础知识。

3）数控机床电气装配工艺基础知识。

4）数控机床操作与编程基础知识。

（4）维修基础知识

1）数控机床精度与检测基础知识。

2）数控机床故障与诊断基础知识。

（5）安全文明生产与环境保护知识

1）现场安全文明生产要求。

2）安全操作与劳动保护知识。

3）环境保护知识。

（6）质量管理知识

1）企业质量目标。

2）岗位质量要求。

3）岗位质量保证措施与责任。

（7）相关法律、法规知识

1）《中华人民共和国劳动法》相关知识。

2）《中华人民共和国合同法》相关知识。

三、工作要求

本标准对初级、中级、高级、技师和高级技师的技能要求依次递进，高级别涵盖低级别的要求。根据所从事工作，中级、高级在职业功能“一、二、三、四”模块中任选其一进行考核，技师、高级技师在职业功能“一、二”模块中任选其一进行考核。

1. 中级

职业功能	工作内容	技能要求	相关知识
一、数控机床机械装调	(一)机械功能部件装配	1. 能读懂本岗位零部件装配图 2. 能读懂本岗位零部件装配工艺卡 3. 能绘制轴、套、盘类零件图 4. 能按照工序选择工具、工装 5. 能钻铰孔，并达到以下要求：公差等级IT8，表面粗糙度值 $Ra1.6\mu m$ 6. 能加工 M12 以下的螺纹，没有明显的倾斜 7. 能手工刃磨标准麻花钻头 8. 能刮削平板，并达到以下要求：在 25mm × 25mm 范围内接触点数不少于 16 点，表面粗糙度值 $Ra0.8\mu m$ 9. 能完成有配合、密封要求的零部件装配 10. 能完成有预紧力要求或有特殊要求的零部件装配(如主轴轴承、主轴的动平衡等) 11. 能对以下功能部件中的一种进行装配 (1)主轴箱 (2)进给系统 (3)换刀装置(刀架、刀库与机械手) (4)辅助设备(液压系统、气动系统、润滑系统、冷却系统、排屑、防护等)	1. 机械零部件装配图与零部件配合公差知识 2. 机械零部件装配结构知识 3. 机械零部件装配工艺知识(如轴承与轴承组的装配，有配合、密封要求组件的装配等) 4. 轴、套、盘类零件图的画法 5. 数控机床功能部件(如主轴箱、进给传动系统、刀架、刀库、机械手、液压站等)的结构、工作原理及其装配工艺知识 6. 典型装配工装结构的原理知识 7. 钳工基本知识(如刀具材料的选择、钻头和丝锥尺寸的选择、钻头和铰刀尺寸的选择、锯削、锉削、刮削、研磨等) 8. 手工刃磨标准麻花钻头的知识 9. 加工切削参数的选择 10. 有特殊要求的数控机床部件的装配方法 11. 液压、气动、润滑、冷却知识
	(二)机械功能部件调整与整机调整	1. 能对上述功能部件中的一种进行装配后的试车调整(如主轴箱的空运转试验、刀架的空运转试验、液压站的试验等) 2. 能进行一种型号数控系统的操作(如启动、关机、JOG 方式、MDI 方式、手轮方式等) 3. 能应用一种型号数控系统进行加工编程	1. 功能部件空运转试验知识 2. 功能部件装配精度的测试方法 3. 通用量具、专用量具、检具的使用方法 4. 数控机床系统面板、机床操作面板的使用方法 5. 数控机床操作说明书

（续）

职业功能	工作内容	技能要求	相关知识
二、数控机床机械维修	（一）机械功能部件维修	1. 能读懂维修零部件装配图 2. 能按照工序选择维修的工具、工装 3. 能对以下功能部件中的一种进行拆卸和再装配 （1）主轴箱 （2）进给系统 （3）换刀装置（刀架、刀库与机械手） （4）辅助设备（液压系统、气动系统、润滑系统、冷却系统、排屑、防护等） 4. 能检修齿轮、花键轴、轴承、密封件、弹簧、紧固件等 5. 能检查调整各种零部件的配合间隙（如齿轮啮合间隙、轴承间隙等） 6. 能绘制轴、套、盘类零件图	1. 零部件装配图识图知识 2. 机械零部件装配结构知识 3. 机械零部件装配工艺知识（如齿轮传动机构的装配，轴承与轴承组的装配，有配合、密封要求组件的装配等） 4. 机械零部件装配图与零部件配合公差知识 5. 典型工装的结构原理 6. 配合件的检修知识 7. 齿轮、花键轴、轴承、密封件、弹簧、紧固件等的检修方法 8. 齿轮啮合间隙调整知识 9. 轴承间隙调整知识 10. 数控机床结构知识 11. 液压与气动知识 12. 轴、套、盘类零件图的画法
	（二）机械功能部件调整与整机调整	1. 能对上述功能部件中的一种进行维修后的试车调整 2. 能进行一种型号数控系统的操作（如启动、关机、JOG 方式、MDI 方式、手轮方式等） 3. 能应用一种型号数控系统进行加工遍程 4. 能判断加工中因操作不当引起的故障	1. 各功能部件空运转试车知识 2. 数控机床操作与数控系统操作说明书 3. 加工中因操作不当引起的故障表现形式
三、数控机床电气装调	（一）电气功能部件装配	1. 能读懂数控机床电气装配图、电气原理图、电气接线图 2. 能对以下功能部件中的一种进行配线与装配 （1）电气柜的配电板 （2）机床操纵台 （3）电气柜到机床各部分的连接 3. 能根据工作内容选择常用仪器、仪表 4. 能在薄铁板上钻孔 5. 能刃磨标准麻花钻头 6. 能使用电烙铁焊接电气元件 7. 能根据电气图要求确认常用电气元件及导线、电缆线的规格	1. 数控机床电气装配图、电气原理图、电气接线图的识图知识 2. 常用仪器、仪表的规格及用途 3. 仪器、仪表的选择原则及使用方法 4. 锡焊方法 5. 常用电气元件、导线、电缆线的规格 6. 电工操作技术与装配知识 7. 接地保护知识
	（二）电气功能部件调整	1. 能对系统操作面板、机床操作面板进行操作 2. 能进行数控机床一般功能的调试（如启动、关机、JOG 方式、MDI 方式、手轮方式等）	1. 数控机床操作面板的使用方法 2. 数控机床一般功能的调试方法
四、数控机床电气维修	（一）电气功能部件维修	1. 能读懂数控机床电气装配图、电气原理图、电气接线图 2. 能对以下功能部件进行拆卸和再装配 （1）电气柜的配电板 （2）机床操纵台 （3）电气柜与机床各部分的连接 3. 能对电气维修中配线质量进行检查，能解决配线过程中出现的问题	1. 数控机床电气装配图、电气原理图、电气接线图的识图知识 2. 常用仪器、仪表的规格及用途 3. 仪器、仪表的选择原则及使用方法 4. 锡焊方法 5. 常用电气元件、导线、电缆线的规格 6. 电工操作技术与装配知识 7. 电气装配规范

（续）

职业功能	工作内容	技能要求	相关知识
四、数控机床电气维修	（二）整机电气调整	1. 能对系统操作面板、机床操作面板进行操作 2. 能进行数控机床一般功能的调试（如起动、关机、JOG方式、MDI方式、手轮方式等） 3. 能使用数控机床诊断功能或电气梯形图等分析故障 4. 能排除数控机床调试过程中常见的电气故障	1. 数控机床操作面板的使用方法 2. 数控机床一般功能的调试方法 3. 分析、排除电气故障的常用方法 4. 机床常用参数知识 5. 数控机床诊断功能和电气梯形图知识

2. 高级

职业功能	工作内容	技能要求	相关知识
一、数控机床机械装调	（一）机械功能部件装配和机床总装	1. 能读懂数控机床总装配图或部件装配图 2. 能绘制连接件装配图 3. 能根据整机装配调试要求准备工具、工装 4. 能完成两种以上机械功能部件（主轴箱、进给系统、换刀装置、辅助设备）的装配或一种以上型号数控机床总装配（如数控车床主轴箱与床身的装配、加工中心机床主轴箱与立柱的装配、工作台与床身的装配等） 5. 能进行数控机床总装后几何精度、工作精度的检测和调整 6. 能读懂三坐标测量报告、激光检测报告，并进行一般误差分析和调整（如垂直度、平行度、同轴度、位置度等）	1. 数控机床总装配图或部件装配图识图知识 2. 连接件装配图的画法 3. 整机装配、调试所用工具、工装原理知识及使用方法 4. 数控机床液压与气动工作原理 5. 数控机床总装配知识 6. 数控机床几何精度、工作精度检测和调整方法 7. 阅读三坐标测量报告、激光检测报告的方法 8. 一般误差分析和调整的方法
	（二）机械功能部件调整与整机调整	1. 能读懂数控机床电气原理图、电气接线图 2. 机床通电试车时，能完成机床数控系统初始化的资料输入 3. 能进行系统操作面析、机床操作面板的功能调整 4. 能进行数控机床试车（如空运转） 5. 能通过修改常用参数调整机床性能 6. 能进行两种型号以上数控系统的操作 7. 能进行两种型号以上数控系统的加工编程 8. 能根据零件加工工艺要求准备刀具、夹具 9. 能完成试车工件的加工 10. 能使用通用量具对所加工工件进行检测，并进行误差分析和调整	1. 数控机床电气原理图、电气接线图识图知识 2. 电气元件标注及画法 3. 数控系统的通信方法 4. 数控机床参数基本知识 5. 数控系统的使用说明书 6. 试车工艺规程 7. 刀具的几何角度、功能及刀具材料的切削性能知识 8. 零件加工中夹具的使用方法 9. 零件加工切削参数的选择 10. 数控机床加工工艺知识 11. 加工工件测量与误差分析方法
二、数控机床机械维修	（一）整机维修	1. 能读懂机床总装配图或部件装配图 2. 能读懂数控机床电气原理图、电气接线图 3. 能读懂数控机床液压与气动原理图 4. 能拆卸、组装整台数控机床（如数控车床主轴箱与床身的拆装、床鞍与床身的拆装、加工中心主轴箱与立柱的拆装、工作台与床身的拆装等） 5. 能通过数控机床诊断功能判断常见机械、电气、液压（气动）故障 6. 能排除数控机床的机械故障 7. 能排除数控机床的强电故障	1. 数控机床总装配图或部件装配图识图知识 2. 数控机床电气原理图、电气接线图识图知识 3. 电气元件标注及画法 4. 液压与气动原理图 5. 拆卸、组装数控机床的方法 6. 应用数控机床诊断功能判断常见机械、电气、液压（气动）故障的方法 7. 数控机床机械故障的排除知识 8. 数控机床强电故障的排除知识

（续）

职业功能	工作内容	技能要求	相关知识
二、数控机床机械维修	（二）整机调整	1. 能完成数控机床数控系统初始化的资料输入 2. 能进行系统操作面板、机床操作面板的功能调整 3. 能通过修改常用参数调整机床性能 4. 能进行数控机床几何精度、工作精度的检测和调整 5. 能读懂三坐标测量报告，激光检测报告，并进行一般误差分析和调整（如垂直度、平行度、同轴度、位置度等） 6. 能对数控机床加工编程 7. 能根据零件加工工艺要求准备刀具、夹具 8. 能使用通用量具对加工工件进行检测，并进行误差分析和调整	1. 数控系统的通信方式 2. 数控机床的操作说明书 3. 数控机床参数基本知识 4. 数控系统的操作说明书 5. 数控机床几何精度和工作精度检验方法 6. 三坐标测量报告、激光检测报告的阅读方法 7. 对三坐标测量报告、激光检测报告中的误差进行分析和调整的方法 8. 刀具的几何角度、功能及刀具材料的切削性能知识 9. 零件加工中夹具的使用方法 10. 零件加工切削参数的选择 11. 数控机床加工工艺知识 12. 加工工件测量与误差分析方法
三、数控机床电气装调	（一）整机电气装配	1. 能读懂数控机床电气装配图、电气原理图、电气接线图 2. 能读懂机床总装配图 3. 能读懂数控机床液压与气动原理图 4. 能读懂与电气相关的机械图（如数控刀架、刀库与机械手等） 5. 能按照电气图要求安装两种型号以上数控机床全部电路，包括配电板、电气柜、操作台、主轴变频器、机床各部分之间电缆线的连接等	1. 数控机床电气装配图、电气原理图、电气接线图识图知识 2. 数控机床 PLC 梯形图知识 3. 机床总装配图知识 4. 数控机床液压与气动原理知识 5. 与电气相关的机械部件图（如数控刀架、刀库与机械手等）识图知识 6. 一般电气元器件的名称及用途 7. CNC 接口电路、伺服装置、可编程序控制器、主轴变频器等数控系统硬件知识
	（二）整机电气调整	1. 能在数控机床通电试车时，通过机床通信口将机床参数与 PLC 程序（如梯形图）传入 CNC 控制器中 2. 能使用系统参数、PLC 参数、变频器参数等对数控机床进行调整 3. 能通过数控机床诊断功能进行机床各种功能的调试 4. 能应用数控系统编制加工程序（选用常用刀具） 5. 能进行数控机床试车（如空运转） 6. 能试车加工工件 7. 能调平机床导轨 8. 能调整数控机床几何精度	1. 数控系统通信方式 2. 数控机床 PLC 程序（如梯形图）知识 3. 数控机床参数使用知识 4. 变频器操作及维修知识 5. 应用数控机床诊断功能调试机床各种功能的知识 6. 刀具的几何角度、功能及刀具材料的切削性能 7. 数控机床操作方法 8. 数控系统的编程方法 9. 机械零件加工工艺 10. 机床水平调整的方法 11. 数控机床几何精度调整知识 12. 数控机床、数控系统操作说明书 13. 数控系统连接说明书 14. 数控系统参数说明书

（续）

职业功能	工作内容	技能要求	相关知识
四、数控机床电气维修	（一）整机电气维修	1. 能读懂数控机床电气装配图、电气原理图、电气接线图 2. 能读懂数控机床总装配图 3. 能读懂数控机床液压与气动原理图 4. 能读懂与电气相关的机械图（如数控刀架、刀库与机械手等） 5. 能通过仪器、仪表检查故障点 6. 能通过数控系统诊断功能、PLC梯形图等诊断数控机床常见电气、机械、液压故障 7. 能完成两种规格以上数控机床常见强、弱电气故障的维修	1. 数控机床电气装配图、电气原理图、电气接线图识图知识 2. 数控机床PLC梯形图知识 3. 数控机床总装配图知识 4. 液压与气动原理知识 5. 数控刀架、刀库与机械手原理知识 6. 仪器、仪表使用知识 7. 数控系统自诊断功能知识 8. 数控机床电气故障与诊断方法 9. 机床传动的基础知识 10. 数控机床液压与气动工作原理 11. 数控机床、数控系统操作说明书 12. 数控系统连接说明书 13. 数控系统参数说明书
	（二）整机电气调整	1. 能读懂PLC梯形图，并能修改其中的错误 2. 能使用系统参数、PLC参数、变频器参数等对数控机床进行调整 3. 能在数控机床通电试车时，通过通信口将机床参数与PLC程序（如梯形图）传入CNC控制器中 4. 能进行数控机床各种功能的调试 5. 能应用数控系统编制加工程序 6. 能对数控机床进行试车调整（如空运转） 7. 能选用常用刀具加工试车工件 8. 能对机床进行水平调整 9. 能进行数控机床几何精度检测 10. 能读懂三坐标测量报告、激光检测报告，并进行一般误差分析与调整（如垂直度、平行度、同轴度、位置度等） 11. 能使用通用量具对轴类、盘类工件进行检测，并进行误差分析	1. 数控机床PLC程序（如梯形图）知识 2. 数控机床各种参数使用知识 3. CNC接口电路、伺服装置、可编程序控制器、主轴变频器等数控系统硬件知识 4. 变频器操作及维修知识 5. 数控系统的通信方式 6. 数控机床功能调试知识 7. 刀具的几何角度、功能及刀具材料的切削性能 8. 数控机床操作说明书 9. 数控系统编制加工程序的方法 10. 机械零件加工工艺 11. 数控机床水平调整方法 12. 数控机床几何精度调整知识 13. 三坐标测量报告、激光检测报告的阅读知识 14. 通用量具使用方法 15. 轴类、盘类工件的检测与误差分析知识

3. 技师

职业功能	工作内容	技能要求	相关知识
一、数控机床机械装调与维修	（一）数控机床机械装配与调整	1. 能读懂数控机床电气、液（气）压系统原理图、电气接线图 2. 能提出装配需要的专用夹具、胎具的设计方案，并能绘制草图 3. 能借助词典看懂进口设备相关外文标牌及产品简要说明 4. 能编制新产品装配工艺规程 5. 能完成数控机床的机械总装、试车、机械部分的调整 6. 能通过阅读使用说明书对各种型号数控系统进行加工编程 7. 能完成新产品的装配、调试 8. 能判断机械装配关系的合理性，并能对装配关系中不合理的结构提出修改方案，并能实施解决 9. 能读懂数控机床PLC程序（如梯形图），能诊断故障产生的原因，并予以排除 10. 能对三坐标测量报告、激光检测报告进行误差分析，并对数控机床的几何精度、工作精度、定位精度、重复定位精度进行调整	1. 数控机床电气、液（气）压系统原理图、电气接线图识图知识 2. 一般夹具的设计与制造知识 3. 进口设备外文标牌及产品简要说明的中外文对照表 4. 数控系统加工编程知识 5. 装配工艺编制知识 6. 宏程序编程知识 7. 数控机床的机械调试知识 8. 自动控制知识 9. 数控机床PLC程序知识 10. 数控机床几何精度、工作精度、定位精度、重复定位精度的测量、误差分析及调整方法

（续）

职业功能	工作内容	技能要求	相关知识
一、数控机床机械装调与维修	(二)数控机床机械维修	1. 能排除数控机床的液压、气动故障 2. 能排除数控机床常见电气线路故障 3. 能判断数控机床弱电控制方面的故障点	1. 数控机床液压、气动故障的排除方法 2. 数控机床常见电气线路的故障排除方法 3. 数控机床弱电控制方面故障点的排除方法
	(三)数控机床机械技术改造	1. 能对数控机床机械结构工艺性的不合理之处提出改进意见 2. 能对损坏的零件进行测绘、制图、修复	1. 数控机床结构及各部分工作原理 2. 机械零件测绘方法
二、数控机床电气装调与维修	(一)数控机床电气装配与调整	1. 能读懂数控机床机械总装图、部件装配图、液(气)压系统原理图 2. 能绘制简单的机械零件图 3. 能借助词典看懂进口数控设备相关电气标牌及产品简要说明书 4. 能够根据产品技术要求制订电气装配工艺规程 5. 能通过阅读使用说明书对其他型号的数控系统进行加工编程 6. 能对数控系统直线轴或旋转轴进行补偿 7. 能应用、推广装调新工艺、新技术 8. 能完成新产品的装配、调试 9. 能分析重大质量问题的产生原因，并提出解决措施	1. 数控机床机械总装图、部件装配图、液(气)压系统原理图识图知识 2. 机械零件图的画法 3. 进口数控设备相关电气标牌及产品简要说明书(中外文对照表) 4. 数控机床电气装配工艺规程知识 5. 数控系统编制加工程序知识 6. 宏程序编程知识 7. 数控系统直线轴或旋转轴补偿知识 8. 数控多轴应用知识 9. 新产品、新技术、新工艺知识 10. 解决重大质量问题的措施与方法
	(二)数控机床电气维修	1. 能修改数控机床的参数，并排除由此引起的故障 2. 能修改数控机床 PLC 程序中不合理之处 3. 能排除数控机床的各种强、弱电电气故障 4. 能排除数控机床的常见机械故障	1. 数控机床 PLC 程序的编制知识 2. 数控机床各种强、弱电电气故障排除知识 3. 数控机床常见机械故障的排除方法
	(三)数控机床电气技术改造	能对数控机床电气方面的不合理之处，提出修改方案，并进行方案实施	1. 数控机床结构及各部分工作原理 2. 数控机床电气改造知识
三、培训与指导	(一)指导操作	能指导高级及以下人员的实际操作	1. 培训教学的基本方法 2. 指导操作的基本要求和基本方法 3. 培训大纲的撰写方法
	(二)理论培训	能撰写培训大纲	
四、管理	(一)质量管理	1. 能在本职工作中贯彻各项质量标准 2. 能应用质量管理知识实施操作过程的质量分析与控制	相关质量标准
	(二)生产管理	能组织有关人员协同作业	多人协同作业的组织管理方法

4. 高级技师

职业功能	工作内容	技能要求	相关知识
一、数控机床机械装调与维修	(一)数控机床机械装配与调整	1. 能读懂进口数控设备的机械、电气、液(气)压系统原理图、电气接线图 2. 能借助词典看懂进口数控机床使用说明书 3. 能对进口数控设备编程 4. 能组织解决高速、精密、大型数控设备装配中出现的疑难问题 5. 能组织解决新产品装配、调整中出现的重大疑难问题(如加工精度、振动、变形、噪声等)	1. 进口数控设备的机械、电气、液(气)压系统原理图、电气接续线图识图知识 2. 计算机 CAD 绘图知识 3. 专用夹具、胎具知识 4. 进口数控机床使用说明书(中外文对照表) 5. 进口数控设备数控编程知识 6. 计算机 CAM 自动编程软件知识 7. 高速、精密、大型数控设备及新产品装配、调试知识 8. 装配、调试中出现的技术难题解决方法
	(二)数控机床机械维修	1. 能诊断并排除进口数控机床机械、液压、气动故障 2. 能确定电气故障到集成线路板，并加以排除 3. 能通过网络咨询解决疑难问题	1. 进口数控机床机械与电气故障诊断与排除的知识 2. 计算机网络应用知识
	(三)新技术应用	1. 能应用、推广国内外新工艺、新技术、新材料、新设备 2. 能对进口数控机床进行项目改造(机械部分)	1. 国内外新工艺、新技术、新材料、新设备应用知识 2. 数控机床项目改造知识
二、数控机床电气装调与维修	(一)数控机床电气装配与调整	1. 能读懂各类数控机床(进口数控设备)的电气、机械、液(气)压系统原理图 2. 能绘制电气原理图与电气接线图 3. 能借助词典看懂进口数控设备相关外文资料 4. 能对进口数控设备编程 5. 能组织解决在装配高速、精密、大型数控设备中出现的电气疑难问题 6. 能对电气故障进行检测，并能判断故障点到基础单元(如线路板上某个集成块) 7. 能解决新产品装配调试中出现的各种疑难问题或意外情况	1. 进口数控设备的电气、机械、液(气)压系统原理图识图知识 2. 计算机 CAD 绘图知识 3. 进口数控设备资料中的科技外文知识 4. 进口数控设备的编程知识 5. 计算机 CAM 自动编程软件知识 6. 数控线路板故障分析的知识和方法 7. 机、电、液一体化知识
	(二)数控机床电气维修	1. 能诊断并排除进口数控机床的全部电气故障 2. 能解决数控机床维修中与电气故障相关的机械故障 3. 能通过网络的咨询来解决疑难问题	1. 进口数控机床故障诊断与排除知识 2. 计算机网络应用知识
	(三)新技术应用	1. 能应用、推广国内外新工艺、新技术、新材料、新设备 2. 能对进口数控机床进行项目改造(电气部分)	1. 国内外新工艺、新技术、新材料、新设备应用知识 2. 进口数控机床的电气、机械、液(气)压原理知识 3. 数控机床项目改造(电气部分)知识
三、培训与指导	(一)指导操作	能指导技师及以下人员的实际操作	培训讲义的撰写知识
	(二)理论培训	1. 能对高级及以下人员进行专业技能培训 2. 能撰写培训讲义	培训讲义的撰写知识
四、管理	(一)质量管理	1. 能组织进行质量攻关 2. 能提出产品质量评审方案	1. 质量攻关的组织方法与措施 2. 产品质量评审知识
	(二)生产管理	能根据生产计划提出调度及人员管理方案	生产管理基本知识

附录 B　简式数控卧式车床的精度检测

1. 几何精度检验

<table>
<tr><th rowspan="2">序号</th><th rowspan="2">简图</th><th rowspan="2">检验项目</th><th colspan="2">公差/mm</th><th rowspan="2">检验工具</th><th rowspan="2">检验方法</th></tr>
<tr><th>$D_a \leqslant 800$</th><th>$D_a > 800$</th></tr>
<tr><td rowspan="11">G1</td><td rowspan="10">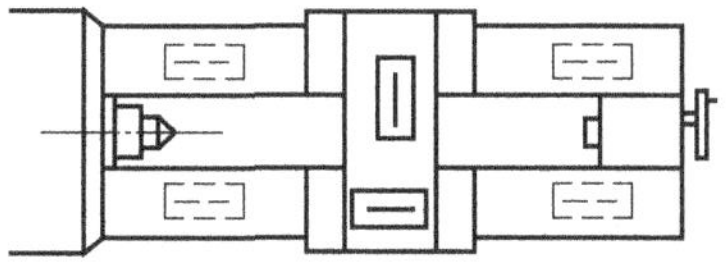
a)</td><td rowspan="10">导轨精度
a) 纵向
导轨在垂直平面内的直线度</td><td colspan="2">$D_c \leqslant 500$</td><td rowspan="10">精密水平仪、自准直仪或其他光学仪器</td><td rowspan="10">在溜板(或专用桥板)上靠近前导轨处,纵向放置一水平仪。等距离(近似等于规定的局部公差测量长度)移动溜板(或专用桥板)检验
将水平仪的读数依次排列。画出导轨误差曲线,曲线相对其两端点连线的最大坐标值就是导轨全长的直线度误差,曲线上任意局部测量长度的两端点相对曲线两端点连线的坐标差值就是导轨的局部误差</td></tr>
<tr><td>0.010(凸)</td><td>0.015(凸)</td></tr>
<tr><td colspan="2">$500 < D_c \leqslant 1000$</td></tr>
<tr><td>0.020(凸)</td><td>0.025(凸)</td></tr>
<tr><td colspan="2">局部公差
在任意 250 测量长度上为</td></tr>
<tr><td>0.0075</td><td>0.010</td></tr>
<tr><td colspan="2">$D_c > 1000$
最大工件长度每增加 1000,公差增加</td></tr>
<tr><td>0.010</td><td>0.015</td></tr>
<tr><td colspan="2">局部公差
在任意 500 测量长度上为</td></tr>
<tr><td>0.015</td><td>0.020</td></tr>
<tr><td>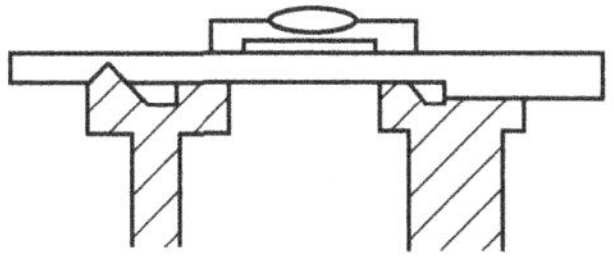
b)</td><td>b) 横向
导轨在垂直平面内的平行度</td><td colspan="2">0.04/1000</td><td>精密水平仪</td><td>在溜板(或专用板桥)上横向放置一水平仪,等距离(移动距离同 a)移动溜板(或专用桥板)检验
水平仪在全部测量长度上读数的最大代数差就是导轨在垂直平面内平行度误差</td></tr>
</table>

注:1. 对于斜床身机床,直线度误差方向不要求凸
2. D_a 表示床身上最大回转直径;D_c 表示最大工件长度
3. 在导轨两端 $D_c/4$ 测量长度上局部公差可以加倍

（续）

序号	简图	检验项目	公差/mm		检验工具	检验方法
			$D_a \leqslant 800$	$D_a > 800$		
G2	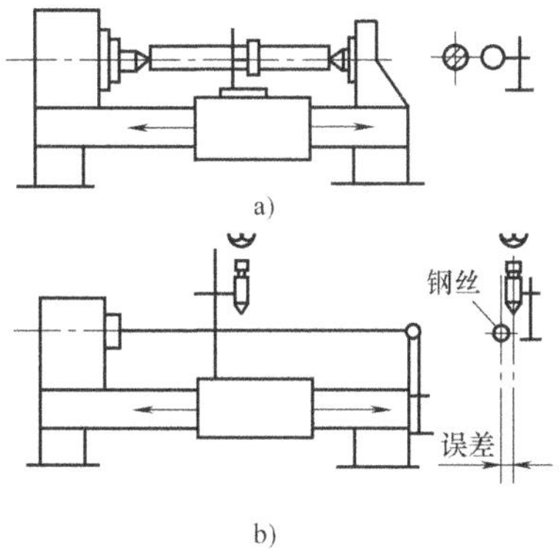	溜板移动在水平平面内的直线度（尽可能在两顶尖轴线和刀尖所确定的平面内检验）	$D_c \leqslant 500$		a）指示器和检验棒或指示器和平尺（仅适用于 $D_c \leqslant$ 2000mm） b）钢丝和显微镜或光学仪器	a）用指示器和检验棒检验，将指示器固定在溜板上，使其测头触及主轴和尾座顶尖间的检验棒表面上，调整尾座，使指示器在检验棒两端的读数相等。移动溜板在全部行程上检验。指示器读数的最大代数差值就是直线度误差 b）用钢丝和显微镜检验。在机床中心高的位置上绷紧一根钢丝，显微镜固定在溜板上，调整钢丝，使显微镜在钢丝两端的读数相等。等距离（移动距离同 G1）移动溜板，在全部行程上检验 显微镜读数的最大代数差值就是直线度误差
			0.015	0.020		
			$500 < D_c \leqslant 1000$			
			0.020	0.025		
			$D_c > 1000$ 最大工件长度每增加 1000，公差增加：0.005			
			最大公差			
			0.030	0.050		
G3	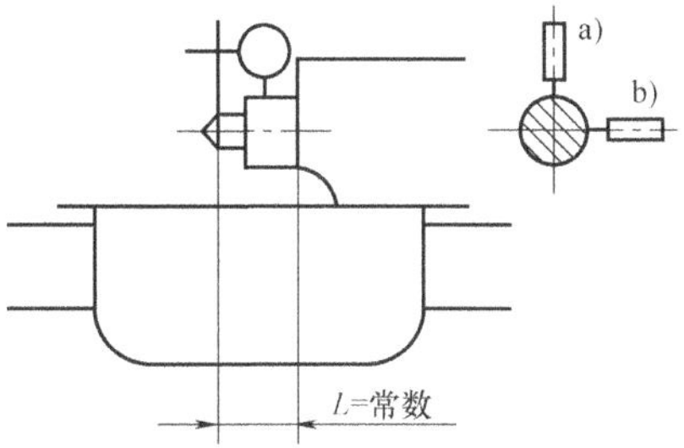	尾座移动对溜板移动的平行度 a）在垂直平面内 b）在水平平面内	$D_c \leqslant 1500$		指示器	将指示器固定在溜板上，使其测头触及近尾座体端面的顶尖套上 a）在垂直平面内 b）在水平平面内 锁紧顶尖套，使尾座与溜板一起移动，在溜板全部行程上检验 a、b 的误差分别计算。指示器在任意 500mm 行程上和全部行程上的最大差值就是局部长度和全长上的平行度误差
			a 和 b：0.030	a 和 b：0.040		
			局部公差 在任意 500 测量长度为：0.020			
			$D_c > 1500$ a 和 b：0.040			
			局部公差 在任意 500 测量长度上为：0.030			

（续）

序号	简图	检验项目	公差/mm		检验工具	检验方法
			$D_a \leqslant 800$	$D_a > 800$		
G4	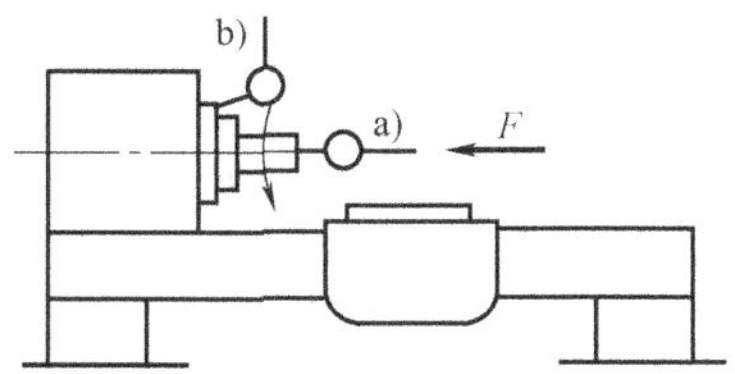	主轴端部的跳动 a）主轴的轴向窜动 b）主轴轴肩支承面的跳动	a)0.010 b)0.020 （包括轴向窜动）	a)0.015 b)0.020 （包括轴向窜动）	指示器和专用检具	固定指示器，使其测头触及 a)插入主轴锥孔的检验棒端部的钢球上 b)主轴轴肩支承面上 沿主轴轴线加一力 **F**，旋转主轴检验 a、b 的误差分别计算。指示器读数的最大差值就是轴向窜动偏差和轴肩支承面的跳动误差
G5	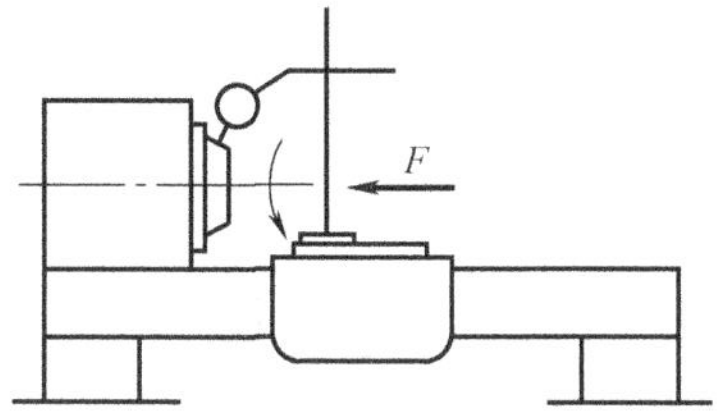	主轴定心轴颈的径向圆跳动	0.010	0.015	指示器	固定指示器使其测头垂直触及定心轴颈（包括圆锥轴颈）的表面。沿主轴轴线加一力 **F**，旋转主轴检验。指示器读数的最大差值就是径向圆跳动误差
注：*F* 表示为消除主轴的轴向游隙而加的恒定力，其大小由制造商规定						
G6	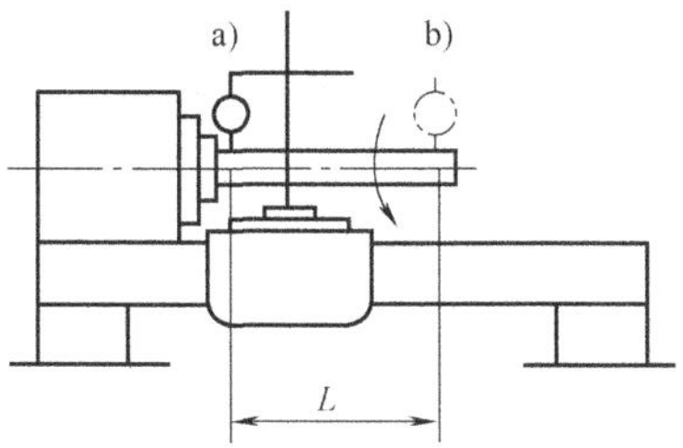	主轴锥孔轴线的径向圆跳动 a）靠近主轴端部 b）距主轴端面 *L* 处	a)0.010 b）在 $L=300$ 处：0.020	a)0.015 b）在 $L=500$ 处：0.050	指示器和检验棒	1)将检验棒插入主轴锥孔内，固定指示器，使其测头触及检验棒表面 a)靠近主轴端面 b)距主轴端面 *L* 处 2)旋转主轴检验 3)拔出检验棒，相对轴旋转 90°，重新插入主轴锥孔中依次重复检验三次 4)a、b 的误差分别计算。四次测量结果的平均值就是径向圆跳动误差

（续）

序号	简图	检验项目	公差/mm		检验工具	检验方法
			$D_a \leq 800$	$D_a > 800$		
G7	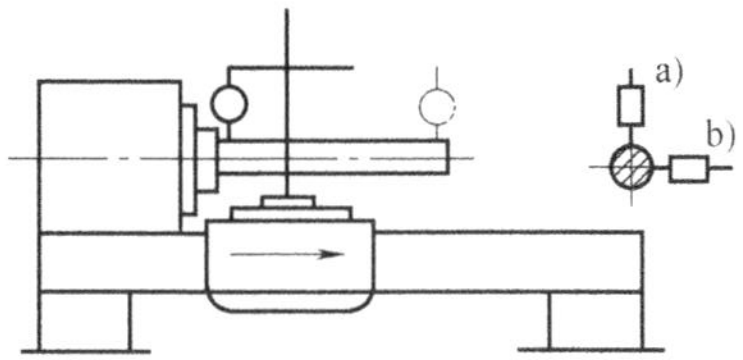	主轴轴线对溜板移动的平行度 a)在垂直平面内 b)在水平平面内	a)在300测量长度上为：0.020(只许向上偏) b)在300测量长度上为：0.015(只许偏向刀具)	a)在500测量长度上为：0.040(只许向上偏) b)在500测量长度上为：0.030(只许偏向刀具)	指示器和检验棒	1)指示器固定在溜板上，使其测头触及检验棒的表面 a)在垂直平面内 b)在水平平面内 2)移动溜板检验 3)将主轴旋转180°，再同样检验一次 4)a、b的误差分别计算。两次测量结果的代数和之半，就是平行度误差
G8	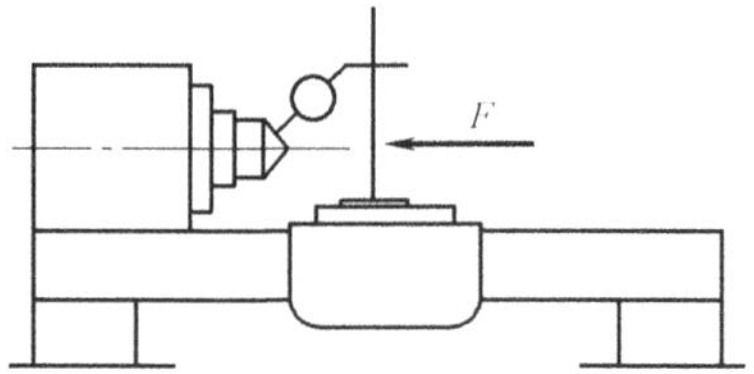	顶尖的跳动	0.015	0.020	指示器和专用顶尖	1)顶尖插入主轴孔内，固定指示器，使其测头垂直触及顶尖锥面上。沿主轴轴线加一力F，旋转主轴检验 2)指示器读数除以$\cos\alpha$(α为锥体半角)后，就是顶尖跳动误差
G9	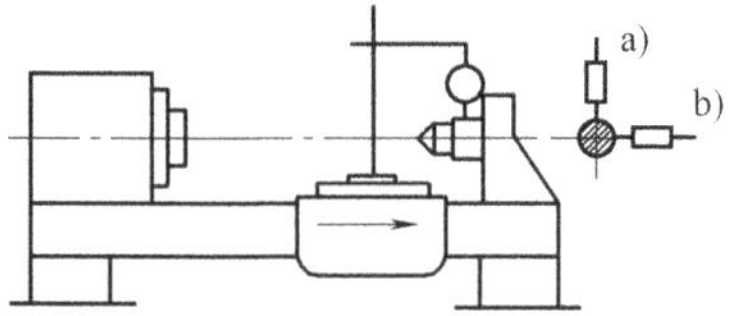	尾座套筒轴线对溜板移动的平行度 a)在垂直平面内 b)在水平平面内	a)在100测量长度上为：0.015(只许向上偏) b)在100测量长度上为：0.010(只许偏向刀具)	a)在100测量长度上为：0.020(只许向上偏) b)在100测量长度上为：0.015(只许偏向刀具)	指示器	1)尾座的位置同G11。尾座顶尖套伸出量约为最大伸出长度的一半，并锁紧 2)将指示器固定在溜板上，使其测头触及尾座套筒的表面 a)在垂直平面内 b)在水平平面内 3)移动溜板检验 4)a、b的误差分别计算。指示器读数的最大差值就是平行度误差

（续）

序号	简图	检验项目	公差/mm		检验工具	检验方法
			$D_a \leqslant 800$	$D_a > 800$		
G10	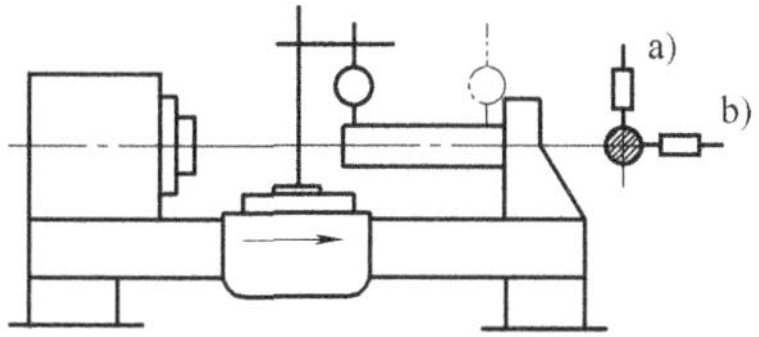	尾座套筒锥孔轴线对溜板移动的平行度 a)在垂直平面内 b)在水平平面内	a)在300测量长度上为：0.030(只许向上偏) b)在300测量长度上为：0.030(只许偏向刀具)	a)在500测量长度上为：0.05(只许向上偏) b)在500测量长度上为：0.05(只许偏向刀具)	指示器和检验棒	1)尾府的位置同G11。顶尖套筒退入尾座孔内，并锁紧。在尾座套筒锥孔中，插入检验棒。将指示器固定在溜板上，使其测头触及检验棒表面 a)在垂直平面内 b)在水平平面内 2)移动溜板检验 3)拔出检验棒，旋转180°，重新插入尾座顶尖套锥孔中，重复检验一次 4)a、b的误差分别计算。两次测量结果的代数和之半，就是平行度误差
G11	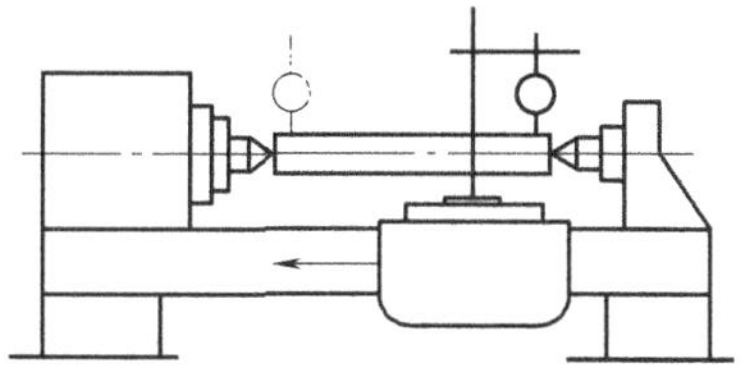	主轴和尾座两顶尖的等高度	0.040(只许尾座高)	0.060(只许尾座高)	指示器和检验棒	1)在主轴与尾座顶尖间装入检验棒，将指示器固定在溜板上，使其测头在垂直平面内触及检验棒。移动溜板在检验棒的两极限位置上检验。将检验棒旋转180°再检验一次，两次测量结果的代数和之半，就是等高度误差 2)当 $D_c \leqslant 500$mm 时，尾座应紧固在床身导轨的末端。当 $D_c > 500$mm 时，尾座紧固在 $D_c/2$ 处，但最小不小于2000mm。检验时，尾座顶尖套应退入尾座孔内，并锁紧
G12	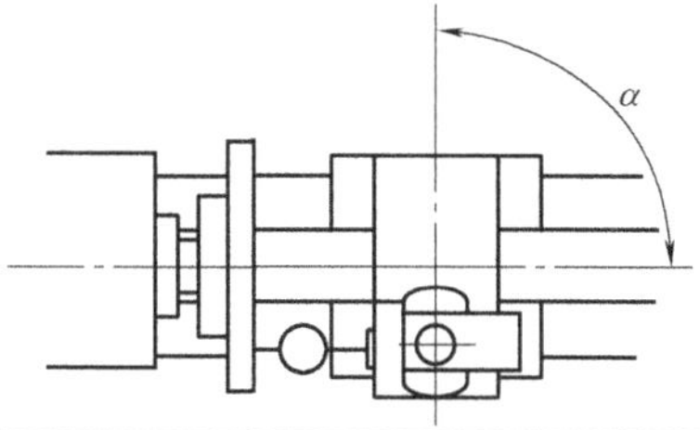	横刀架横向移动对主轴轴线的垂直度	0.020/300 $\alpha \geqslant 90°$		指示器和平盘或平尺	1)将平盘固定在主轴上，指示器固定在横刀架上，使其测头触及平盘。移动横刀架进行检验 2)将主轴旋转180°再同样检验一次，两次测量结果的代数和之半，就是垂直度误差

（续）

序号	简图	检验项目	公差/mm		检验工具	检验方法
			$D_a \leq 800$	$D_a > 800$		
G13	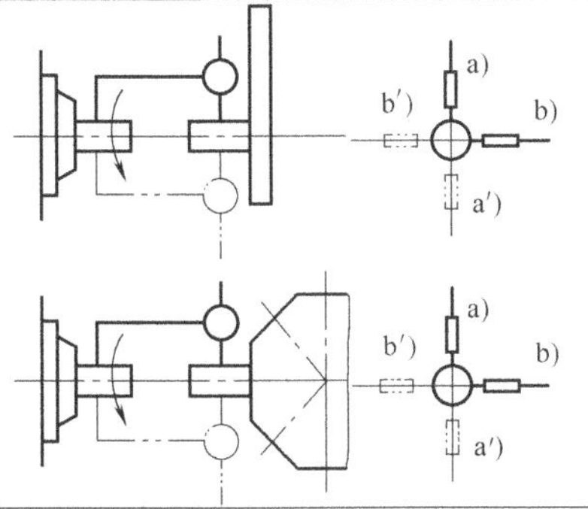	回转刀架工具孔轴线与主轴轴线的重合度 a)在垂直平面内 b)在水平平面内 （只适用于刀架有工具孔的车床）	a 和 b 0.030	a 和 b 0.040	指示器和检验棒	1)检验棒紧密插在工具孔中，固定指示器，使其测头触及检验棒表面 a)在垂直平面内 b)在水平平面内 2)移动溜板检验 3)a、b 的误差分别计算。误差以指示器读数最大差值之半计 4)检验时刀架尽量接近主轴端部 5)每个工位均需检查
G14	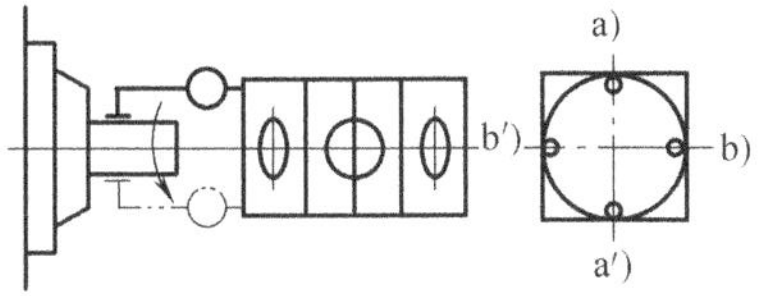	回转刀架附具安装基准面对主轴轴线的垂直度 a)在垂直平面内 b)在水平平面内 （只适用于刀架有工具孔的车床）	a 和 b 0.025/100		指示器	1)将指示器固定在主轴端部的专用检具上，使其测头触及刀架附具安装基准面上 a)在垂直平面内 b)在水平平面内 2)旋转主轴检验 3)a、b 的误差分别计算。误差以指示器读数差值计 4)检验时刀架尽量接近主轴端部 5)每个工位均需检验
G15	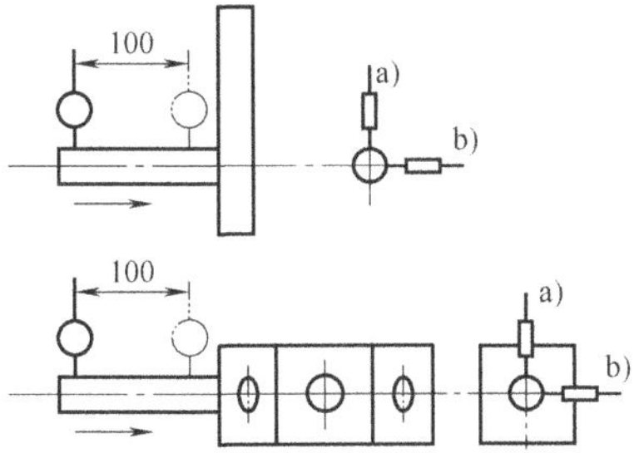	回转刀架工具孔轴线对溜板移动的平行度 a)在垂直平面内 b)在水平平面内 （只适用于刀架有工具孔的车床）	a 和 b 0.030	a 和 b 0.040	指示器和检验棒	1)检验棒紧密插在工具孔中，固定指示器，使其测头触及检验棒表面 a)在垂直平面内 b)在水平平面内 2)移动溜板检验 3)将检验棒转 180°，再同样检验一次 4)a、b 的误差分别计算。误差以指示器两次读数和之半计 5)每个工具孔均检验

（续）

序号	简图	检验项目	公差/mm		检验工具	检验方法
			$D_a \leqslant 800$	$D_a > 800$		
G16	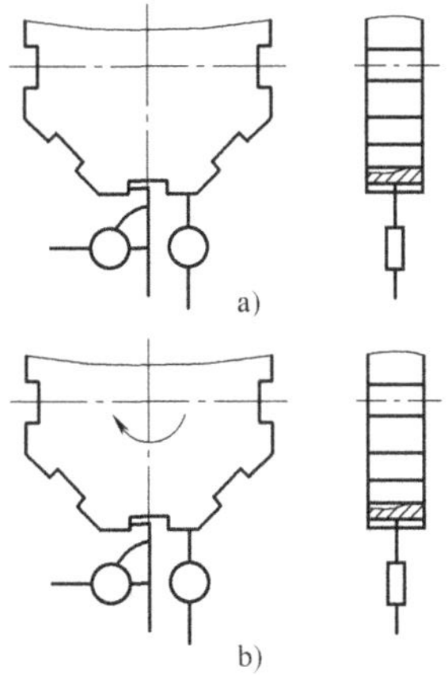	安装附具定位面的精度 a）安装基面和定位面对溜板移动的平行度 b）安装基面和定位面的位置同一高度	a）在 100 测量长度上为：0.020 b）0.025		指示器	1）固定指示器，使其测头分别触及安装基面和定位槽的定位面上 a）移动溜板检验。安装基面和定位面的误差分别计算。误差以指示器读数的最大差值计 b）刀架转位检验。安装基面和定位面的误差分别计算。误差以指示器在各面的同一位置上读数的最大差值计 2）每个工位均需检验
G17	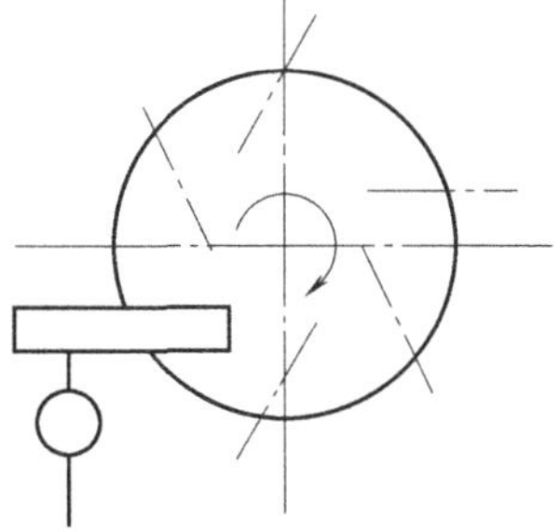	回转刀架转位的定位精度（只适用于有刀槽的车床）	0.050		指示器和专用检具	1）将专用检具固定在每个刀位上。指示器测头触及一个专用检具的定位面上（尽量靠近刀尖的位置），刀架依次转位检验 2）误差以指示器在各刀位读数的最大差值计

（续）

序号	简图	检验项目	公差/mm		检验工具	检验方法
			$D_a \leqslant 800$	$D_a > 800$		
G18	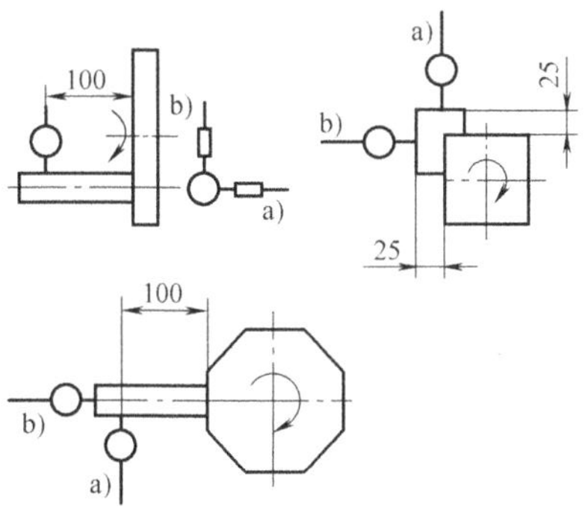	回转刀架转位的重复定位精度	a 和 b 0.010		指示器和检验棒或专用检具	1）检验棒紧密插在工具孔中，指示器测头触及检验棒上，刀架回转 360°检验 2）a、b 位置分别进行，每个位置重复检验 7 次 3）a、b 的误差分别计算。误差以每个位置 7 次测量的最大差值计 4）每个工位均需检验
G19	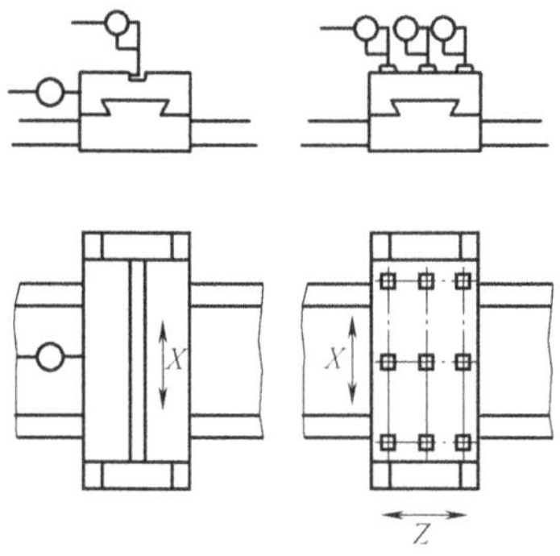	直排刀架 1）横向滑板的基准槽或基准侧面对其 X 轴运动的平行度 2）横向滑板的工具安装面对 a）床鞍 Z 轴运动的平行度 b）横滑板 X 轴运动的平行度	在任意 300 测量长度上或全行程上（全行程≤300 时） 1）0.030 2）a 和 b：0.025		指示器和量块	1）沿测量长度在若干位置上进行检测，测取读数之间的最大差值即为平行度误差 2）在 X 轴和 Z 轴两个方向上，放置 3×3 个滑块，滑块应跨过槽中心。测量位置应位于横滑板安装面的两端和中间 3）分别沿 X 轴和 Z 轴滑块表面上进行测量，测取读数之间的最大差值即为平行度误差

2. 位置精度检验

<table>
<tr><th>序号</th><th>检验项目</th><th colspan="6">公差/mm</th><th>检验工具</th><th>检验方法</th></tr>
<tr><td rowspan="10">P1</td><td rowspan="10">Z 轴和 X 轴的位置精度
a）重复定位精度 R
b）反向偏差 B
c）定位精度 A</td><td colspan="6">Z 轴</td><td rowspan="10">激光干涉仪和其他检测工具</td><td rowspan="10">用激光干涉仪或线纹尺和读数显微镜测量，采用线性循环方法。用指示器和量块测量，采用阶梯循环方法
测量时用快速进给，每个位置正、反向各重复测量 5 次，测量实测值与指令值之差。读数分正记录
如在 P_j 位置正向测得 5 个读数，记为 $X_{1j}\uparrow, X_{2j}\uparrow, \cdots, X_{5j}\uparrow$。反向测得 5 个读数，记为 $X_{1j}\downarrow, X_{2j}\downarrow, \cdots, X_{5j}\downarrow$
求平均位置偏差
$$\bar{X}_j\uparrow = \frac{1}{5}\sum_{i=1}^{5} X_{ij}\uparrow$$
$$\bar{X}_j\downarrow = \frac{1}{5}\sum_{i=1}^{5} X_{ij}\downarrow$$
求标准偏差
$$S_j\uparrow = \sqrt{\frac{1}{4}\sum_{i=1}^{5}(X_{ij}\uparrow - X_i\uparrow)^2}$$
$$S_j\downarrow = \sqrt{\frac{1}{4}\sum_{i=1}^{5}(X_{ij}\downarrow - X_i\downarrow)^2}$$
a）重复定位精度 R
R 取 $6S_j\uparrow$ 或 $6S_j\downarrow$ 各位置中最大值
b）反向偏差 B
$$B = \lvert \bar{X}_j\uparrow - \bar{X}_j\downarrow \rvert_{max}$$
c）定位精度
$$A = (\bar{X}_j + 3S_j)_{max} - (\bar{X}_j - 3S_j)_{min}$$</td></tr>
<tr><td>D_c</td><td>≤500</td><td>>500 ~ 1000</td><td>>1000 ~ 1500</td><td>>1500 ~ 2000</td><td>>2000</td></tr>
<tr><td>R</td><td>0.013</td><td>0.016</td><td>0.02</td><td>0.025</td><td>0.025</td></tr>
<tr><td>B</td><td>0.015</td><td colspan="4">0.020</td></tr>
<tr><td>A</td><td>0.032</td><td>0.04</td><td>0.045</td><td>0.05</td><td></td></tr>
<tr><td colspan="6">D_c >2000，每增加 1000，A 的公差增加 0.01</td></tr>
<tr><td colspan="6">X 轴</td></tr>
<tr><td>R</td><td colspan="5">0.012</td></tr>
<tr><td>B</td><td colspan="5">0.013</td></tr>
<tr><td>A</td><td colspan="5">0.03</td></tr>
</table>

3. 工作精度检验

<table>
<tr><th rowspan="2">序号</th><th rowspan="2">简图和试件尺寸</th><th rowspan="2">检验性质</th><th rowspan="2">切削条件</th><th rowspan="2">检验项目</th><th colspan="2">公差/mm</th><th rowspan="2">检验工具</th><th rowspan="2">检验方法</th></tr>
<tr><th>D_a≤800</th><th>D_a>800</th></tr>
<tr><td rowspan="6">M1</td><td rowspan="6">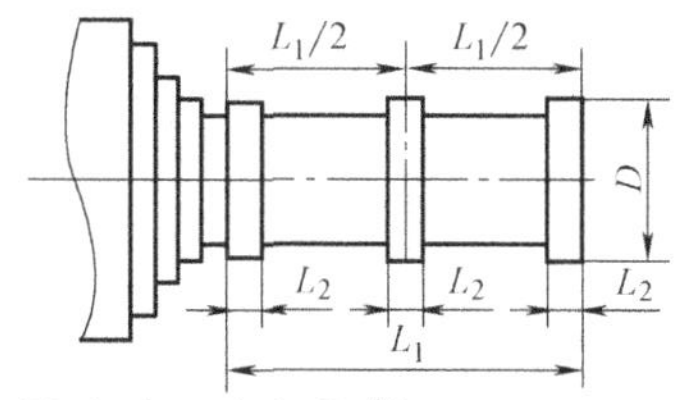
$D \geq D_a/8$　$L_1 \approx D_a/2$
L_{1max}=500mm　L_{2max}=80mm
材料：钢材</td><td rowspan="6">精车夹在卡盘中的圆柱试件（试件也可插在主轴锥孔中）</td><td rowspan="6">在圆柱面上车削三段直径</td><td rowspan="6">精车外圆的精度
a）圆度
b）在纵截面内直径的一致性</td><td colspan="2">a）</td><td rowspan="6">千分尺或精密检验工具</td><td rowspan="6">精车后在三段直径上检验圆度和圆柱度
a）圆度误差以试件同一横截面内的最大与最小半径之差计
b）在纵截面内直径的一致性误差，以试件任意纵截面内最大与最小直径之差计</td></tr>
<tr><td>0.005</td><td>0.010</td></tr>
<tr><td colspan="2">b）在 300 测量长度上为</td></tr>
<tr><td>0.030</td><td>0.040</td></tr>
<tr><td colspan="2">（两个相邻台的直径差，不应大于最外两个台直径差的 75%）</td></tr>
<tr><td colspan="2"></td></tr>
</table>

（续）

序号	简图和试件尺寸	检验性质	切削条件	检验项目	公差/mm		检验工具	检验方法
					$D_a \le 800$	$D_a > 800$		
M2	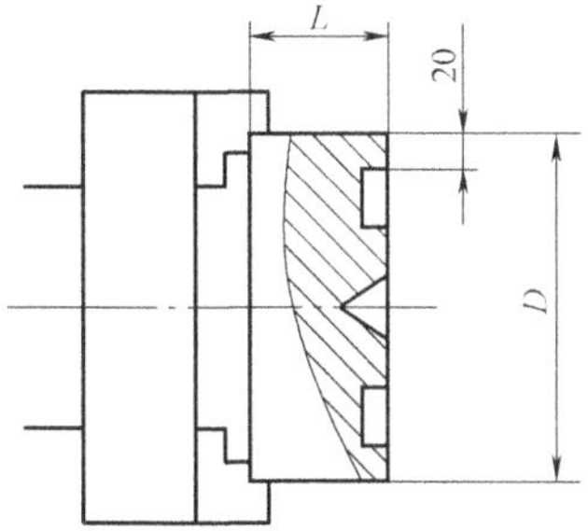 $L_{max}=D_a/8$　$D \ge D_a/2$ 材料：钢材	精车夹在卡盘中的盘形试件	精车垂直于主轴的端面(可车削两个或三个 20mm 宽的平面，其中之一为中心平面)	精车端面的平面度	300 直径上为:0.025 （只许凹）		平尺和量块或指示器	a)用平尺和量块检验 b)用指示器检验，指示器固定在横刀架上使其测头触及端面的后部半径上，移动刀架检验 指示器读数的最大差值之半就是平面度误差
M3	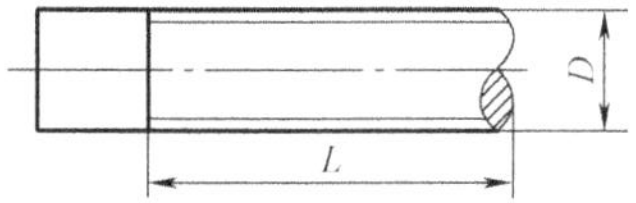 L_{min}=75mm；D=近似于滚珠丝杠直径	精车圆柱试件的 60° 普通螺纹	试件螺距不超过滚珠丝杠螺距之半，应尽可能接近滚珠丝杠直径	精车螺纹的螺距误差	在任意 50 测量长度上为： 0.025		专用精密检验工具	精车后在任意 50mm 长度内进行检验，螺纹表面应清洁，无凹陷与波纹
M4	（见附图 1） 试件尺寸可按机床规格大小做适当放大和缩小 材料：钢材	精车两顶尖圆柱形试件(适用于有尾座的机床)	按数控程序并用补偿功能进行车削	a)精车轴类综合试件直径尺寸精度	D_1, D_2, D_5 为：±0.020 D_3, D_4, D_6 为：±0.025		杠杆卡规和测高仪或其他量仪	尺寸精度为实测尺寸与指令值的差值
				直径尺寸差	$D_2-D_1=10$，±0.015 $D_1-D_4=$ ±0.020			
				长度尺寸差	$L_1=20$，±0.025 $L_2=170$，±0.035			
	（见附图 2） 试件尺寸可按机床规格大小做适当放大和缩小 材料：钢材	精车卡盘夹持的盘形试件(适用于无尾座的机床)	按数控程序并用补偿功能进行车削	b)精车盘类综合试件直径尺寸精度	D_1, D_2, D_3, D_5 为：±0.020 D_4 为：±0.025			
				直径尺寸差	$D_2-D_1=10$，±0.015 $D_3-D_2=10$，±0.015 $D_3-D_4=10$，±0.020			
				长度尺寸差	$L_1=10$，±0.025 $L_2=20$，±0.025 $L_3=65$，±0.025			

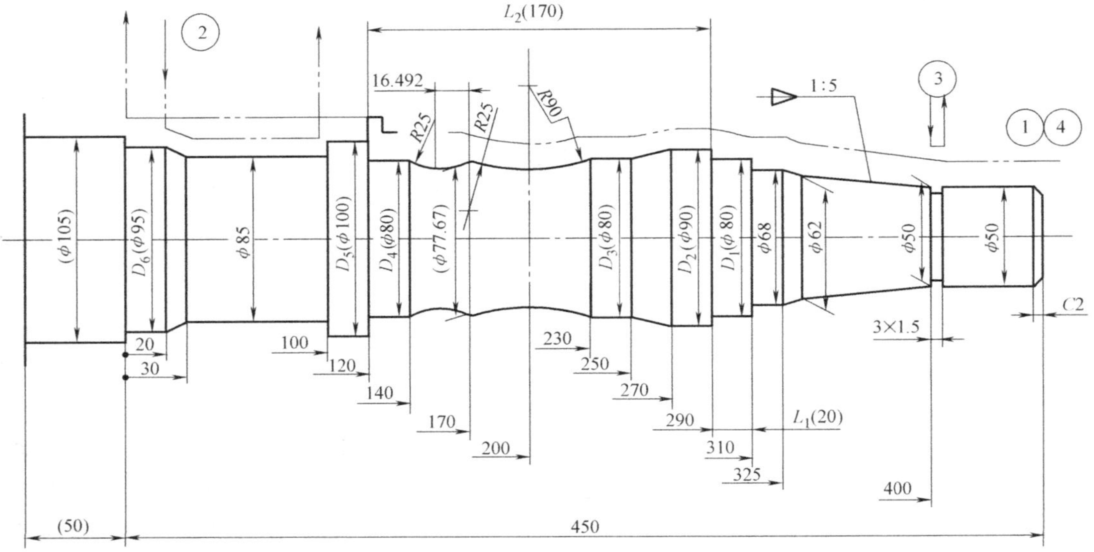

L_2(170)
16.492
R25
R25
R90
1:5
(φ105)
D_6(φ95)
φ85
D_5(φ100)
D_4(φ80)
(φ77.67)
D_3(φ80)
D_2(φ90)
D_1(φ80)
φ68
φ62
φ50
φ50
C2
3×1.5
20
30
100
120
140
170
200
230
250
270
290
310
325
L_1(20)
400
(50)
450

附图 1

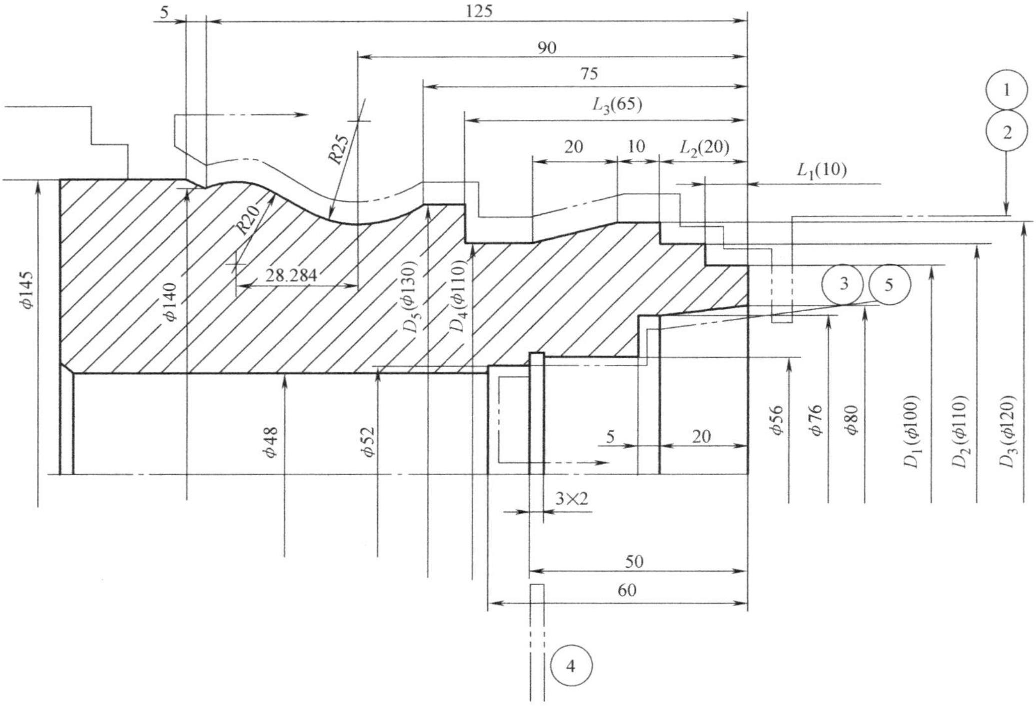

5
125
90
75
L_3(65)
20
10
L_2(20)
L_1(10)
R25
R20
28.284
φ145
φ140
D_5(φ130)
D_4(φ110)
φ48
φ52
5
20
3×2
50
60
φ56
φ76
φ80
D_1(φ100)
D_2(φ110)
D_3(φ120)

附图 2

参 考 文 献

[1] 邵泽强. 数控机床电气线路装调［M］. 北京：机械工业出版社，2012.

[2] 严峻. 数控机床安装调试与维护保养技术［M］. 北京：机械工业出版社，2010.

[3] 武桂香. 数控机床安装调试与维修［M］. 哈尔滨：哈尔滨工业大学出版社，2008.

[4] 陈子银，屈海军. 数控机床电气控制［M］. 北京：北京理工大学出版社，2006.

[5] 王悦. 数控机床 Fanuc 系统调试与操作技术［M］. 北京：电子工业出版社，2008.

[6] 刘利剑. 数控机床调试诊断与维修［M］. 北京：机械工业出版社，2011.

[7] 于吉鲲. 数控机床维修技术［M］. 北京：国防工业出版社，2012.

[8] 邵泽强，黄娟. 机床数控系统技能实训［M］. 2 版. 北京：北京理工大学出版社，2009.

[9] 张泰昌. 平板检定与测量 300 问［M］. 北京：化学工业出版社，2006.

[10] 张松生，贾明权. 钳工（中级）［M］. 北京：化学工业出版社，2010.

[11] 江洁. 数控机床机械保养检查与故障排除［M］. 西安：西安电子科技大学出版社，2012.

[12] 封贵牙. 机修钳工工艺与技能训练［M］. 北京：人民邮电出版社，2009.

[13] 李敬岩. 数控机床故障诊断与维修［M］. 上海：复旦大学出版社，2013.